高等职业教育机电类专业系列教材

西门子 S7-200 SMART 模块化教程

主　编　殷忠敏　袁　媛　李锁牢
副主编　赵海志　麻丽明　崔慧娟
参　编　韩俊先　刘伟民　张永生
主　审　方红彬　谢青海

机械工业出版社

本书采用工学结合编写模式,把实际工作案例融入教学过程,联合相关行业企业,以校企合作方式共同开发教学内容,并融入新标准、新技术、新理念和新体系,与学生就业所需职业岗位能力相契合。本书内容包括基本指令模块、编程方法模块、功能指令模块和拓展模块,各模块难度循序渐进,深入浅出。本书在理论内容方面,以"必需,够用"为原则,采用理实一体化教学,充分利用 PLC 实训教学装置,让学生能够"看得见、摸得着",提升学习兴趣;在学习评价方面,采用多元化考核,实行小组捆绑、角色轮换的考核模式,每个项目后提供考核评价表,将考试与实践过程相结合。本书配有二维码资源,并与省级资源库和国家精品在线开放课程相配套。

本书可作为高等职业院校、职业本科院校、应用型本科院校机电类和电气类专业的教材,也可作为相关行业工程技术人员的参考用书。

本书配有电子课件,凡使用本书作为授课教材的教师可登录机械工业出版社教育服务网 www.cmpedu.com,注册后免费下载。咨询电话：010-88379375。

图书在版编目（CIP）数据

西门子 S7-200 SMART 模块化教程 / 殷忠敏,袁媛,李锁牢主编. -- 北京：机械工业出版社,2025.2.（高等职业教育机电类专业系列教材）. -- ISBN 978-7-111-77409-9

Ⅰ．TM571.61

中国国家版本馆 CIP 数据核字第 2025TZ5871 号

机械工业出版社（北京市百万庄大街22号　邮政编码100037）
策划编辑：薛　礼　　　责任编辑：薛　礼　刘良超
责任校对：龚思文　　　封面设计：陈　沛
责任印制：邸　敏
中煤（北京）印务有限公司印刷
2025年3月第1版第1次印刷
184mm×260mm・15.25 印张・365 千字
标准书号：ISBN 978-7-111-77409-9
定价：54.50 元

电话服务　　　　　　　　　　网络服务
客服电话：010-88361066　　　机　工　官　网：www.cmpbook.com
　　　　　010-88379833　　　机　工　官　博：weibo.com/cmp1952
　　　　　010-68326294　　　金　书　网：www.golden-book.com
封底无防伪标均为盗版　　　机工教育服务网：www.cmpedu.com

"可编程控制器应用技术"是高等职业教育院校、职业本科院校、应用型本科院校电气类和机电类专业开设的专业核心课程。本书采用工学结合编写模式,把实际工作案例融入教学过程,联合相关行业企业,以校企合作方式共同开发教学内容,并融入新标准、新技术、新理念和新体系,与学生就业所需职业岗位能力相契合。本书内容包括基本指令模块、编程方法模块、功能指令模块和拓展模块,各模块难度循序渐进,深入浅出。本书在理论内容方面,以"必需,够用"为原则,采用理实一体化教学,充分利用 PLC 实训教学装置,让学生能够"看得见、摸得着",提升学习兴趣;在学习评价方面,采用多元化考核,实行小组捆绑、角色轮换的考核模式,每个项目后提供随堂测试、实践考核评价表,理论与实践过程相结合。

本书制作了动画、视频等数字资源,以二维码形式放置于相应知识点处,学生用手机扫码即可观看相应资源,丰富了教学手段,有利于信息化教学,提升学生学习兴趣和效率。本书是新形态教材,结合现代信息技术和网络资源,与国家在线精品课"可编程控制器应用技术"及河北省机电一体化教育教学资源库相配套。

本书由河北省职业教育教师教学创新团队成员、职业教育国家在线精品课成员、河北省技术能手、河北省劳动模范、陕西教学名师、学院专业带头人及骨干教师等共同编写。河北机电职业技术学院殷忠敏、袁媛及咸阳职业技术学院李锁牢担任主编,河北机电职业技术学院赵海志、麻丽明及咸阳职业技术学院崔慧娟担任副主编,河北机电职业技术学院韩俊先、刘伟民及中钢集团邢台机械轧辊有限公司张永生参与本书编写。

殷忠敏、袁媛负责本书的统稿工作,方红彬、谢青海审阅本书并提出了宝贵意见。

由于作者水平有限,书中疏漏之处在所难免,欢迎各位读者批评指正。

编　者

名称	二维码	页码	名称	二维码	页码
0-1 PLC 基本概念		3	1-5 电动机连续运转PLC控制主电路实操接线		25
0-2 PLC 的特点		8	1-6 连续运转控制电路接线分析		26
0-3 PLC 的技术指标		8	1-7 实现分析		28
1-1 连续运转引入		21	1-8 拓展		30
1-2 连续运转演示		22	1-9 继电器区别		30
1-3 PLC 内部原理分析		24	1-10 正反转演示		37
1-4 连续运转主电路接线		25	1-11 正反转硬件接线		41

（续）

名称	二维码	页码	名称	二维码	页码
1-12 电动机正反转控制电路实操接线		41	1-20 单个按钮控制电动机的起停实现		51
1-13 正反转程序编写		42	1-21 小车自动往返送料系统项目动画		57
1-14 正反转仿真		42	1-22 定时器 TON		59
1-15 单按钮引入		47	1-23 定时器 TONR		60
1-16 PLC 工作原理		49	1-24 定时器指令 TOF		61
1-17 边沿指令		49	1-25 小车调试过程视频		62
1-18 位存储器		50	1-26 项目引入：生产线故障报警 PLC 系统设计引入		69
1-19 单个按钮程序		51	1-27 CTU 加计数器		72

（续）

名称	二维码	页码	名称	二维码	页码
1-28 CTD 减计数器		72	1-36 星形-三角形联结控制回路接线		86
1-29 CTUD 加减计数器		73	1-37 经验设计法（一）		86
1-30 闪光灯接线程序		75	1-38 经验设计法（二）		86
1-31 生产线接线程序		77	1-39 经验设计法（三）——普通线圈		86
1-32 空气压缩机星形-三角形联结引入		83	1-40 经验设计法（三）——RS 指令		86
1-33 星形-三角形联结原理分析		84	1-41 星形-三角形联结拓展操作演示		87
1-34 复位、置位指令		85	2-1 引风机和鼓风机演示		94
1-35 星形-三角形联结主电路接线		85	2-2 顺序功能图		96

（续）

名称	二维码	页码	名称	二维码	页码
2-3 引风机顺序功能图绘制		98	2-11 交通灯调试		111
2-4 起保停编程方法		98	2-12 混合装置引入		117
2-5 引风机控制电路接线		99	2-13 连续标志位		119
2-6 引风机模拟调试		99	2-14 混合装置——硬件接线		120
2-7 交通灯项目引入		105	2-15 液体混合功能图绘制		121
2-8 交通灯顺序功能图		109	2-16 液体混合梯形图程序设计		122
2-9 交通灯起保停程序设计		111	2-17 剪板机引入		129
2-10 交通灯硬件接线		111	2-18 剪板机描述		129

(续)

名称		二维码	页码	名称		二维码	页码
2-19	并行序列的顺序功能图		131	2-27	并行序列 SCR 程序		141
2-20	剪板机 PLC 硬件接线		132	2-28	洗衣机顺序功能图		142
2-21	剪板机顺序控制设计		133	2-29	洗衣机模拟接线		145
2-22	剪板机程序设计		134	2-30	洗衣机模拟调试		145
2-23	洗衣机引入		139	3-1	九秒倒计时引入		151
2-24	洗衣机动画		139	3-2	九秒倒计时动画演示		152
2-25	单序列 SCR 编程		141	3-3	加、减运算指令		157
2-26	选择序列 SCR 程序		141	3-4	加1、减1指令		160

VIII

（续）

名称	二维码	页码	名称	二维码	页码
3-5 段译码指令		162	4-1 堆栈指令		200
3-6 倒计时接线		164	4-2 钢包车引入		209
3-7 九秒倒计时调试		167	4-3 中断程序		211
3-8 铁塔之光演示		173	4-4 高速计数器		217
3-9 左移、右移指令		176	4-5 编码器		217
3-10 循环左移右移指令		179	4-6 钢包车程序设计与编写		223
3-11 移位寄存器的指令		179	4-7 高速计数器仿真动画		223
3-12 铁塔之光接线		183			

目录

前言
二维码索引
绪论　PLC 概述 1
模块一　基本指令模块 21
　项目一　电动机连续运转 PLC 控制与实现 21
　项目二　电动机正反转 PLC 控制与实现 37
　项目三　单个按钮实现电动机的起停控制 47
　项目四　小车自动往返送料系统设计 57
　项目五　生产线故障报警 PLC 系统设计 69
　项目六　星形-三角形联结减压起动 PLC 系统设计 83
模块二　编程方法模块 93
　项目一　引风机和鼓风机 PLC 系统设计 93
　项目二　交通灯 PLC 系统设计 105
　项目三　液体搅拌混合 PLC 系统设计 117
　项目四　剪板机 PLC 系统设计 129
　项目五　全自动洗衣机 PLC 系统设计 139
模块三　功能指令模块 151
　项目一　倒计时 PLC 系统设计 151
　项目二　铁塔之光 PLC 系统设计 173
模块四　拓展模块 195
　项目一　能耗制动 PLC 多种语言程序系统设计 195
　项目二　钢包车行走定位 PLC 系统设计 209
附录　S7-200 SMART PLC 部分位的定义 229
参考文献 234

PLC 概述

PLC 是以微处理器为核心的工业自动控制通用装置。本绪论重点介绍 PLC 的基本概念、发展历史、结构组成、分类、特点和技术指标。本书以西门子公司的 S7-200 SMART 小型 PLC 为主要讲授对象，所以将对 S7-200 SMART PLC 的编程软件进行详细介绍。

【学习目标】

1）了解 PLC 的基本概念。
2）了解 PLC 的发展历史和结构组成。
3）了解 PLC 的分类、特点和技术指标。
4）掌握 S7-200 SMART 编程软件的使用方法。

【相关知识】

一、PLC 的基本概念

1. 什么是 PLC

PLC 的英文全称是 Programmable Logic Controller，可编程逻辑控制器，简称可编程控制器。PLC 和机器人、计算机辅助设计一起被称为工业三大支柱，可见 PLC 的重要性。PLC 同样也是在工控领域中和 DCS（集散控制系统）、IPC（工业计算机控制系统）平分秋色的重要控制器之一。下面通过一个简单的案例来了解什么是 PLC，它能够做什么事情。

【案例】 窗帘的人工控制和自动控制。

在窗帘的人工控制系统中，当天亮的时候，需要人手动把窗帘拉开；当天黑的时候，需要人手动把窗帘闭合。而在窗帘的自动控制系统中，则通过传感器检测天亮或天黑的信号，并将信号传送到控制器 PLC 中，由 PLC 程序来完成控制逻辑，并将控制结果输出给输出端子来控制电动机正反转，这样就可以完成窗帘自动打开和闭合。同时也可以提供语音芯片，将声音信号转换为电信号提供给 PLC，实现语音控制窗帘的开合。

本案例中，窗帘的 PLC 自动控制系统可以分为三个部分：
1）输入设备（施控元件）——传感器。
2）输出设备（被控对象）——电动机、灯、电磁阀。
3）控制设备——PLC。

本案例中，PLC 的作用是将输入设备（传感器）的信号经过 PLC 输入端子采集到其内部存储器中，并通过 CPU 对用户编写的程序加以处理，用处理后的结果来控制输出设备（电动机）的运行。可见，PLC 的控制过程就是解决如何用"施控元件"控制"被控对象"的问题，这个问题的解决过程就是为 PLC 编写控制程序的过程。PLC 的程序代替了传统继电器控制系统的接线逻辑，通过 PLC 的控制能够将原来需要人力接线完成的硬件逻辑，变成用 PLC 编程来完成的软件逻辑。因此，PLC 的运用是一种重要的解决自动控制问题的方案。

2. PLC 的发展历史

在 PLC 出现以前，继电器控制在工业控制领域占主导地位，由此构成的控制系统都是按预先设定好的时间或条件顺序地工作，若要改变控制的顺序，就必须改变控制系统的硬件接线，因此其通用性和灵活性较差。

20 世纪 60 年代，计算机技术开始应用于工业控制领域，由于当时的硬件价格高，输入、输出电路不匹配，编程难度大以及难以适应恶劣工业环境等原因，未能在工业控制领域获得推广。

1968 年，美国通用汽车公司（GM）为了适应生产工艺不断更新的需要，计划开发一种比继电器更可靠、功能更齐全、响应速度更快的新型工业控制器，并从用户角度提出了新一代控制器应具备的十大条件。这十大条件的主要内容是：

1）编程方便，可现场修改程序。
2）维修方便，采用插件式结构。
3）可靠性高于继电器控制装置。
4）体积小于继电器控制盘。
5）数据可直接送入管理计算机。
6）成本可与继电器控制盘竞争。
7）输入可为市电。
8）输出可为市电，容量要求在 2A 以上，可直接驱动接触器等。
9）扩展时原系统改变最少。
10）用户存储器大于 4KB。

这些条件实际上是设想将继电器控制简单易懂、使用方便、价格低的优点与计算机功能完善、灵活性好、通用性强的优点结合起来，将继电器控制的硬件接线逻辑转变为计算机的软件逻辑编程。1969 年，美国数字设备公司研制出了第一台 PLC PDP-14，在美国通用汽车公司的生产线上试用成功，并取得了令人满意的效果，PLC 自此诞生。

限于当时的元器件条件及计算机发展水平，早期的 PLC 主要由分立元件和中小规模集成电路组成，可以完成简单的逻辑控制及定时、计数功能。20 世纪 70 年代初出现了微处理器，人们很快将其引入 PLC，使 PLC 增加了运算、数据传送及处理等功能，完成了真正具有计算机特征的工业控制装置。为了方便熟悉继电器、接触器系统的工程技术人员使用，PLC 采用和继电器电路图类似的梯形图作为主要编程语言，并将参加运算及处理的计算机存储元件都以继电器命名。此时的 PLC 是计算机技术和继电器常规控制概念相结合的产物。

20 世纪 70 年代中末期，PLC 进入实用化发展阶段，计算机技术已全面引入 PLC 中，使其功能发生了飞跃。更高的运算速度、超小型体积、更可靠的工业抗干扰设计、模拟量运算、PID 功能及极高的性价比奠定了 PLC 在现代工业中的地位。20 世纪 80 年代初，PLC 在先进工业国家中已获得广泛应用。这个时期 PLC 发展的特点是大规模、高速度、高性能、产品系列化。这个阶段的另一个特点是世界上生产 PLC 的国家日益增多，产量日益上升，这标志着 PLC 已步入成熟阶段。

20 世纪 80 年代至 90 年代中期是 PLC 发展最快的时期，年增长率一直保持为 30% ~ 40%。在这个时期，PLC 在处理模拟量能力、数字运算能力和网络能力等方面均得到大幅度提高，逐渐进入过程控制领域，在某些应用上取代了在过程控制领域处于统治地位的 DCS。

20 世纪 90 年代末期，PLC 的发展特点是更加适应现代工业的需要。从控制规模来说，这个时期发展了大型机和超小型机；从控制能力来说，诞生了各种各样的特殊功能单元，用于压力、温度、转速、位移等各式各样的控制场合；从产品的配套能力来说，生产了各种人机界面单元、通信单元，使应用 PLC 的工业控制设备的配套更加容易。目前，PLC 在机械制造、石油化工、冶金钢铁、汽车、轻工业等领域的应用都得到了长足的发展。

3. PLC 的定义

1987 年，国际电工委员会（IEC）颁布了可编程控制器标准草案第三稿。在草案中对可编程控制器定义为："可编程控制器是一种数字运算操作的电子系统，专为在工业环境下应用而设计。它采用可编程的存储器，用来在其内部存储执行逻辑运算、顺序控制、定时、计数和算术运算等操作的指令，并通过数字式和模拟式的输入和输出，来控制各种类型的机械或生产过程。可编程控制器及其有关外围设备，都应按易于与工业系统连成一个整体、易于扩充其功能的原则而设计。" PLC 的基本概念请扫描二维码 0-1 观看。

0-1 PLC 基本概念

二、PLC 的结构

PLC 主要由 CPU（中央处理单元）、存储器、接口电路、编程装置、电源适配器等部分组成，如图 0-1 所示。

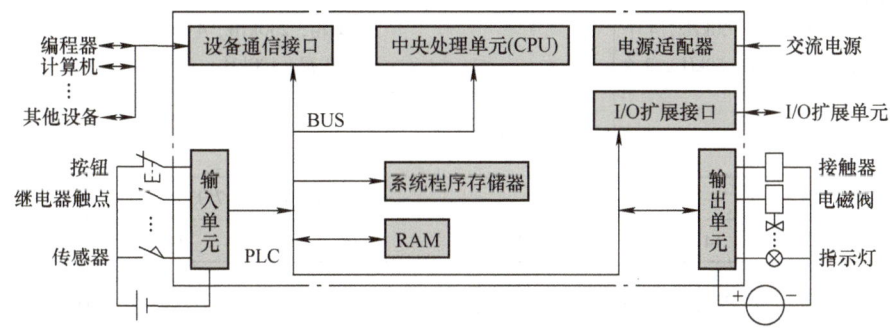

图 0-1 PLC 结构示意图

（1）CPU 模块　CPU 是 PLC 的控制中枢，相当于人的大脑，一般由控制电路、运算器和寄存器组成。CPU 的作用主要是按系统程序赋予的功能，指挥 PLC 有条不紊地进行工作，归纳起来主要有以下五个方面：

1）接收并存储编程器或其他外设输入的用户程序或数据。

2）诊断电源、PLC 内部电路故障和编程中的语法错误等。

3）接收并存储从输入单元（接）得到的现场输入状态或数据。

4）逐条读取并执行存储器中的用户程序，并将运算结果存入存储器中。

5）根据运算结果，更新有关标志位和输出内容，通过输出接口实现控制、制表打印或数据通信等功能。

为了进一步提高 PLC 的可靠性，大型 PLC 常采用由双 CPU 构成的冗余系统或由三 CPU 构成的表决式系统。这样，即使某个 CPU 出现故障，整个系统仍能正常运行。

S7-200 SMART 各 CPU 模块的简要技术规范见表 0-1。经济型 CPU（CR40/CR60）的价格便宜，无扩展功能，没有实时时钟和脉冲输出功能；其余的 CPU 为标准型，有扩展功能。最大脉冲输出频率仅适用于晶体管输出的 CPU，传感器电源的可用电流为 300mA。

可断电保持的存储区为 10KB（B 是字节的简称），各 CPU 的过程映像输入（I）、过程映像输出（Q）和位存储器（M）分别为 256 点，主程序、每个子程序和中断程序的临时局部变量为 64B。CPU 有两个分辨率为 1ms 的定时中断，有 4 个上升沿中断和 4 个下降沿中断，可选信号板 SBDT04 有两个上升沿中断和两个下降沿中断，可使用 8 个 PID 回路。

表 0-1　S7-200 SMART 各 CPU 模块的简要技术规范

特性	CPU CR40/CR60	CPU SR20/ST20	CPU SR30/ST30	CPU SR40/ST40	CPU SR60/ST60
数字量 I/O 点数	CR40：24DI/16DO CR60：36DI/24DO	12DI/8DO	18DI/12DO	24DI/16DO	36DI/24DO
用户程序区	12KB	12KB	18KB	24KB	30KB
用户数据区	8KB	8KB	12KB	16KB	20KB
扩展模块数	—	6			
通信端口数	2	2~3			
信号板	—	1			
高速计数器 单相高速计数器 双相高速计数器	共 4 个 单相，100kHz，4 个 A/B 相，50kHz，2 个	共 4 个 单相，200kHz，4 个 A/B 相，100kHz，2 个			
最大脉冲输出频率	—	2 个，100kHz	3 个，100kHz		
实时时钟	—	有，可保持 7 天			
脉冲捕捉输入点数	14	12	14	14	14

（2）存储器　在 PLC 中，存储器主要用于存储系统程序、用户程序、用户数据等，其类型可分为只读存储器（ROM）、可进行读/写操作的随机存储器（RAM）、可电擦写存储器（EEPROM）。

1）只读存储器（ROM）。PLC 的程序分为操作系统和用户程序，ROM 用来存放 PLC 的操作系统程序。操作系统使 PLC 具有基本的智能，能够完成 PLC 设计者规定的各种工作。操作系统由 PLC 生产厂家设计并固化在 ROM（只读存储器）中，用户不能读取。ROM 的内容只能读出，不能写入。它是非易失性的，失电后仍能保存储的内容。

2）随机存取存储器（RAM）。用户数据是 PLC 运行过程中经常变化、存取的一些数据，它们存放在 RAM 中，以适应随机存取的要求。在 PLC 的工作数据存储器中，设有存放输入/输出继电器、辅助继电器、定时器、计数器等逻辑器件的存储区，这些器件的状态都是根据用户程序的初始设置和运行情况而确定的。根据需要，部分数据在断电时用后备电池维持其现有的状态，这部分在断电时可保存数据的存储区域称为保持数据区。

用户程序由用户设计，它使 PLC 能完成用户要求的特定功能。用户程序存储器的容量以字节（Byte，简称为 B）为单位。用户程序和编程软件可以读出 RAM 中的数据，也可以改写 RAM 中的数据。RAM 是易失性的存储器，RAM 芯片的电源中断后，储存的信息将会丢失。

RAM 的工作速度高、价格便宜、改写方便。在关断 PLC 的外部电源后，可以用电池保存 RAM 中的用户程序和某些数据。电池一般可以用 1~3 年，当电池电压下降到一定值时，PLC 将发出信号，通知用户更换电池。

3）可电擦写存储器（EEPROM）。EEPROM 是非易失性的，断电后它保存的数据不会丢失。PLC 运行时可以读写它，兼有 ROM 非易失性和 RAM 随机存取的优点，但是写入数据所需的时间比 RAM 长得多，改写的次数有限制。当用户程序运行正常，不需要改变时，可将其固化在 EEPROM 中。现在有许多 PLC 直接采用 EEPROM 作为用户程序存储器。S7-200 SMART 采用 EEPROM 来存储用户程序和需要长期保存的重要数据。

（3）I/O 模块　输入（Input）模块和输出（Output）模块简称为 I/O 模块，是联系外部现场设备和 CPU 模块的桥梁。

1）I/O 接口。输入模块用来接收和采集输入信号，开关量输入模块用来接收从按钮、选择开关、数字拨码开关、限位开关、接近开关、光电开关、压力继电器等来的开关量输入信号；模拟量输入模块用来接收电位器、测速发电机和各种变送器提供的连续变化的模拟量输入信号。开关量输出模块用来控制接触器、电磁阀、电磁铁、指示灯、数字显示装置和报警装置等输出设备；模拟量输出模块用来控制调节阀、变频器等执行装置。

CPU 模块的工作电压一般是 5V，而 PLC 外部的输入/输出电路的电源电压较高，一般为 DC 24V 和 AC 220V。从外部引入的尖峰电压和干扰噪声可能损坏 CPU 模块中的元器件，或使 PLC 不能正常工作。在 I/O 模块中，用光电耦合器、光电晶闸管、小型继电器等器件来隔离 PLC 的内部电路和外部的 I/O 电路。I/O 模块除了传递信号外，还有电平转换与隔离的作用。

2）外设接口。外设接口用于连接手持编程器或其他图形编程器、文本显示器，并能通过外设接口组成 PLC 的控制网络。PLC 使用 PC/PPI 电缆或 MPI 卡通过 RS-485 接口与计算机连接，可以实现编程、监控、联网等功能。

（4）电源适配器　电源适配器的作用是把外部电源的电压（AC 220V）转换成 PLC 内部电路需要的工作电源电压（DC 5V、12V、24V），并为外部输入元件（如接近开关）提供 24V 直流电源（仅供输入端点使用），驱动 PLC 负载的电源由用户提供。

（5）编程软件　为了便于编制 PLC 程序，多数 PLC 生产厂家都开发了相关的编程软件。西门子 S7-200 SMART PLC 的编程软件为 STEP7-Micro/Win SMART。

三、PLC 的分类、特点和技术指标

1. PLC 的分类

（1）按 I/O 点数容量分类　按 PLC 的 I/O 点数容量可将 PLC 分为以下三类。

1）小型机。小型机的功能一般以开关量控制为主，其 I/O 总点数在 256 点以下，用户程序存储器容量在 4KB 以下。现在的高性能小型机还具有一定的通信能力和少量的模拟量处理能力。这类 PLC 价格低廉，体积小，适合于控制单台设备，开发机电一体化产品。

典型的小型机有西门子公司的 S7-200 系列、欧姆龙公司的 CPM2A 系列,三菱公司的 FX 系列和 AB 公司的 SLC500 系列等产品。

2) 中型机。中型机的 I/O 总点数为 256~2048 点,用户程序存储器容量可达 2~8KB。中型机不仅具有开关量和模拟量的控制功能,还具有更强的数字计算能力,它的通信功能和模拟量处理能力更强大。中型机的指令比小型机更丰富,适用于复杂的逻辑控制系统以及连续生产过程控制场合。

典型的中型机有西门子公司的 S7-300 系列、欧姆龙公司的 C200H 系列、AB 公司的 SLC500 系列等产品。

3) 大型机。大型机的 I/O 总点数在 2048 点以上,用户程序存储器容量可达 8~16KB。大型机的性能已经与工业控制计算机相当,它具有计算、控制和调节的功能,还具有强大的网络结构和通信联网能力。它的监视系统可以通过显示器显示过程的动态流程和各种曲线。这种系统还可以和其他型号的 PLC 互联,和上位机相连,组成分散管理、集中控制的生产过程和产品质量控制系统。大型机适用于设备自动化控制、过程自动化控制和过程监控系统。

典型的大型 PLC 有西门子公司的 S7-400 系列、欧姆龙公司的 CVM1 和 CS1 系列、AB 公司的 SLC5/05 系列等产品。

上述划分没有严格的界限,随着 PLC 技术的飞速发展,某些小型机也具有中型机和大型机的功能,这也是 PLC 的发展趋势。

(2) 按结构形式分 按结构形式不同,PLC 可分为整体式(也称单元式)结构和组合式(也称模块式)结构两类。

1) 整体式结构。整体式结构的 PLC 是将中央处理单元(CPU)、存储器、输入单元、输出单元、电源、通信端口、I/O 扩展端口等组装在一个箱体内构成主机。另外还有独立的 I/O 扩展单元等通过扩展电缆与主机上的扩展端口相连,以构成 PLC 不同配置,与主机配合使用。整体式结构的 PLC 结构紧凑、体积小、成本低、安装方便。小型机常采用这种结构。整体式 PLC 的组成如图 0-1 所示,实物图如图 0-2 所示。

CPU(基本单元)   +   扩展模块

图 0-2 整体式 PLC 实物图

2) 组合式结构。这种结构的 PLC 是将 CPU、输入单元、输出单元、电源单元、智能 I/O 单元、通信单元等分别做成相应的电路板或模块,各模块可以插在带有总线的底板上。装有 CPU 的模块称为 CPU 模块,其他模块称为扩展模块。组合式结构的特点是配置灵活,I/O 点数可以自由选择,各种扩展模块可以依需要灵活配置。大、中型机常用组合式结构。图 0-3 所示为组合式 PLC 的组成示意图。

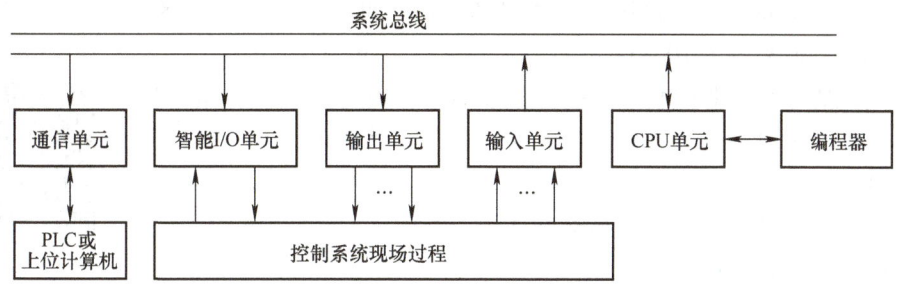

图 0-3　组合式 PLC 组成示意图

2. PLC 的特点

(1) 编程方法简单易学　梯形图是应用较多的 PLC 编程语言,其符号和表达方式与继电器电路原理图相似,梯形图语言形象直观,易学易懂,熟悉继电器电路图的电气技术人员可以轻松上手。

(2) 功能强,性能价格比高　一台 PLC 内有成百上千个可供用户使用的编程元件,功能强大,可以实现非常复杂的控制功能。与相同功能的继电器控制系统相比,PLC 具有很高的性能价格比。PLC 可通过通信联网,实现分散控制、集中管理。

(3) 硬件配套齐全,用户使用方便,适应性强　PLC 产品已经标准化、系列化、模块化,配备有品种齐全的各种硬件装置供用户选用。用户能灵活方便地进行系统配置,组成不同功能、不同规模的系统。PLC 的安装接线也很方便,一般用接线端子连接外部接线。PLC 有较强的带负载能力,可以直接驱动一般的电磁接触器和小型交流接触器。硬件配置确定后,可以通过修改用户程序,方便快速地适应工艺条件的变化。

(4) 可靠性高,抗干扰能力强　传统的继电器控制系统使用了大量的中间继电器、时间继电器,容易出现因触点接触不良而导致的故障。PLC 用软件元件代替大量的中间继电器和时间继电器,PLC 外部仅剩下与输入和输出有关的少量硬件元件,接线可减少到继电器控制系统的 1/100~1/10,因触点接触不良造成的故障大为减少。

PLC 具有很强的抗干扰能力,可以直接用于有强烈干扰的工业生产现场,PLC 已被广大用户公认为最可靠的工业控制设备之一。

(5) 系统的设计、安装、调试工作量少　PLC 用软件元件取代了继电器控制系统中大量的中间继电器、时间继电器、计数器等硬件元件,使控制柜的设计、安装、接线工作量大大减少。

PLC 的梯形图程序一般用顺序控制设计法来设计。这种编程方法很有规律,很容易掌握。对于复杂的控制系统,设计梯形图的时间比设计相同功能的继电器控制系统电路图的时间要少得多。

PLC 的用户程序可以在实验室模拟调试,输入信号用开关来模拟,通过 PLC 上的发光二极管可观察输出信号的状态。完成系统的安装和接线后,在现场的统调过程中发现的问题一般通过修改程序就可以解决,系统的调试时间比继电器控制系统少得多。

(6) 维修工作量小,维修方便　PLC 的故障率很低,且有完善的自诊断和显示功能。PLC 或外部的输入装置和执行机构发生故障时,可以根据 PLC 上的发光二极管或编程器提供的信息迅速地查明故障的原因,用更换模块的方法可以迅速地排除故障。

（7）体积小，能耗低　控制系统使用 PLC 后，可以减少大量的继电器，因此可将电气柜的体积缩小到原来的 1/10～1/2。

PLC 的配线比继电器控制系统的配线少得多，故可以节省大量的配线和附件，减少大量的安装接线工时，加上电气柜体积的缩小，可以节省大量的费用。

学习 PLC 的特点，请扫描二维码 0-2 观看微课。

3. PLC 的技术指标

0-2　PLC 的特点

（1）存储容量　存储容量指的是用户程序存储器的容量，它决定了 PLC 可以容纳的用户程序的长短，一般以字节为单位来计算。每 1024 个字节为 1KB。中、小型 PLC 的存储容量一般在 8KB 以下，大型 PLC 的存储容量可达到 256KB～2MB。也有的 PLC 用存放用户程序的指令条数来表示容量。

（2）I/O 点数　I/O 点数即 PLC 面板上连接输入、输出信号用的端子的个数，常称为"点数"，用输入点数与输出点数的和来表示。I/O 点数越多，外部可接入的器件和输出的器件就越多，控制规模就越大。因此，I/O 点数是衡量 PLC 性能的重要指标之一。

（3）扫描速度（扫描周期）　扫描速度是指 PLC 执行程序的速度，是衡量 PLC 性能的重要指标之一，一般以执行 1KB 所用的时间来衡量扫描速度。PLC 用户手册一般会给出执行各条程序所用的时间，可以通过比较各种 PLC 执行相同操作所用的时间来衡量扫描速度的快慢。

（4）指令系统　指令系统也是衡量 PLC 能力强弱的主要指标。编程指令种类及条数越多，其功能就越强，即处理能力和控制能力也就越强。

（5）通信能力　随着计算机网络通信在控制系统中的广泛应用，PLC 通信功能受到越来越高的重视，并不断得到扩展和增强。PLC 的通信功能使 PLC 与 PLC 之间、PLC 与上位计算机以及其他智能设备之间能够交换信息，形成一个统一的整体，实现分散管理、集中控制。现在几乎所有的 PLC 产品都有通信联网功能，和计算机一样具有 RS-232 接口，通过双绞线、同轴电缆或光缆，可以在几公里甚至几十公里的范围内交换信息。

PLC 之间的通信网络是各厂家专用的，PLC 与计算机之间的通信采用工业标准总线，并向标准通信协议靠拢，从而使不同机型的 PLC 之间、PLC 与计算机之间可以方便地进行通信与联网。PLC 的技术指标请扫描二维码 0-3 观看微课。

四、PLC 扩展模块及信号板

0-3　PLC 的技术指标

1. 扩展模块

1）数字量输入电路。图 0-4 所示为 S7-200 SMART PLC 的直流输入点内部电路和外部接线图，图中只画出了一路输入电路，输入电流为 4mA，1M 是输入点各内部输入电路的公共点。S7-200 SMART PLC 可以用 CPU 模块提供的 DC 24V 电源作输入电路的电源，该电源还可以为接近开关、光电开关之类的传感器供电。CPU 和数字量扩展模块的输入点的输入延迟时间可以用编程软件的系统块设置。数字量扩展模块见表 0-2。

表 0-2　数字量扩展模块

仅输入/仅输出	输入/输出组合
8 点直流输入	8 点直流输入/8 点直流输出
8 点直流输出	8 点直流输入/8 点继电器输出
8 点继电器输出	16 点直流输入/16 点直流输出
—	16 点直流输入/16 点继电器输出

当图 0-4 中的外接触点接通时,光电耦合器中两个反并联的发光二极管中的一个点亮,光电晶体管饱和导通;外接触点断开时,光电耦合器中的发光二极管熄灭,光电晶体管截止,信号经内部电路传送给 CPU 模块。

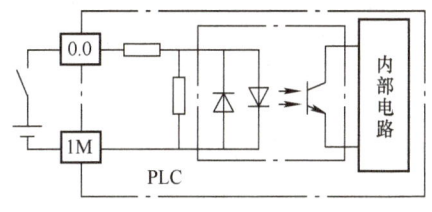

图 0-4　输入电路

图 0-4 中电流从输入端流入,称为漏型输入。将图中的电源反接,电流从输入端流出,称为源型输入。

CPU 模块的数字量输入和数字量输出的技术指标分别见表 0-3 和表 0-4。

表 0-3　CPU 数字量输入技术指标

项　目	技　术　指　标
输入类型	漏型/源型 IEC 类型 1（CPU ST20/ST30/ST40/ST60 的 I0.0～I0.3 除外）
输入电压、电流额定值	DC 24V, 4mA, 允许最大 DC 30V 的连续电压
输入电压浪涌值	35V, 持续 0.5s
逻辑 1 信号（最小）	仅 CPU ST20/ST30/ST40/ST60 的 I0.0～I0.3、I0.6 和 I0.7 为 DC 4V, 8mA; 其余的为 DC 15V, 2.5mA
逻辑 0 信号（最大）	仅 CPU ST20/ST30/ST40/ST60 的 I0.0～I0.3、I0.6 和 I0.7 为 DC 1V, 1mA, 其余的为 DC 5V, 1mA
输入滤波时间	0.2～12.8μs, 0.2～12.8ms, 仅 CPU 开始的 14 点输入各点可单独组态
光电隔离	AC 500V, 1min
电缆长度	非屏蔽电缆 300m, 屏蔽电缆 500m, CPU ST20/ST30/ST40/ST60 的 I0.0～I0.3 用于高速计数为 50m

表 0-4　CPU 数字量输出技术指标

技术数据	DC 24V 输出	继电器输出
类型	MOSFET 场效应晶体管源型	继电器触点
输出电压额定值	DC 24V	DC 24V 或 AC 250V
输出电压允许范围	DC 20.4～28.8V	DC 5～30V, AC 5～250V
最大电流时逻辑 1 输出电压	最小 DC 20V	—
10kΩ 负载时逻辑 0 输出电压	最大 DC 0.1V	—
逻辑 1 最大输出电流	0.5A	2A
每个公共端的额定电流	6A	10A

（续）

技术数据	DC 24V 输出	继电器输出
逻辑 0 最大漏电流	10μA	—
灯负载	5W	DC 30W/AC 200W
接通状态电阻	最大 0.6Ω	最大 0.2Ω
感性钳位电压	DC 48V，1W	—
从断开到接通最大延时	Q0.0～Q0.3 最长 1μs，其他输出点最长 50μs	最长 10ms
从接通到断开最大延时	Q0.0～Q0.3 最长 3μs，其他输出点最长 200μs	最长 10ms

2）数字量输出电路。S7-200 SMART PLC 数字量输出电路的功率元件有驱动直流负载的 MOSFET（场效应晶体管）和既可以驱动交流负载又可以驱动直流负载的继电器，负载电源由外部提供。

输出电路一般分为若干组，对每一组的总电流也有限制。

图 0-5 所示为继电器输出电路，继电器同时起隔离和功率放大作用，每一路只给用户提供一对常开触点。

图 0-6 所示为场效应晶体管输出电路。输出信号送给内部电路中的输出锁存器，再经光电耦合器送给场效应晶体管，后者的饱和导通状态和截止状态相当于触点的接通和断开。稳压二极管用来抑制关断过电压和外部的浪涌电压，以保护场效应晶体管，场效应晶体管输出电路的工作频率可达 100kHz。图 0-6 中电流从输出端流出，称为源型输出。

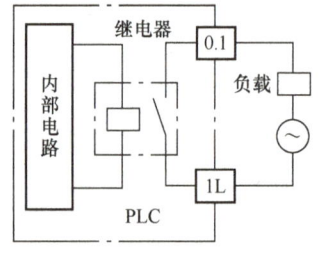

图 0-5　继电器输出电路

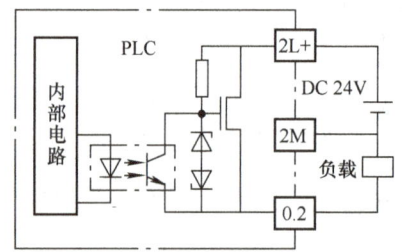

图 0-6　场效应晶体管输出电路

继电器输出电路的使用电压范围广，导通压降小，承受瞬时过电压和瞬时过电流的能力较强，但是动作速度较慢。如果系统输出量的变化不是很频繁，建议优先选用继电器型的 CPU 或输出模块。继电器输出的开关延时最大为 10ms，无负载时触点的机械寿命可达 10^7 次，额定负载时触点寿命可达 10^5 次。场效应晶体管型输出电路模块用于直流负载，它的反应速度快、寿命长，过载能力稍差。

普通白炽灯的灯丝工作温度在 1000℃ 以上，冷态电阻比工作时的电阻小得多，其浪涌电流是工作电流的十多倍。可以驱动 AC 220V、2A 电阻负载的继电器输出点只能驱动 200W 的白炽灯。频繁切换的灯负载应使用浪涌抑制器。

2. 模拟量扩展模块

1）PLC 对模拟量的处理。在工业控制中，某些输入量（例如压力、温度、流量和转速等）是模拟量，某些执行机构（例如电动调节阀和变频器等）要求 PLC 输出模拟量信号，而 PLC 的 CPU 只能处理数字量。模拟量首先被传感器和变送器转换为标准量程的电流或电压,例如 4～20mA、1～5V、0～10V,模拟量输入模块的 A-D 转换器将它们转换成数字量。带正负号的电流或电压在 A-D 转换后用二进制补码表示。

模拟量输出模块的 D-A 转换器将 PLC 中的数字量转换为模拟量电压或电流,再去控制执行机构。

A-D 转换器和 D-A 转换器的二进制位数反映了它们的分辨率,位数越多,分辨率越高。模拟量输入/输出模块的另一个重要指标是转换时间。

S7-200 SMART PLC 有 5 种模拟量扩展模块(见表 0-5)。

表 0-5 模拟量扩展模块

型号	描述
EM AE04	4 点模拟量输入
EM AQ02	2 点模拟量输出
EM AM06	4 点模拟量输入/2 点模拟量输出
EM AR02	2 点热电阻输入
EM AT04	4 点热电偶输入

2)模拟量输入模块。EM AE04 模拟量输入模块有 4 种量程(0～20mA、±10V、±5V 和±2.5V)。电压模式的分辨率为 11 位+符号位,电流模式的分辨率为 11 位。单极性满量程输入范围对应的数字量输出为 0～27648。双极性满量程输入范围对应的数字量输出为 -27648～27648。电压输入时输入阻抗≥9MΩ,电流输入时输入阻抗 250Ω。A-D 转换时间为 625μs。

3)将模拟量输入模块的输出值转换为实际的物理量。转换时应考虑变送器的输入/输出量程和模拟量输入模块的量程,找出被测物理量与 A-D 转换后的数字值之间的比例关系。

【案例】 量程为 0～10MPa 的压力变送器的输出信号为 4～20mA,模拟量输入模块将 0～20mA 转换为 0～27648 的数字量,设转换后得到的数字为 N,试求以 kPa 为单位的压力值。

解:4～20mA 的模拟量对应于数字量 5530～27648,即 0～10000kPa 对应于数字量 5530～27648,压力的计算公式为

$$P = \frac{(10000-0)}{(27648-5530)} \times (N-5530) = \frac{10000}{22118} \times (N-5530)$$

4)模拟量输出模块。模拟量输出模块 EMAQ02 有±10V 和 0～20mA 两种量程,对应的数字量分别为 -27648～27648 和 0～27648。电压输出和电流输出的分辨率分别为 10 位+符号位和 10 位。25℃时的精度典型值为±0.5%。电压输出时负载阻抗≥1kΩ;电流输出时负载阻抗≤600Ω。

5)热电阻扩展模块与热电偶扩展模块。热电阻模块 EM AR02 有 2 点输入,可以接多种热电阻。热电偶模块 EM AT04 有 4 点输入,可以接多种热电偶。它们温度测量的分辨率为 0.1℃/0.1℉,电阻测量的分辨率为 15 位+符号位。

五、S7-200 SMART PLC 编程软件介绍

STEP7-Micro/Win SMART 是西门子公司专门为 S7-200 SMART PLC 设计的编程软件,

其功能强大，可在 Windows 操作系统上运行。为了方便用户快捷高效地开发应用程序，STEP7-Micro/Win SMART 提供了 3 种程序编辑器，即梯形图（LAD）、语句表（STL）和功能块图（FBD），可进行程序的编辑、监控、调试和组态。

1. 安装要求

安装 STEP7-Micro/Win SMART 编程软件有以下几点要求：

1）操作系统：Windows 系统（支持 32 位和 64 位）。

2）至少 350MB 的空闲硬盘空间，建议关闭所有应用程序，否则安装可能出错。

3）安装 STEP7-Micro/Win SMART 编程软件需要高级用户权限或管理员权限登录。

2. 安装软件

STEP7-Micro/Win SMART 编程软件的安装步骤如下：

1）打开 STEP7-Micro/Win SMART 编程软件的安装包，双击软件安装包中名为"Setup"的可执行文件，即可开始软件安装。

2）选择安装语言。STEP7-Micro/Win SMART 软件具有简体中文、繁体中文和英语 3 种安装引导语言，通常选择简体中文。

3）接受安装许可协议。

4）选择安装的目标路径。用户可以单击"浏览"按钮修改安装目标位置，也可以采用默认安装路径。

所有安装步骤成功完成后，用户可以通过双击桌面上的快捷方式图标，或者单击"开始"→"所有程序"→"SIMATIC"→"STEP7-Micro/Win SMART"起动软件。

3. 卸载软件

从 Windows 操作系统中，找到"开始"，然后单击"控制面板"→"程序"→"程序功能"，选择安装好的 STEP7-Micro/Win SMART 软件，卸载即可。

4. STEP7-Micro/Win SMART 编程软件界面

STEP7-Micro/Win SMART 用户界面如图 0-7 所示。

5. 快速访问工具栏

快速访问工具栏如图 0-8 所示，有新建、打开、保存和打印这几个默认的按钮。单击快速访问工具栏右边的三角形按钮，将出现"自定义快速访问工具栏"菜单，单击"更多命令…"，打开"自定义"对话框，可以增减快速访问工具栏上的命令按钮。单击界面左上角的"文件"按钮，可以简单快速地访问"文件"菜单的大部分功能。

6. 菜单栏及菜单功能区

在快速访问工具栏的下方是菜单栏，如图 0-9 所示，有文件、编辑、视图、PLC、调试、工具和帮助几个选项。STEP7-Micro/Win SMART 采用带状式菜单，每个菜单选项的功能区占的位置较宽。系统默认是文件菜单下的菜单功能区，单击其他菜单选项可出现对应菜单功能区。用鼠标右键单击菜单功能区，在弹出的快捷菜单中单击"最小化功能区"命令，则在未单击菜单选项时，不会显示其菜单功能区。单击某个菜单选项（例如"编辑"）可以打开或关闭其菜单功能区。单击菜单功能区之外的区域，也能关闭菜单功能区。

7. 项目树

如图 0-10 所示，项目树上面的导航栏有符号表、状态图表、数据块、系统块、交叉引用和通信几个按钮。单击按钮可以直接打开项目树中对应的对象。单击项目树中文件夹左边

绪论　PLC 概述

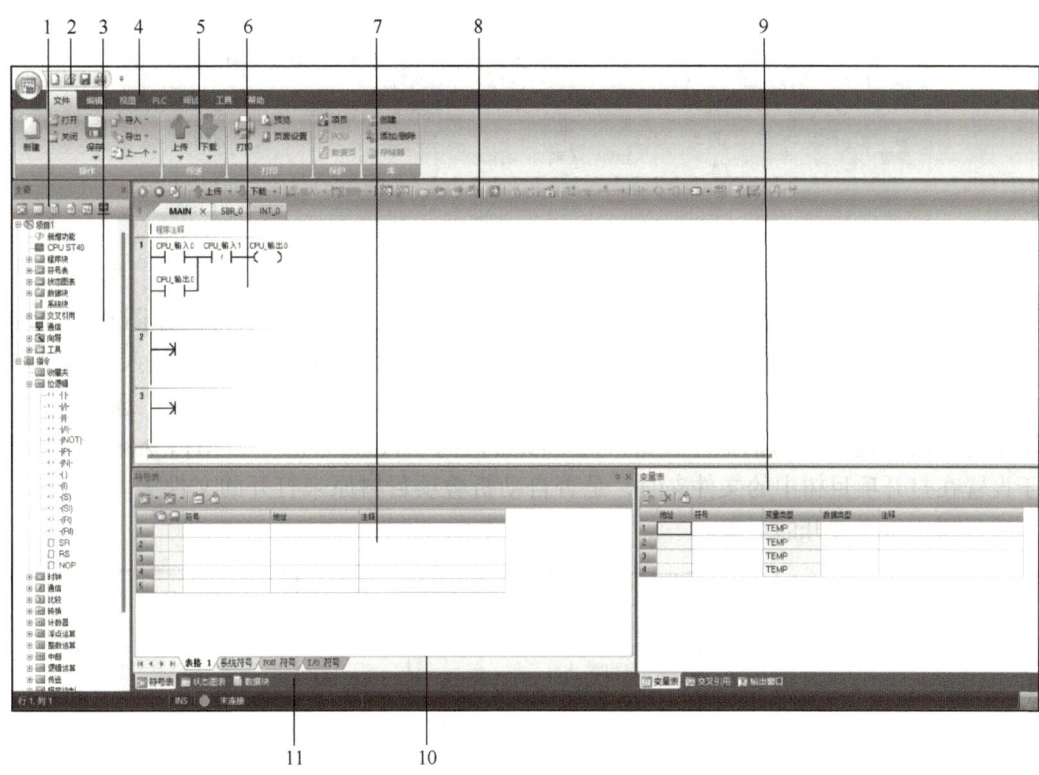

图 0-7　STEP7-Micro/Win SMART 软件主界面

1—导航栏　2—快速访问工具栏　3—项目树　4—菜单栏　5—菜单功能区　6—程序编辑器　7—符号表
8—工具栏　9—变量表　10—符号表选项卡　11—窗口选项卡

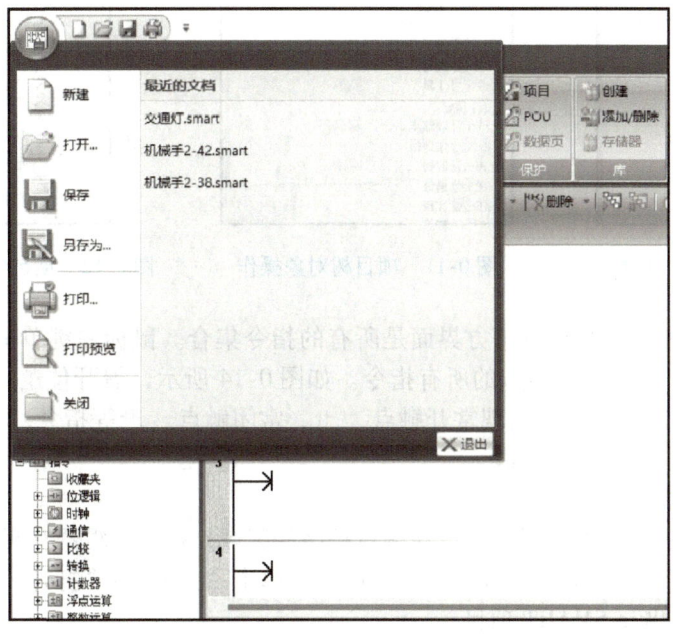

图 0-8　快速访问工具栏

13

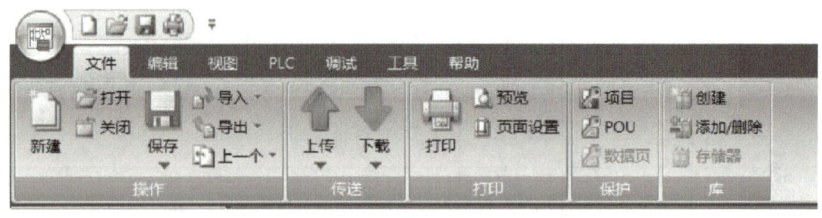

图 0-9　菜单栏及菜单功能区

带加减号的小方框，可以展开或收起该项目树文件夹，也可以双击展开。如图 0-11 所示，右键单击某个对象，将弹出右键菜单，可以进行打开、剪切、复制、粘贴、插入、删除和重命名等操作，允许的操作与具体的对象有关。单击"工具"菜单功能区中的"选项"按钮，再单击打开的"选项"对话框左边窗口的"项目树"，右边窗口的"启用指令树自动折叠"用于设置在打开项目树中的文件夹时，是否自动折叠项目树原来打开的文件夹。图 0-12 所示为项目树中所有展开的对象。

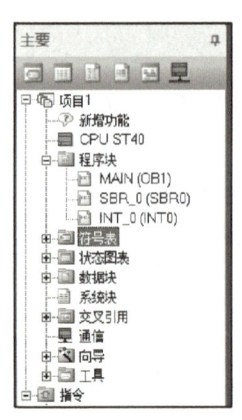

图 0-10　项目树

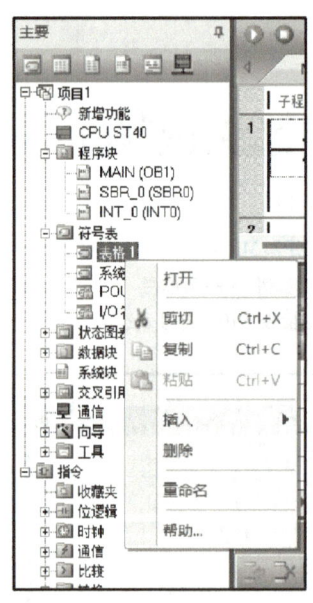

图 0-11　项目树对象操作

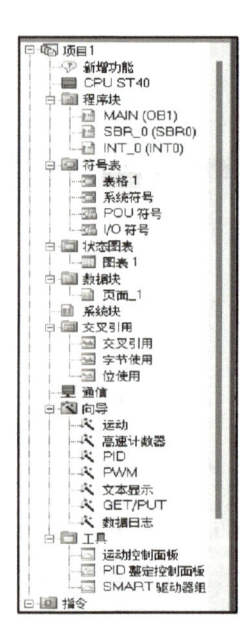

图 0-12　项目树全部对象展开

如图 0-13 所示，项目树的下方界面是所有的指令集合。鼠标左键单击文件夹左边小方框内的"+"号，即可展开相应的所有指令。如图 0-14 所示，展开位逻辑，左边小方框内"+"号变成"-"号，下方出现常开触点、常闭触点等指令，单击"-"，可收起所有指令，回到指令树主界面。

8. 程序编辑器

图 0-15 所示的程序编辑器是编写和编辑程序的区域，打开编辑器有两种方法。

1）在"文件"菜单功能区的"操作"区域，单击"新建"→"打开"或"导入"按钮打开 STEP7-Micro/Win SMART 项目。

2）在项目树中展开"程序块"文件夹。双击主程序（OB1）、子例程或中断例程，以打开所需的 POU（程序组织单元）；或选择相应的 POU 并按 Enter 键。

绪论　PLC 概述

图 0-13　指令树主界面

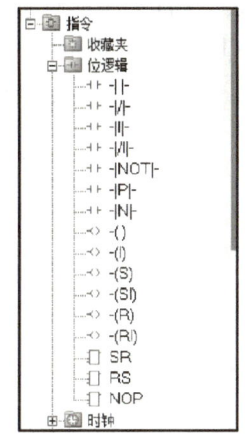
图 0-14　指令树展开界面

可以在"视图"菜单功能区的"编辑器"部分将编辑器更改为 LAD、FBD 或 STL。通过"工具"菜单功能区的"设置"区域内的"选项"按钮，可在起动时组态默认程序编辑器窗口。

3）程序编辑器的上方是工具栏，如图 0-15 所示，工具栏中有程序的起动、停止、编译、上传、下载等按钮，将鼠标放在按钮旁，即可出现相应注释。在程序编辑器的网络内，从工具栏中可选择相应的触点、线圈、指令盒等指令，也可以在项目树中选择相应指令，按住并拖拽到程序编辑器窗口，或者双击指令即可将其放在程序编辑器内。

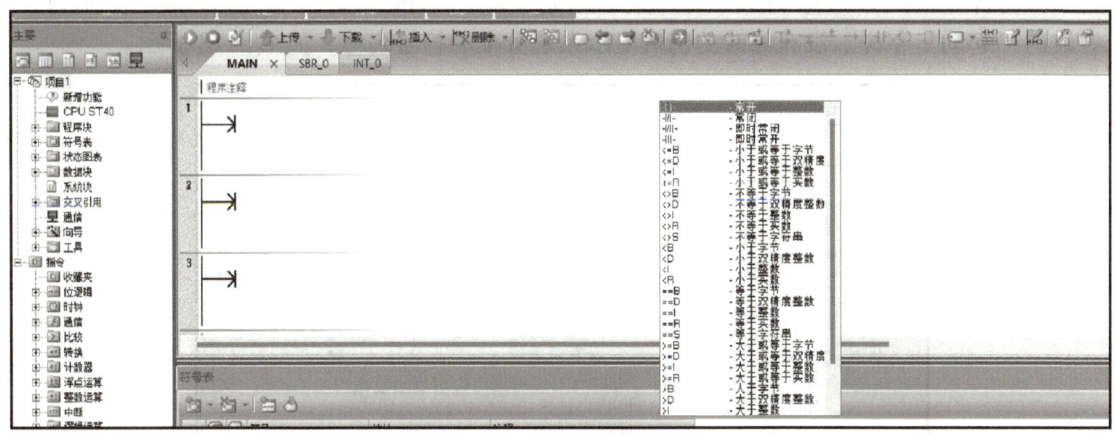
图 0-15　程序编辑器

9. 符号表

PLC 的符号表与单片机的注释类似，只是帮助用户理解程序用的，写与不写都不会影响程序的运行。符号表允许用户为存储器地址或常量指定符号名称，以此增加程序的可读性，方便编辑和调试。用户可为下列存储器类型创建符号名：I、Q、M、SM、AI、AQ、V、S、C、T、HC。在符号表中定义的符号适用于全局。符号可在创建程序逻辑之前或之后定义。

在项目树的"符号表"文件夹中双击"表格 1"打开符号表，如图 0-16 所示。符号表文件夹中，有"表格 1""系统符号""POU 符号"和"I/O 符号"4 个符号表，可以用鼠

15

标右键单击"符号表"文件夹中的对象，选择快捷菜单中的命令删除或插入"符号表"或"I/O 符号表"。图 0-17 中的"表格 1"是自动生成的用户符号表。

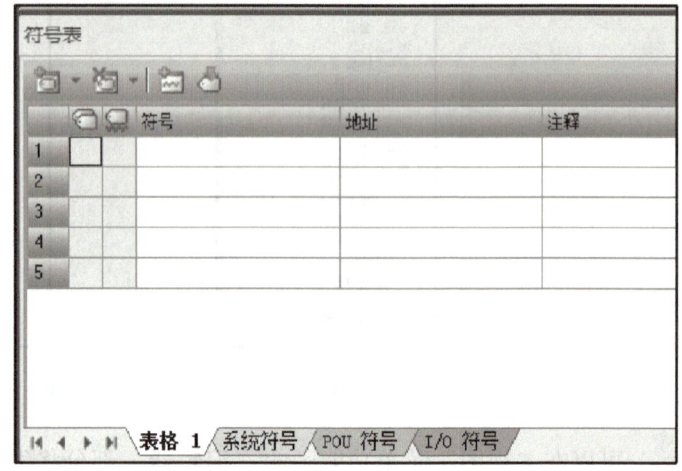

图 0-16 符号表列表

图 0-17 自动生成的符号表窗口

如图 0-17 所示，单击"系统符号"选项卡，可以看到各种特殊存储器（SM）的符号、地址和功能。单击"POU 符号"选项卡，可以看到项目中主程序、子程序、中断程序的默认名称。该表格为只读表格（背景为灰色），不能用它修改 POU 符号。单击"I/O 符号"选项卡，可以看到 CPU 每个数字点默认的符号。例如，"CPU_输入 0"对应的是输入 I0.0，在符号栏内将"CPU_输入 0"修改为"起动"，则在编写程序时，I0.0 的输入地址会显示为所修改的"起动"字样。没有修改的仍然显示系统分配的符号名称，如图 0-18 所示。

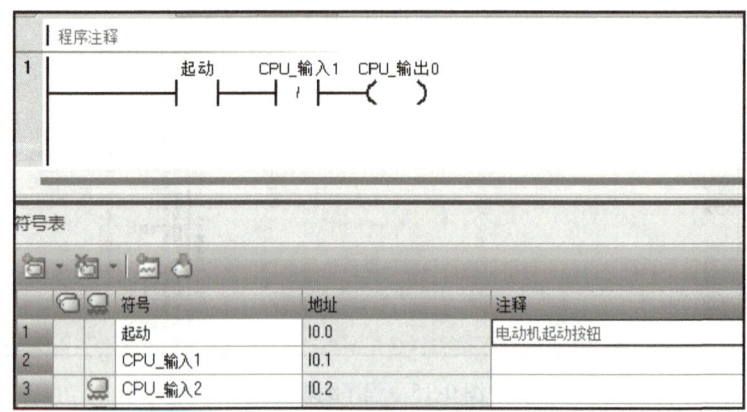

图 0-18 I/O 符号表

10. 创建项目

（1）创建项目或打开已有的项目　单击快速访问工具栏最左边的"新建"按钮，生成一个新的项目。单击快速访问工具栏上的按钮，可以打开已有的项目（包括 S7-200 的项目）。

（2）硬件组态　硬件组态的任务就是用系统块生成一个与实际硬件系统相同的系统，

绪论　PLC 概述

组态的模块和信号板与实际硬件安装的位置和型号最好完全一致。组态硬件时还需要设置各模块和信号板的参数，即给参数赋值。

如果项目中组态的 CPU 型号或固件版本号与实际的 CPU 型号或固件版本号不匹配，在下载时，STEP7-Micro/Win SMART 将发出警告消息。可以继续下载，但是如果连接的 CPU 不支持项目需要的资源和功能，将会出现下载错误。

单击导航栏上的"系统块"按钮，或双击项目树中的系统块图标，打开系统块（图 0-19）。默认的 CPU 的型号和版本号如果与实际的不一致，单击 CPU 所在行的"模块"列单元最右边隐藏的▼按钮，在出现的 CPU 下拉式列表中，选择实际使用的 CPU，如图 0-20 所示，单击 SB 所在行的"模块"列单元最右边隐藏的▼按钮，设置信号板的型号。如果没有使用信号板，该行为空白。用同样的方法在 EM0 ~ EM5 所在的行设置实际使用的扩展模块的型号。扩展模块必须连续排列，中间不能有空行。

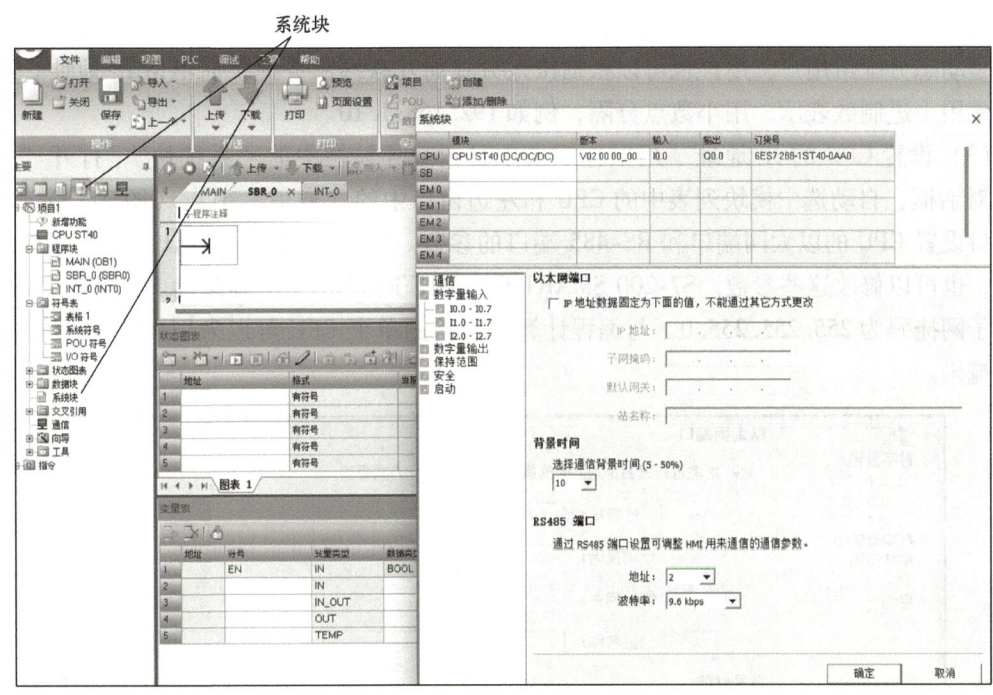

图 0-19　打开系统块

图 0-20　系统块 CPU 型号选择

(3) 保存项目　单击快速访问工具栏上的"保存"按钮下方的三角形按钮，在出现的"另存为"对话框中输入项目的文件名"案例1"，设置保存项目的文件夹。单击"保存"按钮，软件将项目数据（程序、数据块、系统块、符号表、状态图和注释等）的当前状态存储在扩展名为 SMART 的单个文件中。

11. 以太网组态

（1）以太网　STEP7-Micro/Win SMART 只能通过以太网口，用普通网线下载程序。西门子的工业以太网最多可以有 32 个网段、1024 个节点。以太网可以将 S7-200 SMART CPU 链接到基于 TCP/IP 通信标准的工业以太网，自动检测全双工或半双工通信，自适应 10/100Mbit/s 通信速率。以太网用于 S7-200 SMART PLC 与编程计算机、人机界面和其他 S7 PLC 的通信。通过交换机可以与多台以太网设备进行通信，实现数据的快速交互。

（2）IP 地址　连接到以太网的每台计算机都必须有一个唯一的 IP 地址。IP 地址由 32 位二进制数组成，是 Internet 协议地址。Internet 服务提供商向有关组织申请一组 IP 地址，一般是动态分配给用户，用户也可以根据接入方式向互联网服务提供商申请 IP 地址。IP 地址通常用十进制数表示，用小数点分隔，例如 192.168.1.10。

（3）设置 CPU 的 IP 地址　用鼠标双击项目树或导航栏中的"系统块"，打开"系统块"对话框，自动选中模块列表中的 CPU 和左边窗口中的"通信"节点（图 0-15），在右边窗口设置 CPU 的以太网端口和 RS-485 端口的参数。图 0-21 所示为默认的以太网端口的参数，也可以修改这些参数。S7-200 SMART CPU 出厂时默认的 IP 地址为 192.168.2.1，默认的子网掩码为 255.255.255.0。与编程计算机通信的单个 CPU 可以采用默认的 IP 地址和子网掩码。

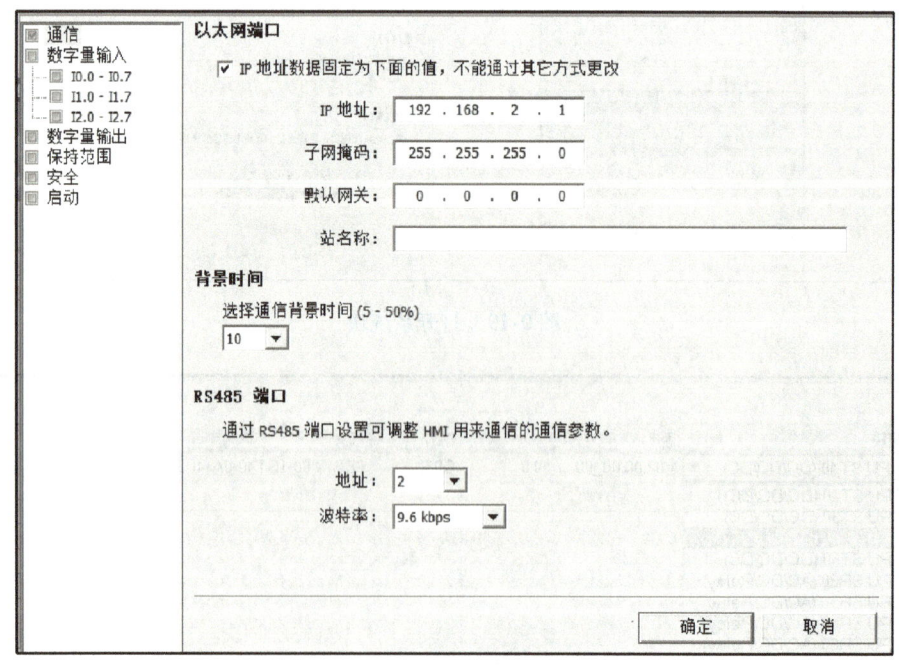

图 0-21　系统块设置 CPU 的 IP 地址

（4）设置计算机的 IP 地址　计算机的 IP 地址和 CPU 的 IP 地址在同一个网段中。本操作适用于 Windows10 操作系统。单击系统开始按钮，单击设置图标，在弹出的主页窗口中，单击"网络和 Internet"，如图 0-22 所示。具体操作为："网络和 Internet"→"高级网络设置"→"本地连接"→"更多适配器选项"后的"编辑"按钮，弹出图 0-23 所示的窗口，选中"本地连接"，单击鼠标右键，在弹出的快捷菜单中单击"属性"按钮，弹出图 0-23 所示的"本地连接属性"对话框，选中"Internet 协议版本 4（TCP/IPv4）"选项。如图 0-24 所示，设置 IP 地址，同一个局域网下的计算机不能设置重复的 IP 地址，因此，计算机 IP 地址最后一位需要在 0～255 之间设置成互相不冲突的数字。

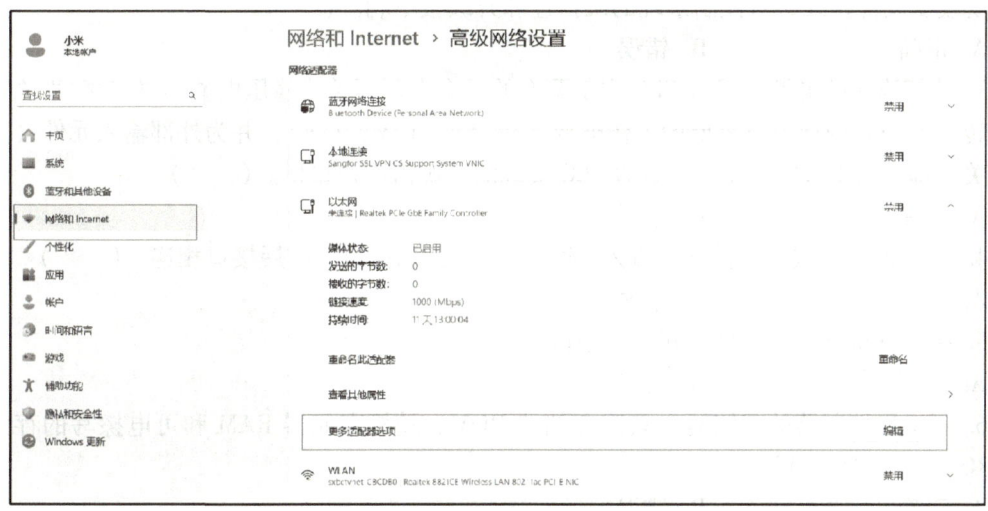

图 0-22　高级网络设置

图 0-23　本地连接属性

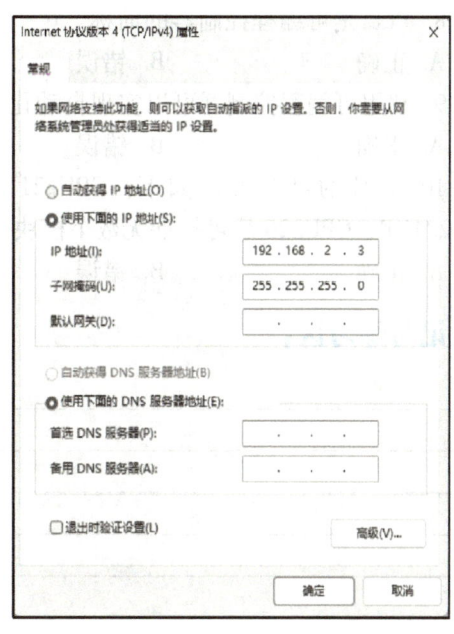

图 0-24　计算机 IP 地址

【随堂测试】

1. 小型可编程控制器是没有模拟量模块的，所以要想实现对模拟量的控制，必须加入模拟量扩展模块。（   ）

  A. 正确　　　　　　　　B. 错误

2. 继电器控制系统由电器元件和导线连接而成，结构简单、成本低、原理简单、易于掌握。但是对于复杂系统，整个控制系统的设计和安装工作量大，当需要改变控制作用时，就需要改变硬件接线，对控制系统的维护性和升级很不利。（   ）

  A. 正确　　　　　　　　B. 错误

3. 外部连接的电源，通过 PLC 内部配有的一个专用开关式稳压电源，将交流/直流供电电源转化为 PLC 内部电路需要的工作电源（DC 5V、12V、24V），并为外部输入元件（如接近开关）提供 DC 24V 电源，而驱动 PLC 负载的电源由用户提供。（   ）

  A. 正确　　　　　　　　B. 错误

4. CPU 通过总线与存储器、输入/输出接口、外围接口、扩展接口相连。（   ）

  A. 正确　　　　　　　　B. 错误

5. 接口电路分为输入接口和输出接口。（   ）

  A. 正确　　　　　　　　B. 错误

6. 可编程控制器的存储器由只读存储器 ROM、随机存储器 RAM 和可电擦写的存储器 EEPROM 三大部分构成。（   ）

  A. 正确　　　　　　　　B. 错误

7. PLC 的编程装置有编程软件和手持编程器两种形式。（   ）

  A. 正确　　　　　　　　B. 错误

8. PLC 是可编程控制器的简称。（   ）

  A. 正确　　　　　　　　B. 错误

9. 利用可编程控制器可以实现自动化。（   ）

  A. 正确　　　　　　　　B. 错误

10. PLC 的可扩展性如下：CPU221 不可扩展，CPU222 可扩展 2 个模块，CPU224、CPU224XP、CPU226 均可扩展无数个模块。（   ）

  A. 正确　　　　　　　　B. 错误

【笔记与练习区】

_____

_____

_____

_____

_____

_____

模块一 基本指令模块

【科技爱国篇】

PLC 已经广泛地用于工业生产中。在我国，随着工业化进程的加速和制造业的快速发展，PLC 在自动化领域扮演着越来越重要的角色。经过多年的技术积累和市场开拓，国产 PLC 正处于蓬勃发展的时期。汇川、禾川、联诚科技等国内 PLC 厂商，宛如工业界的新星，正在这片曾被外资巨头垄断的市场中崭露头角。国产 PLC 产品广泛地应用于电力、化工、核电站等工业控制领域，日常生活中的空调控制、电梯控制等民用领域也有很多应用。国产 PLC 的崛起，不仅得益于技术上的不断突破，更离不开国家政策的鼎力支持。从政府的补贴政策到产业的技术标准制定，我国政府为国产 PLC 的发展提供了坚实的基础。随着我国制造业的蓬勃发展，国产 PLC 品牌在国内外市场中展现出了强大的竞争力和创新能力。中国制造业的转型升级和智能化改造，犹如一场浩浩荡荡的产业革命，对高性能 PLC 的需求如潮水般持续涌动。无论是在精密如发丝的自动化生产线上，还是在错综复杂的工业控制系统中，PLC 都是不可或缺的"工业大脑"。这种巨大的市场需求，为国产 PLC 品牌的快速发展提供了肥沃的土壤。未来，随着智能制造、工业互联网等新技术的不断发展，PLC 作为工业自动化的核心设备将继续发挥重要作用，为我国制造业的高质量发展提供坚实支撑。

项目一 电动机连续运转 PLC 控制与实现

【项目引入】

某工厂用土豆机清洗土豆，按下起动按钮，土豆机清洗槽连续翻转，带动土豆在槽中不断翻转并被水冲刷，直至清洗干净。按下停止按钮，土豆机停止工作。土豆机采用 PLC 控制，能高效率完成土豆的清洗工作。电动机连续运转 PLC 控制示意图如图 1-1 所示，请扫描二维码 1-1 观看视频。

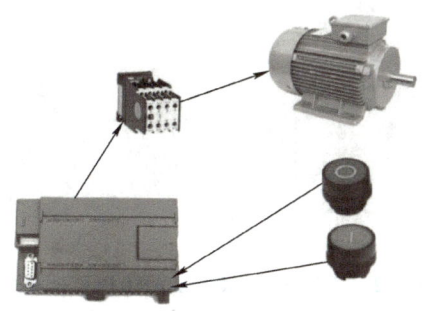

图 1-1 电动机连续运转 PLC 控制示意图

1-1 连续运转引入

【项目描述】

1）按下起动按钮，电动机开始运转；松开起动按钮，电动机仍保持运转状态，实现连续运转。

2）按下停止按钮，电动机停转；松开停止按钮，电动机仍然保持停止状态。请扫描二维码1-2观看视频。

1-2 连续运转演示

【学习目标】

1）认识西门子 S7-200 SMART PLC 的外观。
2）熟悉西门子 S7-200 SMART PLC 的基本编程指令使用方法。
3）理解西门子 S7-200 SMART PLC 的内部等效电路原理。
4）掌握电动机连续运转主电路及 PLC 控制电路硬件接线方法。
5）掌握电动机连续运转 PLC 控制程序设计方法。
6）掌握电动机连续运转主电路及 PLC 控制系统调试方法。

【素养目标】

1）树立严谨认真的工作态度。
2）培养集体主义观念和团结合作意识。
3）激发爱国情怀、民族担当和科技报国的使命感。

【相关知识】

一、认识西门子 S7-200 SMART PLC

1. 西门子 S7-200 SMART PLC 的外观

西门子系列的 PLC 有很多种，其中 S7-200 SMART PLC 是较为基础的一款。图 1-2 所示为西门子 S7-200 SMART PLC 的外观图。

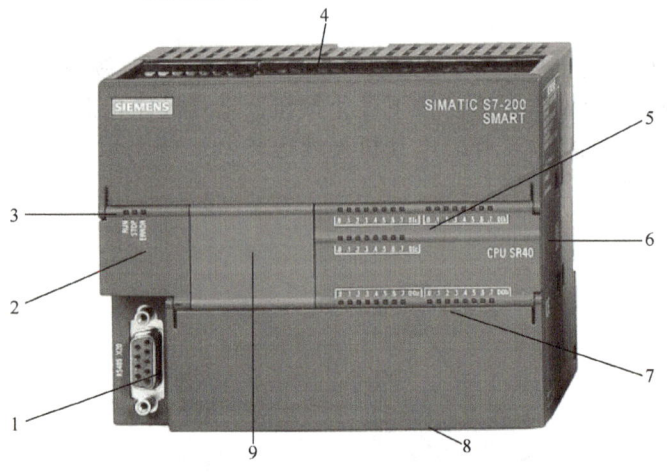

图 1-2　西门子 S7-200 SMART PLC 外观图

1—RS-485 通信接口　2—以太网通信接口　3—运行状态指示灯　4—数字量输入接线端子　5—数字量输入指示灯
6—扩展模块接口　7—数字量输出指示灯　8—数字量输出接线端子　9—选择器件（信号板或通信板）

西门子 S7-200 SMART PLC 的 CPU 主要由以下几个部分组成：RS-485 通信接口、以太网通信接口、运行状态指示灯（第一个灯是运行指示灯，在 PLC 正常运行时显示为绿色；第二个灯为停止指示灯，在 PLC 停止运行时显示为黄色；第三个灯为故障指示灯，当存在严重错误时，该灯显示为红色，当存在编程定义或者处于强制状态时，该灯显示为黄色）、数字量输入接线端子（用于连接外部控制信号）、数字量输入/输出指示灯（用于指示当前各个输入/输出接口的状态）、扩展模块接口（用于扩展模块的通信，例如数字量 I/O 扩展模块、模拟量 I/O 扩展模块、热电偶模块和通信模块等）、数字量输出接线端子（用于连接被控设备）、选择器件（可安装信号板或通信板）等。

2. 西门子 S7-200 SMART PLC 的型号选择

西门子 S7-200 SMART PLC 的 CPU 模块主要有标准型和经济型两种。标准型 CPU 包括 SR20/SR40/SR60 以及 ST20/ST40/ST60 等型号，可最多扩展 6 个扩展模块，SR 和 ST 分别是继电器输出和晶体管输出。经济型 CPU 主要包括 CR20/CR40/CR60，该类型 CPU 价格便宜，但不支持扩展。定时器、计数器各 256 点，4 点输入中断，2 点定时中断。CPU SR/ST60 的用户存储器容量为 30KB，用户数据区容量为 20KB，最大数字量 I/O 点数为 252 点。标准型 CPU 最大模拟量 I/O 点数为 36 点，有 4 点 200kHz 的高速计数器，而晶体管输出的 CPU 有 2 点或 3 点 100kHz 高速输出。西门子 S7-200 SMART PLC 的硬件系统主要由 CPU 模块、扩展模块和信号板组成。

二、西门子 S7-200 SMART PLC 基本指令介绍

1. 触点指令

触点指令分为常开触点指令 ⊣ ⊢ 和常闭触点指令 ⊣/⊢。触点符号代表输入条件，如外部开关、按钮及内部条件等。该位（状态）为 1 时，表示触点接通，"能流"能通过。PLC 指令系统中的常开触点相当于继电器控制中按钮、接触器的常开触点，常闭触点相当于继电器控制中按钮、接触器的常闭触点，不同的是 PLC 中的触点是一种软件触点，计算机读操作的次数不受限制，用户程序中，常开触点和常闭触点可以使用无数次。

2. 线圈指令

线圈指令 ( ) 表示输出结果，通过输出接口电路来控制外部的指示灯、线圈等。线圈左侧接点组成的逻辑运算结果为 1 时，"能流"可以达到线圈，使线圈得电动作，否则，线圈不通电。PLC 指令系统中的线圈指令相当于继电器控制中的接触器继电器等的线圈，且在用户程序中，每个线圈指令只能使用一次。

三、PLC 内部等效电路原理

S7-200 SMART 模块输入接口的端子可以与开关、按钮等无源信号及各种传感器等有源信号连接。输出端子通常可以连接接触器线圈、灯泡和电磁阀等。图 1-3 所示为无源信号输入量及常见输出量示意图。

图 1-4 所示为 PLC 内部等效电路原理图，当 Q1 闭合时，I0.1 输入回路接通，I0.1 输入继电器得电，其常开触点闭合，常闭触点断开，同时输入回路的指示灯会亮起。当程序执行的结果是 Q0.0 得电，则电源模块负责给 Q0.0 继电器线圈提供 +5V 电压，使得 Q0.0 的触点

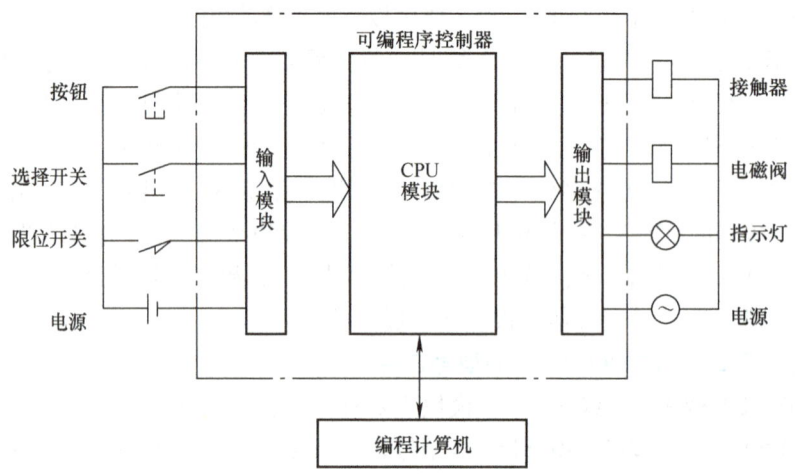

图 1-3　PLC 输入/输出量示意图

动作，输出回路虚拟的 Q0.0 常开触点闭合，接通外部电路。具体分析过程请扫描二维码 1-3 观看。

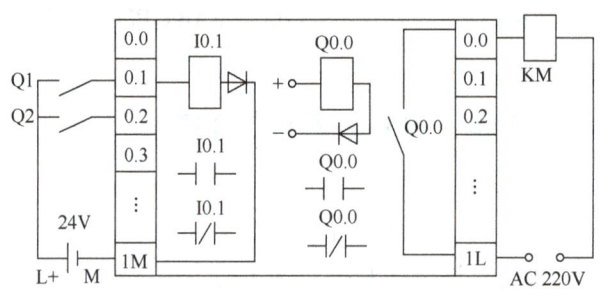 

图 1-4　PLC 内部等效电路原理图　　　1-3　PLC 内部原理分析

【项目实施】

一、电动机连续运转 PLC 控制硬件接线

1. 电动机连续运转 PLC 控制主电路接线

用交流接触器控制的三相异步电动机的主电路、控制电路工作原理如图 1-5 所示。

从图 1-5 中可以看出，接触器控制系统主要是通过接触器 KM1 的线圈通断来控制电动机的起停。当按下起动按钮 SB2 时，KM1 线圈得电并自锁，KM1 主触点持续闭合，引入三相交流电，电动机实现连续运转。当按下停止按钮 SB1 时，KM1 线圈断电，松开 SB1，KM1 线圈仍然处于断电状态，其主触点断开，电动机停转。

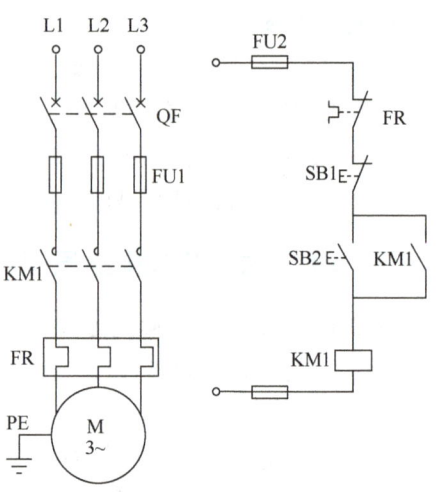

图 1-5　电动机连续运转接触器控制电路图

用 PLC 控制电动机时,仍然是要用接触器主触点来接通或切断电动机三相电源 L1、L2、L3,实现电动机起停控制。因此,主电路的接法和传统的接触器控制电路接法是一样的。实物接线如图 1-6 所示,三相交流电源 L1、L2、L3 通过断路器,再经过熔断器后,接入交流接触器主触点的进线端,从另一端(下方)接热继电器主触点一端(上方),从另一端(下方)接三相异步电动机定子绕组的首端 U1、V1、W1,尾端 U2、V2、W2 接在一起,形成星形联结。黑色的接地线接地,或者接入实训装置的接地插孔。接线分析请扫描二维码 1-4 观看,实操接线请扫描二维码 1-5 观看。

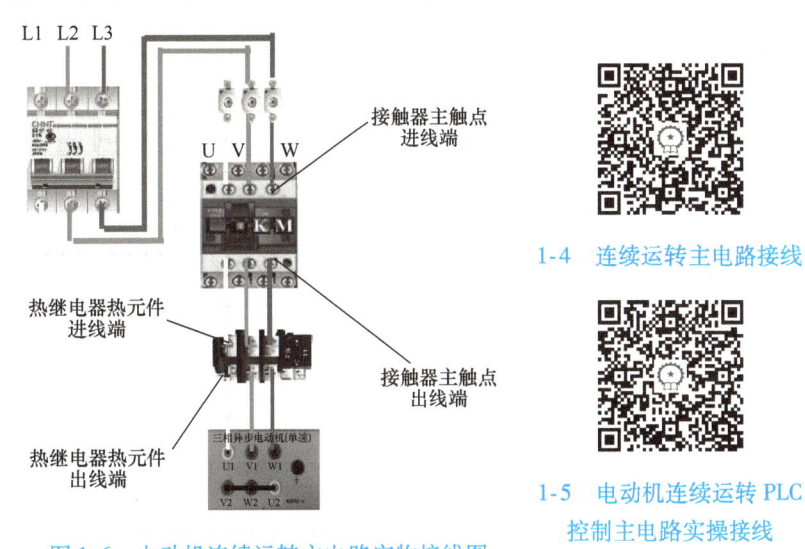

1-4 连续运转主电路接线

1-5 电动机连续运转 PLC 控制主电路实操接线

图 1-6 电动机连续运转主电路实物接线图

2. 电动机连续运转 PLC 控制电路接线

(1) 西门子 S7-200 SMART PLC 端子实物接线图 西门子 S7-200 SMART PLC 的外部接线端子有电源端子(包括交流电源、直流电源)、数字量输入端子及公共端、数字量输出端子及公共端等。如图 1-7 所示,CPU SR40 及 CPU ST40 的输入端子位于 CPU 模块的上方,地址编号采用八进制,地址标志符为 I。输入端口地址依次按照 I0.0 ~ I0.7、I1.0 ~ I1.7、I2.0 ~ I2.7 的顺序排列,一共有 24 点输入。所有输入端子的公共端为 1M。L1 和 N 是 220V 交流电源接线端子;输出端子位于输出 CPU 模块的下方。L + 和 M 是 24V 直流电源接线端子(L + 为电源正极、M 为电源负极);00 ~ 03 为第一组输出端子,对应 Q0.0 ~ Q0.3 这 4 个输出量;04 ~ 07、10 为第二组输出端子,对应 Q0.4 ~ Q0.7、Q1.0 这 5 个输出量;11 ~ 17 为第三组输出端子,对应 Q1.1 ~ Q1.7 这 7 个输出端子;L1、L2、L3 分别为第一组、第二组和第三组输出的公共端。如图 1-7 所示,输入端子接到外部按钮或开关(注意:一般都接常开触点)后,接入 DC 24V 电源(可借用 PLC 的内置电源 L + 和 M),回到相应的公共端。输出端子接入交流接触器后接外部交流电源(电源电压依据接触器额定电压而定),然后回到相应的输出公共端。

(2) 西门子 S7-200 SMART PLC 控制电路接线原理图 在电动机连续运转 PLC 控制电路的接线原理图中,首先要完成的是输入/输出地址的分配。在本任务中,PLC 的输入量有两个,输出量有一个,见表 1-1。

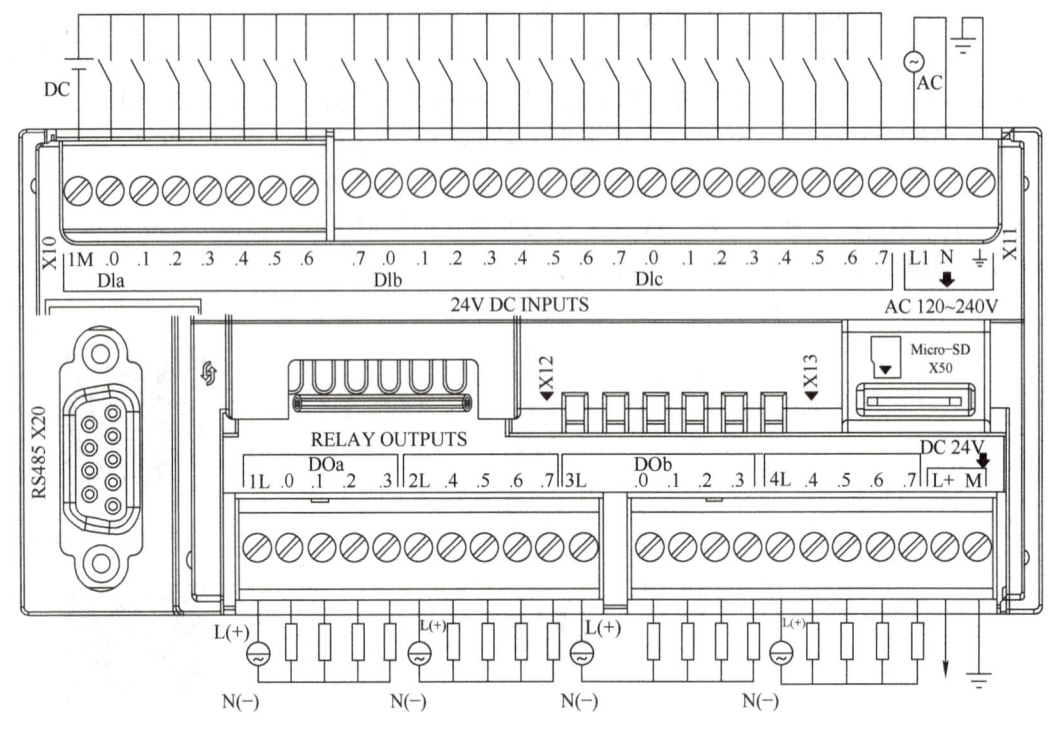

图 1-7　西门子 S7-200 SMART PLC 端子实物接线图

表 1-1　输入/输出量地址分配表

输入		输出	
输入设备	分配地址	输出设备	分配地址
起动按钮 SB1	I0.0	接触器线圈 KM	Q0.0
停止按钮 SB2	I0.1	—	—

　　PLC 控制电路接线分为输入电路和输出电路两部分，输入电路是从输入端子接到相应按钮（一般是常开触点）的一端，按钮的另一端接在一起共同回到电源的正极 L+。输出电路则是从输出端子接接触器线圈后，外接 AC 220V 电源，然后回到第一组输出的公共端 1L。电动机连续运转 PLC 控制电路接线图如图 1-8 所示，接线分析请扫描二维码 1-6 观看。

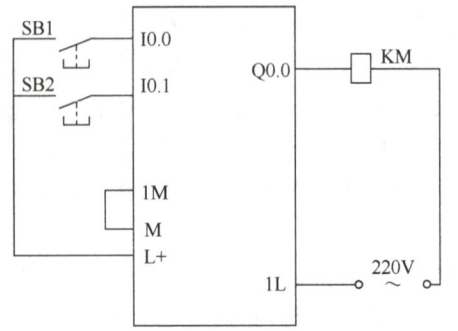

1-6　连续运转控制电路接线分析

图 1-8　电动机连续运转 PLC 控制电路接线图

二、电动机连续运转 PLC 程序设计

1. 程序设计思路

PLC 程序的设计思路是基于传统的继电器控制系统的。图 1-9a 所示为电动机连续运转控制电路原理图，在不考虑热继电器的情况下，停止按钮 SB2 串联起动按钮 SB1 和 KM 常开触点并联后的电路块，最后连接接触器 KM 线圈。在编写程序时，指令之间的软件逻辑关系要遵循继电器控制电路硬件接线的逻辑关系。如图 1-9b 所示，停止按钮 SB2 用 I0.1 的常闭触点指令，起动按钮 SB1 则用 I0.0 的常开触点指令，KM 辅助常开触点用 Q0.0 的常开触点指令，KM 线圈用 Q0.0 的线圈输出指令，如果把程序逆时针方向翻转 90°，就得到图 1-10a 所示的梯形图程序，这个梯形图程序和传统的继电器控制电路硬件的逻辑关系相同，再根据左重右轻，上重下轻的原则对程序进行优化，就得到了最终的梯形图程序，如图 1-10b 所示。

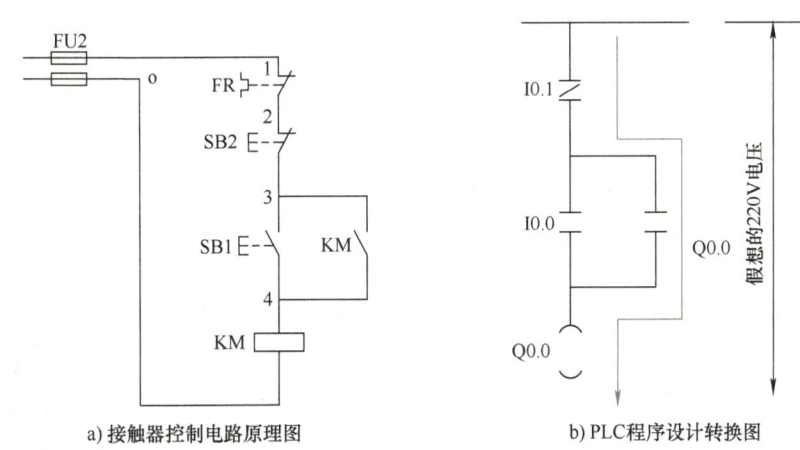

a) 接触器控制电路原理图　　　　b) PLC程序设计转换图

图 1-9　电动机连续运转控制电路原理图

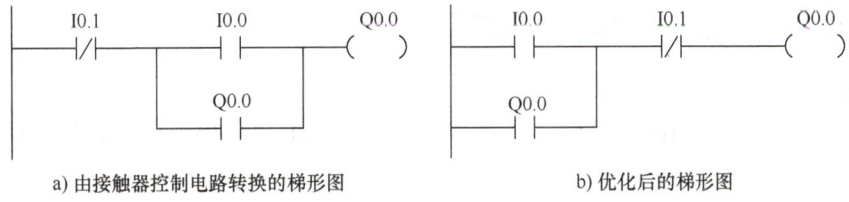

a) 由接触器控制电路转换的梯形图　　　　b) 优化后的梯形图

图 1-10　电动机连续运转梯形图程序

2. 程序运行分析

PLC 输入端子的逻辑状态会送到程序对应的触点指令中，经过程序执行以后把结果送给对应的输出映像寄存器中保存，经输出映像寄存器送到输出端子，同时也会反馈给程序中对应触点指令参与运算。

PLC 内部程序如何进行逻辑运算，达到控制电动机起停的作用？CPU 又是如何和输入/输出端子配合完成控制功能的？如图 1-11 所示，具体分析如下：

按下起动按钮 SB1，接通 I0.0 的输入电路，I0.0 输入继电器得电，状态为 1，程序中 I0.0 的常开触点接通，能流流过，到达 Q0.0 输出线圈指令，Q0.0 的线圈状态变为 1，CPU

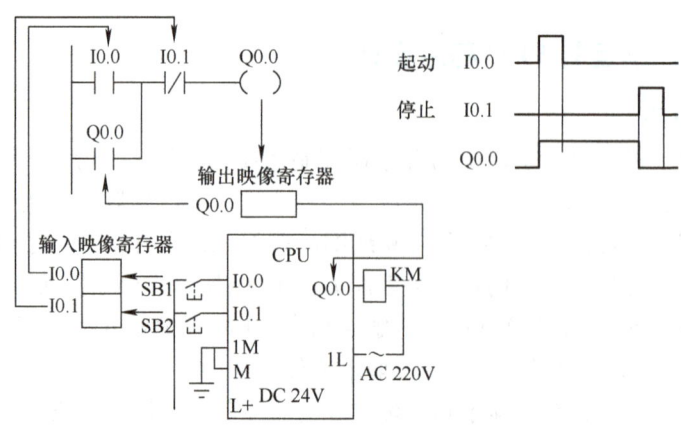

图 1-11　程序执行过程图

把这个为 1 的值送到输出映像寄存器，再经输出映像寄存器送到输出端子 Q0.0 的端口，使 KM 的线圈得电，电动机开始运转。输出映像寄存器同时也会反馈给程序的 Q0.0 触点，程序中 Q0.0 的常开触点闭合，形成自锁回路。当松开 SB1 时，I0.0 的值为 0，I0.0 的常开触点断开，由于 Q0.0 常开触点自锁的作用，使得线圈 Q0.0 持续接通，电动机持续运转。当按下停止按钮 SB2 时，I0.1 接通，I0.1 输入继电器的线圈得电，状态变为 1，把 I0.1 得电的结果送到程序中，I0.1 常闭触点就会断开，Q0.0 的线圈状态变为 0，CPU 把这个为 0 的值经输出映像寄存器保存后送到输出端口，断开输出电路，KM 的线圈断电，电动机停转，同时程序中 Q0.0 的常开触点也断开。当松开 SB2 后，I0.1 输入继电器线圈失电，状态为 0，I0.1 常闭触点恢复闭合导通，但由于 I0.0 的常开触点和 Q0.0 的常开触点都断开，因此，Q0.0 继续保持为 0 的状态，电动机仍然保持停止状态。程序执行过程请扫描二维码 1-7 观看。

1-7　实现分析

三、电动机连续运转 PLC 控制系统调试

1. 实操调试

接好 PLC 的电源线和通信线后，合上设备电源，接通 PLC 供电开关，请按以下步骤进行运行调试。

1）在编程软件上编辑程序，如图 1-12 所示。

2）单击编程软件中的下载按钮 ，出现如图 1-13 所示的对话框，单击"下载"并确认。

3）单击编程软件中的运行按钮 ，按下起动按钮，电动机开始运转，松开起动按钮，电动机仍然保持运转状态，实现连续运转。按下停止

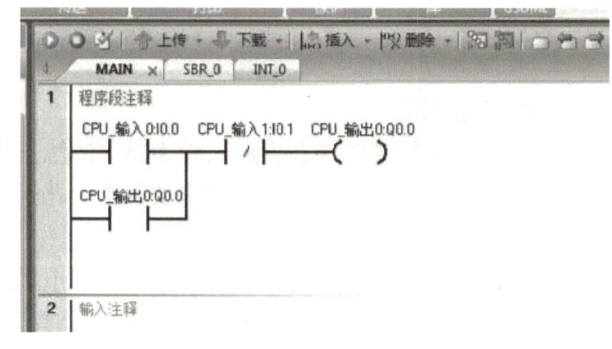

图 1-12　程序编辑图

按钮，电动机立刻停转。

2. 程序监控

如果在实操调试过程中出现故障，不能按照上述过程运行，可以单击程序监控按钮 ，打开程序监控界面，进行程序监控，以便排除程序中的问题。

图 1-14 所示为软件的监控界面，蓝色表示能流经过，为触点闭合或线圈得电状态。图 1-14a 为原始状态，起动按钮对应的 I0.0 和接触器的常

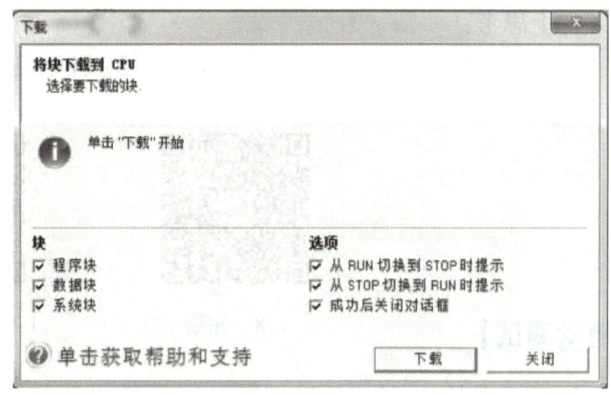

图 1-13　程序下载图

开触点处于断开状态，停止按钮为闭合状态，线圈 Q0.0 未接通。图 1-14b 为起动按钮按下状态，I0.0 得电，能流经过线圈 Q0.0，使 Q0.0 得电，电动机运转。图 1-14c 为起动按钮松开状态，由于 Q0.0 线圈得电，其常开触点 Q0.0 闭合形成自锁，能流经过 Q0.0 的常开触点到达线圈，使得 Q0.0 的线圈继续保持得电状态，电动机连续运转。图 1-14d 为停止按钮按下状态，I0.1 的常闭触点断开，切断能流，Q0.0 的线圈断电，电动机停转。

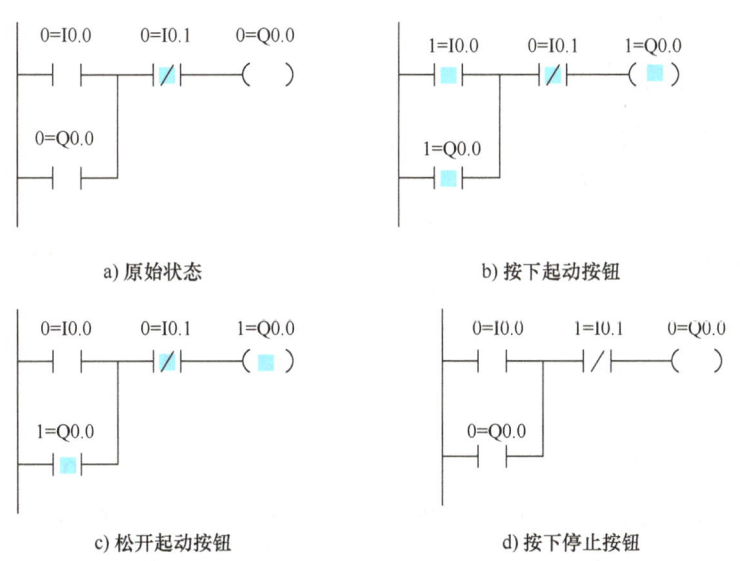

图 1-14　程序运行监控图

在程序的监控过程中，还可以根据监控情况，判断输入和输出的接线是否正确，如果出现按钮按下，而监控界面对应常开触点不闭合、常闭触点不断开，或者松开按钮，对应常开触点不断开、常闭触点不闭合的情况，则应该查找硬件接线问题，请同学们把调试现象和出现的问题填写在任务书当中，并且按照考核要求完成本项目考核。

拓展练习：

请扫描二维码 1-8，按照要求在设备上完成由连续运转到点动控制的操作。

课上思考：

请扫描二维码1-9，总结电动机连续运转 PLC 控制与传统继电器控制的区别，并记录在笔记与练习区内。

1-8　拓展　　　　1-9　继电器区别

【随堂测试】

1. PLC 的输入/输出地址可以在 24 个输入和 16 个输出中任意选取，这个说法（　　）。
   A. 正确　　　　B. 错误

2. 图 1-8 中，当按下起动按钮 SB1 时，I0.0 的输入指示灯会（　　）。
   A. 熄灭　　　　B. 亮起

3. I1.6 的公共端是（　　）。
   A. M　　　　B. 1M　　　　C. 2M　　　　D. 3M

4. 图 1-8 中，当按下起动按钮 SB1 时，I0.0 的状态为（　　）。
   A. 0　　　　B. 1

5. 图 1-8 中，电动机能连续运转的原因是（　　）。
   A. 起动按钮 SB1 被按下
   B. 停止按钮 SB2 被按下
   C. 程序中有 Q0.0 的常开触点闭合实现自锁功能
   D. 程序中有输出线圈指令

6. 电动机连续运转主电路接线接入的是（　　）。
   A. AC 380V 电源　　B. AC 220V 电源　　C. DC 24V 电源　　D. DC 12V 电源

7. 用 PLC 控制和用传统继电器控制，电动机连续运转主电路接线完全一样，这个说法（　　）。
   A. 正确　　　　B. 错误

8. 电动机连续运转主电路接线用到（　　）接触器。
   A. 1 个　　　　B. 2 个　　　　C. 3 个　　　　D. 1 个或 2 个

9. 控制电动机的起停，实际就是控制接触器线圈电路的通断，这个说法（　　）。
   A. 正确　　　　B. 错误　　　　C. 根据具体情况判断

10. 电动机连续运转 PLC 控制和传统继电器控制的区别是主电路不同（　　）。
    A. 正确　　　　B. 错误　　　　C. 根据 PLC 型号而定

【笔记与练习区】

【项目考核】

一、考核规则

1. 考核成绩与考核内容

在项目考核时，考核成绩为百分制，考核内容分为过程考核和职业素养考核两部分。

2. 考核办法

过程考核进行角色扮演、分组考核。把一个项目分成硬件接线、程序编写、运行调试和系统讲解 4 项工作任务，每项工作任务由一位同学完成，接线员负责硬件接线，程序员负责程序编写，调试员负责运行调试，检修员负责系统讲解。分组原则为 4 人/组。

分组要求为：

1）每次实施都要将项目分成 4 项任务。
2）小组成员编号为 1、2、3、4，组内成员顺序不得打乱。
3）组内任命组长一名，组长默认编号为 1。
4）名单一旦确定，中途不作更改。
5）小组共同完成项目，成果共享。

在本次项目考核中，硬件接线、程序编写、运行调试和系统讲解 4 项工作分别由成员编号为 1、2、3、4 的同学按顺序完成。在后续项目考核中，岗位可轮换进行。

职业素养考核分为任务单撰写、团队精神、8S 管理、拓展创新 4 个方面。

3. 成绩评定

过程考核中的 4 项任务每项 20 分，共 80 分；此项成绩为小组的共同成绩。职业素养考核中任务单撰写、团队精神、8S 管理、拓展创新 4 项，每项 5 分，共 20 分，此项成绩为个人的加分项。

项目总成绩 = 过程成绩（小组得分）+ 职业素养成绩（个人表现）。

二、实施考核

教师根据小组完成情况对照表 1-2 所列的过程考核评分细则在考核评分表中对小组成员进行打分。请同学们参照表 1-3 的考核评分表模板，在考核评分表中填写小组成员和本人姓名等信息，按照要求完成考核。

表 1-2　过程考核评分细则

分数	接线员	程序员	调试员	讲解员
A (15~20 分)	接线全部正确，工单填写完整，字迹工整	能正确操作编程软件，程序录入完全正确，并且结构最优	能正确下载程序，按下起动按钮，电动机连续运转，按下停止按钮，电动机停止运转，调试过程没有出现问题	能正确演示任务的控制要求。讲述系统的设计方案，实施过程，以及在小组合作中遇到什么难题，如何解决等问题

（续）

分数	接线员	程序员	调试员	讲解员
B (10~15 分)	接线输入/输出回路，错误数 2 根以下，工单填写完整	能正确操作编程软件，程序编写完全正确	能正确下载程序，按下起动按钮，电动机连续运转，按下停止按钮，电动机停止运转，调试过程有问题能及时解决	讲述系统的设计方案，实施过程，讲述系统的设计方案，实施过程
C (5~10 分)	接线错误数 3~5 根，工单填写欠完整	程序编写基本正确	能正确下载程序，但无法完成调试	能正确演示任务的控制要求
D (0~5 分)	接线错误数 5 根以上，未填写工单	程序编写错误	不能下载程序，无法完成调试	不能正确演示任务的控制要求

表 1-3　考核评分表模板

项目名称	电动机连续运转 PLC 控制与实现	考核时间			接线	编程	调试	讲解
学生班级		小组成员	1 张三	考核角色	√			
小组组别	第 1/10 组		2 李四			√		
学生姓名	张三		3 王五				√	
			4 赵六					√
过程考核	小组考核任务	分值	个人考核承担任务	学生自评	小组互评	教师评价	小组得分	个人得分
	接线	20	√	18	14	16	16	16
	编程	20	其他组员成绩	20	20	20	20	20
	调试	20	其他组员成绩	12	12	15	13	13
	讲解	20	其他组员成绩	17	16	15	16	16
	过程成绩合计	80		67	62	66	65	65
职业素养考核	个人加分考核	分值	个人考核承担任务	学生自评	组长打分	教师评价		个人得分
	工单认真严谨	5	√	5	5	5		5
	团队精神	5	√	5	3	4		4
	8S 管理	5	√	4	4	4		4
	拓展创新	5	√	5	4	3		4
	职业素养成绩	20		19	16	16		17
教师签字：			综合成绩：82					

【项目工单】

专业：			
课程：可编程控制器应用技术 项目：电动机连续运转 PLC 控制与实现	姓名：		日期：
	班级：		成绩：

一、控制要求

使用 S7-200 SMART PLC 和必要的按钮、接触器等电器元件实现对三相异步电动机的连续运转的起停控制。具体要求为：按下起动按钮，电动机连续运转；按下停止按钮，电动机停转。

二、实施过程

1. 填写 I/O 地址分配表（表 1-4）

表 1-4 I/O 地址分配表

输入设备	输入地址	输入功能	输出设备	输出地址	输出功能

2. 完善硬件接线图（图 1-15）

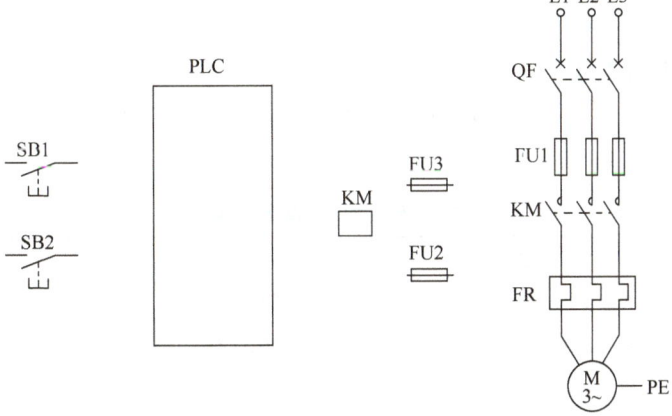

图 1-15 硬件接线任务图

3. 设计梯形图程序

4. 记录检查调试现象

请检查硬件接线、程序设计以及调试过程中出现的问题，在表 1-5 中记录并更正后完成调试。

表 1-5 检查调试记录表

检查项目	检查内容	检查方法	检查结果
硬件安装	1. 元件是否按要求安装到位？	查阅硬件接线图	
	2. 元件是否有连接不到位的情况？	检查硬件连接处的接线情况	
	3. 元件是否实现控制要求？	检查系统运行状态	
程序编写	1. 程序输入是否正确？	查看梯形图程序	
	2. 程序是否实现控制要求？	进行程序状态监控	

存在的其他问题：

【考核评分表】

项目名称		考核时间			接线	编程	调试	讲解
学生班级		小组成员		考核角色				
小组组别								
学生姓名								
过程考核	小组考核任务	分值	个人考核承担任务	学生自评	小组互评	教师评价	小组得分	个人得分
	接线	20						
	编程	20						
	调试	20						
	讲解	20						
	过程成绩合计	80						
职业素养考核	个人加分考核	分值	个人考核承担任务	学生自评	组长打分		教师评价	个人得分
	工单认真严谨	5						
	团队精神	5						
	8S 管理	5						
	拓展创新	5						
	职业素养成绩	20						
教师签字：				综合成绩：				

项目二 电动机正反转 PLC 控制与实现

【项目引入】

在某食品加工厂的方便面生产线上,采用和面机进行方便面生产加工。如图 1-16 所示,和面机能够实现正反转控制,在电动机不同方向的运转带动下,和面机搅拌叶将水和面粉充分混合搅拌,成为面团,等待下一步加工。和面机的使用,大大节省了人力,提高了生产效率。在本项目中,就让我们一起来看看如何用 PLC 实现电动机的正反转控制。电动机正反转 PLC 控制视频请扫描二维码 1-10 观看。

图 1-16 和面机示意图

1-10 正反转演示

【项目描述】

1)按下正转起动按钮 SB1,电动机连续正转。
2)按下反转起动按钮 SB2,电动机连续反转。
3)正反转控制能够自由切换,按下停止按钮,电动机停转。

【学习目标】

1)掌握 PLC 控制的电动机正反转控制硬件电路的连接。
2)掌握电动机正反转 PLC 控制编程方法。
3)掌握电动机正反转 PLC 控制系统调试方法。

【素养目标】

1)树立严谨认真的工作态度。
2)培养集体主义观念和团结合作意识。
3)培养热爱科学、实事求是的学风。

【相关知识】

电气符号和梯形图直接替换编程法
在用梯形图语言编写程序时,可以用传统的继电器控制电路进行转换,每一个低压电器元件对应一个梯形图指令，对应关系见表1-6。

表1-6 低压电器元件与梯形图指令对应关系

低压电器元件	文字符号	电气符号	梯形图指令	梯形图标识符
按钮常开触点	SB	―E-\ ―	―| ??.? |―	I
按钮常闭触点	SB	―E-7―	―|/ ??.? |―	I
接触器常开触点	KM	\	―| ??.? |―	I
接触器常闭触点	KM	7	―|/ ??.? |―	I
接触器线圈	KM	□	―(??.?)―	Q

对于每一种低压电器元件，分配一个PLC的地址。梯形图标识符是I的，为输入量，分配I0.0~I2.4中的任意一个地址；梯形图标识符是Q的，为输出量，分配Q0.0~Q1.6中的任意一个地址。按照此对应关系用梯形图指令直接替换低压电器元件符号，继电器控制电路的硬件逻辑关系即可转换为PLC的梯形图程序，其逻辑关系、控制功能保持不变。

例如，图1-17所示为具有正反转电气互锁的接触器控制电路，用PLC控制电动机正反转，I/O地址分配见表1-7，转换成梯形图程序后如图1-18所示。

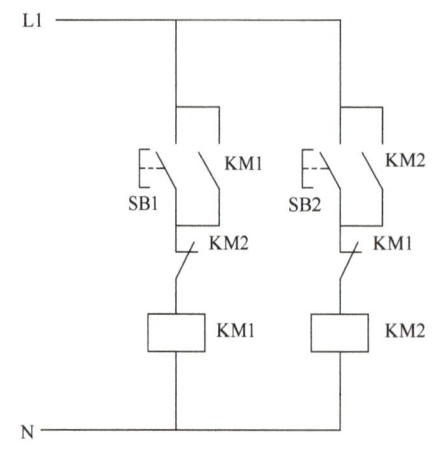

图1-17 正反转电气互锁的接触器控制电路

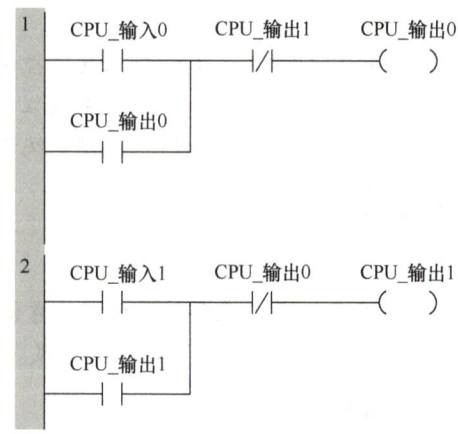

图1-18 正反转电气互锁梯形图

表 1-7　正反转电气互锁 PLC 控制 I/O 地址分配表

输入		输出	
正转起动按钮 SB1	I0.0	正转接触器线圈 KM1	Q0.0
反转起动按钮 SB2	I0.1	反转接触器线圈 KM2	Q0.1

【项目实施】

一、电动机正反转 PLC 控制硬件接线

电动机正反转 PLC 控制硬件接线分为主电路接线和 PLC 控制电路接线两部分，图 1-19 所示为主电路电气原理图。

图 1-20 所示为电动机正反转主电路实物接线图，三相交流电源 L1、L2、L3 通过断路器、熔断器后，一路接入正转交流接触器 KM1 的主触点的进线端，出线端（下方）接热继电器热元件一端（上方）；另一路接入反转交流接触器 KM2 主触点的进线端，出线端（下方）同样接热继电器热元件一端（上方），然后另一端（下方）出线接三相异步电动机定子绕组的首端 U1、V1、W1，尾端 U2、V2、W2 接在一起，形成星形联结。黑色的接地端接地（接入实训装置的接地插孔）。

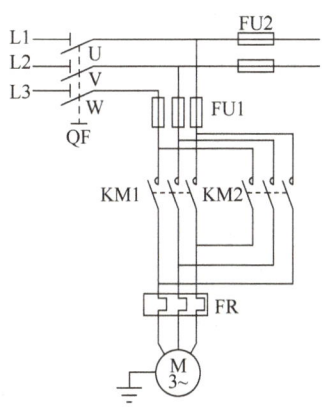

图 1-19　主电路电气原理图

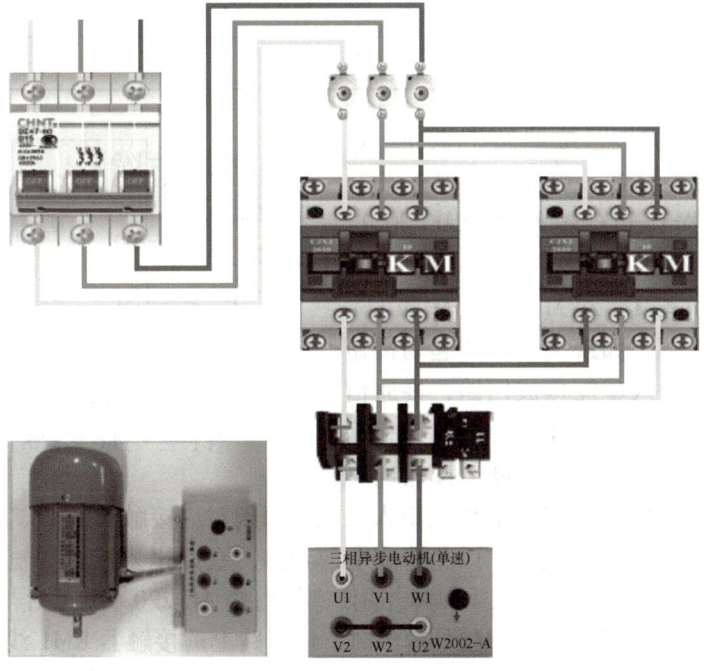

图 1-20　电动机正反转主电路实物接线图

双重互锁电动机正反转控制电路电气原理图如图 1-21 所示，这部分控制电路通过 PLC 完成控制功能，需要进行程序设计，同时也需要 PLC 控制电路的硬件接线。PLC 控制系统通过输入设备按钮 SB1、SB2、SB3，输出设备接触器 KM1、KM2 线圈以及 PLC 实现电动机正反转的控制。具体过程为：按下按钮 SB1，PLC 输入端子接收到正转起动信号，执行程序后，将结果送到输出端子使得 KM1 线圈得电，电动机正转。按下按钮 SB2，PLC 输入端子接收到反转起动信号，执行程序后，将结果送到输出端子使得 KM2 线圈得电，电动机反转。按下按钮 SB3，PLC 输入端子接收到停止信号经程序执行后，将结果送到输出端子使得 KM1 和 KM2 中通电的线圈失电，电动机停转。

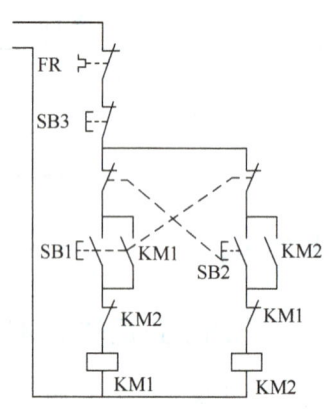

图 1-21　双重互锁电动机正反转控制电路电气原理图

根据任务要求，输入设备有正转起动按钮 SB1、反转起动按钮 SB2、停止按钮 SB3，输出设备有正转接触器 KM1、反转接触器 KM2。首先要为输入/输出设备选择输入/输出地址（可根据实际需要选择），填写 I/O 地址分配表，见表 1-8。然后按照分配的地址绘制出 PLC 控制电路接线图，如图 1-22 所示。

表 1-8　双重互锁电动机正反转 PLC 控制 I/O 地址分配表

输入		输出	
正转起动按钮 SB1	I0.0	正转接触器线圈 KM1	Q0.0
反转起动按钮 SB2	I0.1	反转接触器线圈 KM2	Q0.1
停止按钮 SB3	I0.2	—	—

PLC 控制回路接线，按照图 1-22 所示，首先进行输入回路接线，将按钮 SB1、SB2、SB3 按对应地址接到 PLC 输入端 I0.0、I0.1、I0.2，然后另一端接到 L+，输入端 I0.0、I0.1、I0.2 的公共端 1M 和 M 连接，M 和 L+ 之间是 DC 24V 电源，如果按下正转起动按钮 SB1，I0.0 对应的输入就能构成回路，接通信号被送到对应的 PLC 输入端 I0.0。然后进行输出电路接线，将输出端 Q0.0、Q0.1 按地址对

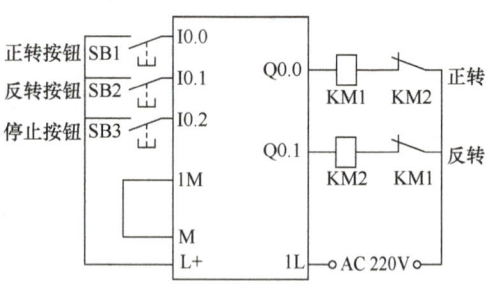

图 1-22　PLC 控制电路接线图

应与接触器 KM1、KM2 线圈相连，然后串入互锁，分别对应接触器 KM2、KM1 的辅助常闭触点（互锁防止正反转同时接通，以免造成电源短路，在此串入接触器辅助常闭触点是硬件互锁，与程序的软件互锁起到双重保障作用），然后接 AC 220V 电源后与 Q0.0、Q0.1 的公共端 1L 相连，当输出端 Q0.0 有信号输出时，使回路上的接触器 KM1 线圈得电，从而使电动机正转。正反转 PLC 控制硬件接线视频请扫描二维码 1-11 观看，实操视频请扫描二维码 1-12 观看。

1-11 正反转硬件接线

1-12 电动机正反转控制电路实操接线

二、电动机正反转 PLC 控制编程方法介绍

观察电动机正反转接触器控制电路原理图（图 1-23），可以通过 PLC 指令代替继电器的方法编写程序。PLC 指令与继电器符号对应见表 1-6。

按照电路结构，用 PLC 指令代替继电器相应位置，组成程序电路（这里热继电器作为保护元件暂不考虑）。正转起动按钮 SB1 的常开、常闭触点由对应的 I0.0 常开、常闭触点指令代替，反转起动按钮 SB2 的常开、常闭触点由对应的 I0.1 常开、常闭触点指令代替，停止按钮 SB3 的常闭触点由对应的 I0.2 常闭触点指令代替，接触器 KM1 的辅助常开、常闭触点由对应的 Q0.0 常开、常闭触点指令代替，接触器 KM2 的辅助常开、常闭触点由对应的 Q0.1 常开、常闭触点指令代替，接触器 KM1 的线圈由 Q0.0 的线圈指令代替，接触器 KM2 的线圈由 Q0.1 的线圈指令代替。这样正反转控制

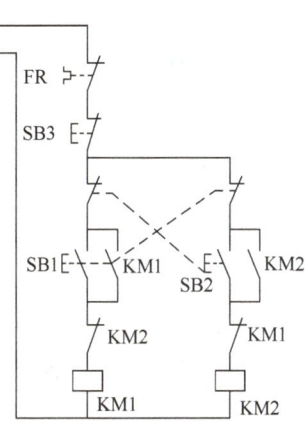
图 1-23 电动机正反转接触器控制电路原理图

的 PLC 程序就初步编写出来了，如图 1-24 所示。但这并不是最终的程序，还要对程序进行优化，为了确保程序的易读性，将它拆分成两个网络，然后按照左重右轻的原则进行整理。图 1-25 所示为电动机正反转双重互锁正转回路优化后的 PLC 程序，反转回路请同学们自行优化编写。

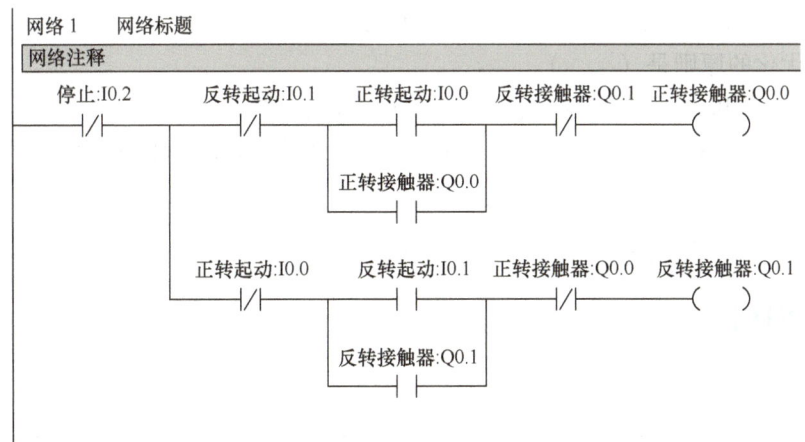
图 1-24 电动机正反转双重互锁 PLC 控制直接转换程序

程序编写过程请扫描二维码 1-13 观看。

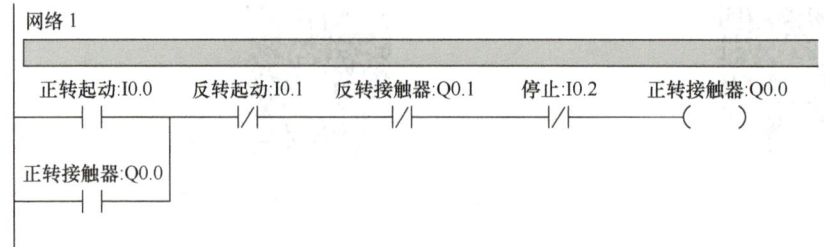

图 1-25　电动机正反转双重互锁 PLC 控制优化程序

1-13　正反转程序编写

三、电动机正反转 PLC 控制系统调试

程序编写完毕后,要进行软硬件联调,保证程序运行正确。

1)编译程序,检查程序是否有语法错误,如有错误,根据错误提示进行改正,再次编译,直到错误为 0。

2)分别按下正反转起动按钮,观察电动机是否能够实现正反转起动,按下停止按钮,观察电动机是否从运行状态进入停止。如果控制状态及运行有问题,请根据故障现象进行分析,检查硬件电路和程序找出错误并改正,直到控制状态及运行正常,表示调试成功。系统的仿真过程请扫描二维码 1-14 观看。

1-14　正反转仿真

【随堂测试】

1. PLC 控制电动机正反转需要用到几个输入端?(　　)
A. 1　　　B. 2　　　C. 3　　　D. 4

2. PLC 控制电动机正反转需要用到几个输出端?(　　)
A. 1　　　B. 2　　　C. 3　　　D. 4

3. 程序错误可以在哪步检测出来?(　　)
A. 编译　　B. 下载　　C. 运行　　D. 编写

4. 程序优化的原则是(　　)。
A. 上重下轻　B. 左重右轻　C. 上轻下重　D. 左轻右重

5. 编写梯形图程序时,若按钮 SB1 分配地址为 I0.1,则 SB1 常开触点的指令为(　　)。
A. I0.0 ─┤├─　B. I0.0 ─┤/├─　C. I0.1 ─┤├─　D. I0.1 ─┤/├─

【笔记与练习区】

【项目工单】

专业：			
课程：可编程控制器应用技术 项目：电动机正反转 PLC 控制与实现	姓名：		日期：
	班级：		成绩：

一、控制要求

使用 S7-200 SMART PLC 和必要的按钮、接触器等电器元件实现对三相异步电动机的正反转控制。

二、实施过程

1. 填写 I/O 地址分配表（表 1-9）

表 1-9 I/O 地址分配表

输入设备	输入地址	输入功能	输出设备	输出地址	输出功能

2. 完善硬件接线图（图 1-26）

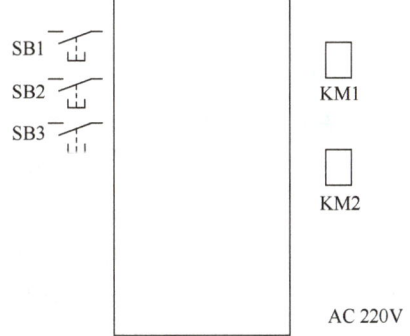

图 1-26 硬件接线任务图

3. 设计梯形图程序

4. 记录检查调试现象（表 1-10）

表 1-10 检查调试记录表

检查项目	检查内容	检查方法	检查结果
硬件安装	1. 元件是否按要求安装到位？	查阅硬件接线图	
	2. 元件是否有连接不到位的情况？	检查硬件连接处的接线情况	
	3. 元件是否实现控制要求？	检查系统运行状态	
程序编写	1. 程序输入是否正确？	查看梯形图程序	
	2. 程序是否实现控制要求？	进行程序状态监控	

存在的其他问题：

【考核评分表】

项目名称		考核时间			接线	编程	调试	讲解
学生班级		小组成员		考核角色				
小组组别								
学生姓名								
过程考核	小组考核任务	分值	个人考核承担任务	学生自评	小组互评	教师评价	小组得分	个人得分
	接线	20						
	编程	20						
	调试	20						
	讲解	20						
	过程成绩合计	80						
职业素养考核	个人加分考核	分值	个人考核承担任务	学生自评	组长打分	教师评价		个人得分
	工单认真严谨	5						
	团队精神	5						
	8S 管理	5						
	拓展创新	5						
	职业素养成绩	20						
教师签字：				综合成绩：				

项目三　单个按钮实现电动机的起停控制

【项目引入】

某起重机通过 1 台电动机带动重物向上移动，需要利用 1 个按钮实现电动机起动和停止控制。图 1-27 所示为单个按钮控制电动机示意图。相关视频请扫描二维码 1-15 观看。

图 1-27　单个按钮控制电动机示意图　　　　　　　1-15　单按钮引入

【项目描述】

1）要求用 1 个控制按钮控制 1 台电动机的起动和停止。

2）第 1 次操作按钮电动机起动，第 2 次操作按钮电动机停止，第 3 次操作按钮电动机起动，如此循环。

【学习目标】

1）掌握 PLC 控制电路的外部接线方法。

2）掌握边沿触发指令的使用方法。

3）理解 PLC 的工作原理。

【素养目标】

1）树立严谨认真的工作态度。

2）培养集体主义观念和团结合作意识。

3）激发爱国情怀、民族担当和科技报国的使命感。

【相关知识】

单个按钮实现电动机的起停控制，在传统的继电器控制电路中较难完成，而用 PLC 控制却较为容易。

一、PLC 的工作原理

PLC 是一种工业控制计算机，故它的工作原理是建立在计算机工作原理基础上的，是通过执行反映控制要求的用户程序来实现的。当 PLC 运行时，用户程序中有众多的操作需要去执行，但 CPU 是不能同时去执行多个操作的，它只能按分时操作原理每一时刻执行一个操作。由于 CPU 的运算处理速度很高，使得外部出现的结果从宏观上看似乎是同时完成的。这种分时操作的过程称为 CPU 对程序的扫描。扫描是一种形象化的术语，用于描述 CPU 的工作方式。扫描从第一条用户程序开始，在无中断或跳转控制的情况下，自上而下，从左到右逐条执行用户程序，直到程序结束。扫描完 1 次程序就构成 1 个扫描周期，然后再从头开始扫描，并周而复始地重复，这种工作方式称为周期循环扫描方式。它简化了程序的设计，并为 PLC 的可靠运行提供了保证。

一般来说，PLC 工作时包括自诊断、通信等环节，如图 1-28 所示，即 1 个扫描周期等于自诊断、通信处理、输入采样、用户程序执行、输出刷新等所有时间的总和。CPU 扫描梯形图时，总是先扫描梯形图左边的由各触点构成的控制线路，并按先左后右、先上后下的顺序逐行逐条扫描。

如图 1-29 所示，当 PLC 投入运行后，其工作过程一般分为输入采样、程序执行和输出刷新 3 个阶段。完成上述 3 个阶段称为 1 个扫描周期。在整个运行期间，PLC 的 CPU 以一定的扫描速度重复执行上述 3 个阶段。

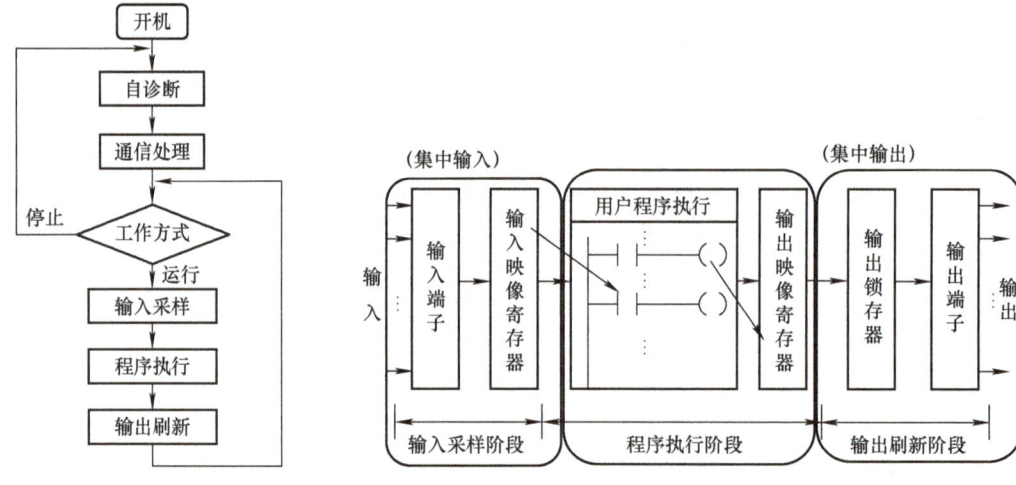

图 1-28　PLC 工作原理图　　　　　图 1-29　PLC 工作阶段

1. 输入采样阶段

在输入采样阶段，PLC 以扫描方式依次读入所有输入状态和数据，并将它们存入 I/O 映像区中的相应单元内。输入采样结束后，转入用户程序执行和输出刷新阶段。在这两个阶段中，即使输入状态和数据发生变化，I/O 映像区中相应单元的状态和数据也不会改变。因此，如果输入是脉冲信号，则该脉冲信号的宽度必须大于 1 个扫描周期，才能保证在任何情况下，该输入均能被读入。

2. 程序执行阶段

在程序执行阶段，PLC 总是按由上而下的顺序依次地扫描用户程序（以梯形图为例）。在扫描过程中对由触点构成的控制线路进行逻辑运算，然后根据逻辑运算的结果，刷新该逻辑线圈在系统 RAM 存储区中对应位的状态；或者刷新该输出线圈在 I/O 映像区中对应位的状态；或者确定是否要执行该程序所规定的特殊功能指令。

在程序执行过程中，只有输入点在 I/O 映像区内的状态和数据不会发生变化，而其他输出点和软设备在 I/O 映像区或系统 RAM 存储区内的状态和数据都有可能发生变化，而且排在上面的梯形图，其程序执行结果会对排在下面的关联线圈或数据的梯形图起作用；相反，排在下面的梯形图，其被刷新的逻辑线圈的状态或数据只能到下一个扫描周期才能对排在其上面的程序起作用。

3. 输出刷新阶段

当程序执行阶段结束后，PLC 就进入输出刷新阶段。在此期间，CPU 按照 I/O 映像区内对应的状态和数据刷新所有的输出锁存电路，再经输出电路驱动相应的外设。这时，才是 PLC 的真正输出。

同样的若干条梯形图，其排列次序不同，执行的结果也不同。另外，采用扫描用户程序的运行结果与继电器控制装置的硬逻辑并行运行的结果有所区别。当然，如果扫描周期所占用的时间对整个运行来说可以忽略，那么二者之间就没有什么区别了。PLC 的工作原理请扫描二维码 1-16 观看。

1-16　PLC 工作原理

二、边沿触发指令

边沿触发指令又称跳变指令。边沿触发指令分为上升沿触发指令（正跳变指令）和下降沿触发指令（负跳变指令）两种。PLC 是一个逻辑处理控制器，它执行的是机器语言，只会读 0 和 1 两个状态。边沿触发指令的功能是检测前端开关或条件是否有一个跳变的过程，如果前端开关或条件从 0 跳变为 1，则上升沿触发指令接通一个扫描周期，如果前端开关或条件从 1 跳变为 0，则下降沿触发指令接通一个扫描周期。

1. 上升沿触发指令 ⊣P⊢

上升沿触发指令为 EU，在 EU 指令前有一个上升沿时产生一个宽度为 1 个扫描周期的脉冲，驱动后面的输出线圈，它的时间非常短暂，当检测不到上升沿时，触点为断开状态。例如，用常开触点 I0.0 串联一个上升沿指令输出给 Q0.0，I0.0 是开关信号，当 EU 指令检测到 I0.0 信号从 0 变 1 的上升沿时会接通 1 个扫描周期，第 2 个扫描周期无论 I0.0 是否还继续得电，EU 指令都不会工作，所以 Q0.0 会有一个脉宽的高电平输出。直到下一个上升沿到来，EU 指令再接通 1 个扫描周期，Q0.0 再输出一个脉宽的高电平。

2. 下降沿触发指令 ⊣N⊢

下降沿触发指令为 ED，在 ED 指令前有一个下降沿时产生一个宽度为 1 个扫描周期的脉冲，驱动后面的输出线圈，它的时间非常短暂，当检测不到下降沿时，触点为断开状态。例如，用常开触点 I0.0 串联一个下降沿指令驱动输出 Q0.0，I0.0 是开关信号，当 ED 指令检测到 I0.0 信号从 1 变 0 的下降沿时会接通 1 个扫描周期，Q0.0 会有一个脉宽的高电平输出。

边沿触发指令视频请扫描二维码 1-17 观看。

3. 位存储器

位存储器（M）模拟继电器控制系统中的中间继电器，用于存放中间操作状态或其他相关数据。中间继电器的所有触点规格是相同的，

1-17　边沿指令

即没有主、辅触点之分，在继电器控制系统中，中间继电器用来扩充触点数量或代替某些中间量。例如，在某个继电器控制电路中，交流接触器 KM1 得电，有 5 个分支电路受到 KM1 辅助触点的控制，而一个接触器一般只有两个常开触点和两个常闭触点，在控制电路的规范接线中，同一个点的接线不能超过两次重叠，那么就需要用中间继电器来过渡一下，用中间继电器的触点来代替 KM1 的触点，能够达到同样的控制效果。

在 PLC 的程序中，位存储器的地址编址方式有 4 种。

（1）位编址（bit） 一个位就是一个二进制数，只有"0"和"1"两种取值。位存储器的值为"0"，表示其线圈是失电状态，对应的常开触点断开，常闭触点闭合。位编址包括 M0.0 ~ M0.7、M1.0 ~ M1.7、M2.0 ~ M2.7、…、M31.0 ~ M31.7，共 256 个。

（2）字节编址（Bite） 八个连续的位可以组成 1 个字节，因此字节是 8 位的。字节的编制方式为 MB0、MB1、MB10 等，例如 MB0 就包括了 M0.0 ~ M0.7 这 8 位。

（3）字编址（Word） 字是由相邻的两个字节组成的，因此字是 16 位的。字的编址方式为 MW0、MW2、MW100 等。例如 MW0 就包括了 MB0 和 MB1 这两个字节，即 M0.0 ~ M0.7 和 M1.0 ~ M1.7 这 16 位。

（4）双字编址（Double Word） 双字由相邻的两个字组成的，因此双字是 32 位的。双字的编址方式为 MD0、MD4、MD20 等。例如 MD0 就包括了 MW0 和 MW2 这两个字，或者 MB0 ~ MB3 这 4 个字节，即 M0.0 ~ M0.7、…、M3.0 ~ M3.7 这 32 位。位、字节、字、双字的编址方式关系如图 1-30 所示。

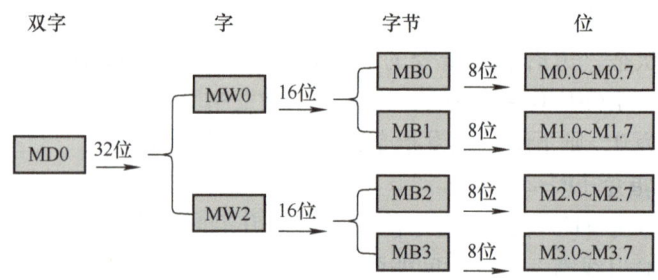

图 1-30　编址方式关系图

位存储器相关知识请扫描二维码 1-18 观看。

1-18　位存储器

【项目实施】

一、单个按钮起停程序设计

前文介绍过起保停电路，电动机的起动和停止是靠两个按钮来实现的，那么如何用一个按钮来实现呢？在本项目中，讲到了边沿触发指令和位存储器，又和程序设计有什么关系呢？由起保停电路可知，常开触点 I0.0 的作用是控制起动，常闭触点 I0.1 的作用是控制停止，如果用一个按钮来控制起停，无论是把 I0.0 替换成 I0.1，还是把 I0.1 替换成 I0.0，都是无法实现的。那么就要寻求一个中间变量，让这个中间量来起到控制起动和停止的作用，并且这个中间变量要和按钮有关联。单个按钮起停程序如图 1-31 所示，具体分析过程请扫描二维码 1-19 观看。

图 1-31 单个按钮起停程序

1-19 单个按钮程序

二、单个按钮起停控制接线调试

1. 单个按钮起停控制主电路接线

单个按钮起停控制的主电路和电动机连续运转主电路完全相同，电路图参考图 1-5，接线过程扫描二维码 1-4 观看。

2. 单个按钮起停控制电路接线

首先要确定输入/输出地址分配。本项目有一个输入量，即电动机起停的操作按钮，分配输入地址 I0.0；一个输出量，即控制电动机起停的接触器 KM 的线圈，分配地址 Q0.0。

输入/输出电路的接线图如图 1-32 所示。

3. 单个按钮起停控制调试

将程序编写好后，在编程软件中单击下载按钮，将程序下载到 PLC，按图 1-32 完成输入/输出电路接线，接通电源和通信线。在编程软件中运行程序，PLC 的工作指示灯变为绿色，第一次按下按钮，电动机开始运转，松开按钮后，电动机仍然保持运转状态；第二次按下按钮，电动机立刻停转，松开按钮，电动机仍然保持停转状态；第三次按下按钮并松开，电动机又开始连续运转，第四次按下按钮重复第二次的动作。如此循环，实现了奇数次按下按钮，电动机运转，偶数次按下按钮，电动机停止的控制要求。系统分析调试过程请扫描二维码 1-20 观看。

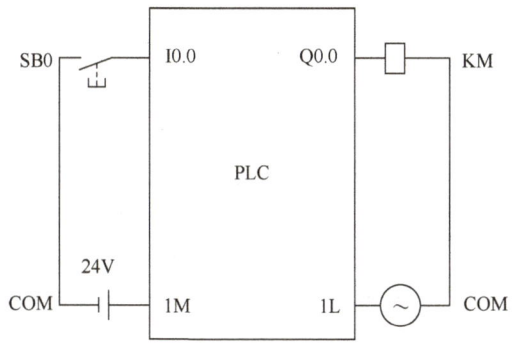

图 1-32 单个按钮起停控制硬件接线图

1-20 单个按钮控制电动机的起停实现

【随堂测试】

1. 位存储区用来存储（　　）的中间变量状态。
   A. 按钮　　　　　　B. 线圈　　　　　　C. 输出　　　　　　D. 接触器
2. 单个按钮实现电动机起停控制需要（　　）个输出端。
   A. 1　　　　　　　B. 2　　　　　　　C. 3　　　　　　　D. 4
3. ED 是（　　）的符号。
   A. 上升沿触发指令　B. 下降沿触发指令　C. 正跳变指令　　　D. 负跳变指令
4. M0.4 是（　　）编址。
   A. 位　　　　　　　B. 字　　　　　　　C. 双字　　　　　　D. 实数
5. 对于上升沿触发指令，下列说法正确的是（　　）。
   A. 上升沿触发指令前面的触点由 1→0 时，导通 1s。
   B. 上升沿触发指令前面的触点由 0→1 时，导通 1s。
   C. 上升沿触发指令前面的触点由 1→0 时，导通 1 个扫描周期。
   D. 上升沿触发指令前面的触点由 0→1 时，导通 1 个扫描周期。

【笔记与练习区】

【项目工单】

专业:			
课程：可编程控制器应用技术 项目：单个按钮实现电动机的起停控制	姓名：		日期：
	班级：		成绩：

一、控制要求

使用 S7-200 SMART PLC 和必要的按钮、接触器等电器元件实现一个按钮对三相异步电动机的起停控制。

二、实施过程

1. 填写 I/O 地址分配表（表 1-11）

表 1-11　I/O 地址分配表

输入设备	输入地址	输入功能	输出设备	输出地址	输出功能

2. 完善硬件接线图（图 1-33）

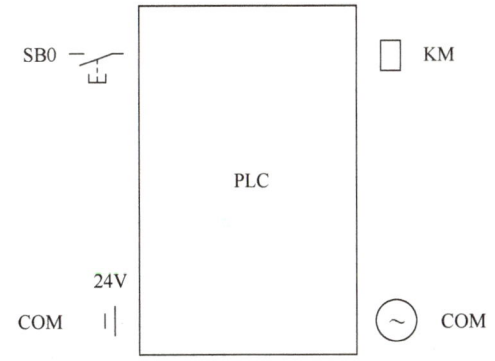

图 1-33　硬件接线任务图

3. 设计梯形图程序

4. 记录检查调试现象（表1-12）

表1-12 检查调试记录表

检查项目	检查内容	检查方法	检查结果
硬件安装	1. 元件是否按要求安装到位？	查阅硬件接线图	
	2. 元件是否有连接不到位的情况？	检查硬件连接处的接线情况	
	3. 元件是否实现控制要求？	检查系统运行状态	
程序编写	1. 程序输入是否正确？	查看梯形图程序	
	2. 程序是否实现控制要求？	进行程序状态监控	

存在的其他问题：

【考核评分表】

项目名称			考核时间			接线	编程	调试	讲解
学生班级			小组成员		考核角色				
小组组别									
学生姓名									
过程考核	小组考核任务		分值	个人考核承担任务	学生自评	小组互评	教师评价	小组得分	个人得分
	接线		20						
	编程		20						
	调试		20						
	讲解		20						
	过程成绩合计		80						
职业素养考核	个人加分考核		分值	个人考核承担任务	学生自评	组长打分	教师评价		个人得分
	工单认真严谨		5						
	团队精神		5						
	8S 管理		5						
	拓展创新		5						
	职业素养成绩		20						
教师签字：					综合成绩：				

项目四 小车自动往返送料系统设计

【项目引入】

某工厂为了能够在两地运输物料，需要设计一个小车自动往返送料系统，该系统能够实现一键起动，小车从地点 1 上料后能自动运行到地点 2，待卸料后自动返回，循环往复工作。小车自动往返送料示意图如图 1-34 所示，相关视频请扫描二维码 1-21 观看。

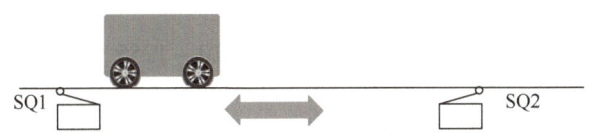
图 1-34 小车自动往返送料示意图

1-21 小车自动往返送料系统项目动画

【项目描述】

1）按钮 SB1 和 SB2 分别是小车右行和左行的起动按钮。

2）运料小车在 SQ1 处装料，20s 后装料结束，开始右行。当碰到 SQ2 后停下来卸料，15s 后左行，碰到 SQ1 后又停下来装料。这样不停地循环工作，直到按下停止按钮 SB3。

【学习目标】

1）掌握定时器指令的使用方法。

2）能够编写小车自动往返送料系统程序。

3）能够调试小车自动往返送料系统程序。

【素养目标】

1）树立严谨认真的工作态度。

2）培养集体主义观念和团结合作意识。

3）激发爱国情怀、民族担当和科技报国的使命感。

【相关知识】

要实现小车的左右运行，还要在碰到行程开关后进行延时再动作，需要用到定时控制，这就需要用到定时器。

一、定时器指令

PLC 中有定时器指令专门用来实现定时控制，定时器可以分为三种类型，包括接通延时定时器 TON、保持型接通延时定时器 TONR 和断开延时定时器 TOF。

1. 指令格式与功能说明

定时器指令格式如图 1-35 所示，具体参数见表 1-13。

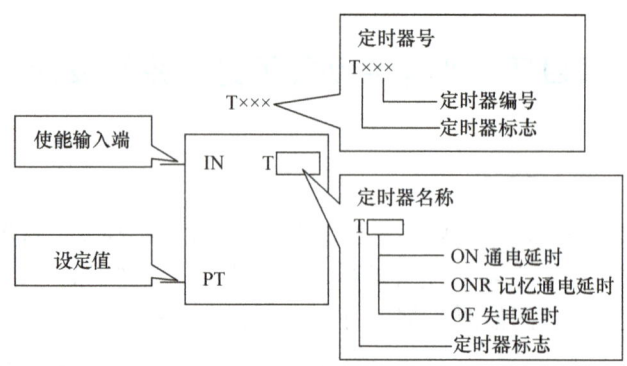

图 1-35　定时器指令

（1）定时器编号　S7-200 SMART PLC 共有 256 个定时器，编号为 T0~T255，定时器的编号具有唯一性，数据类型为 WORD。

（2）使能输入端　又称为运行条件输入端，它决定定时器能否开始工作，有效接通后定时器开始计时。其数据类型为 BOOL，操作数为 I、Q、V、M、SM、S、T、C、L。

（3）分辨率　又称为时基或者定时精度，是指定时器中能够区分的最小时间增量。S7-200 SMART PLC 提供 1ms、10ms 和 100ms 共 3 种分辨率，定时器的编号写入后，分辨率将自动对应生成。例如，定时器 T37 分辨率为 100ms。

（4）预置值输入端　即设定值，根据定时时间计算输入数值。其数据类型为 INT（16 位有符号整数），允许设定的最大值为 32767，其操作数为常数、IW、QW、VW、MW、SMW、SW、T、C、LW、AIW、AC 等。

表 1-13　定时器参数表

定时器指令	分辨率/ms	计时范围/s	定时器号
保持型接通延时定时器 TONR	1	0.001~32.767	T0，T64
	10	0.01~327.67	T1~T4，T65~T68
	100	0.1~3276.7	T5~T31，T69~T95
接通延时定时器 TON 断开延时定时器 TOF	1	0.001~32.767	T32，T96
	10	0.01~327.67	T33~T36，T97~T100
	100	0.1~3276.7	T37~T63，T101~T255

2. 接通延时定时器 TON

接通延时定时器 TON 指令格式如图 1-36 所示，TON 定时器的特性如下：

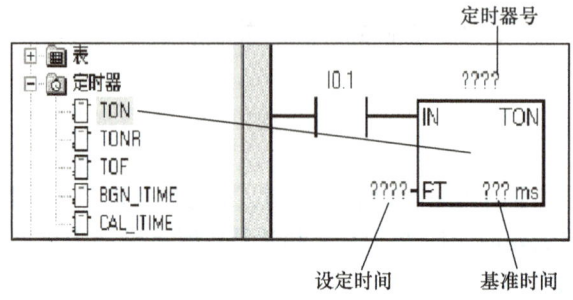

图 1-36　接通延时定时器 TON

1）TON 指令在输入端 IN 有效接通后，开始计时。
2）当前值大于或等于预设值（PT）时，定时器输出位变为 1，定时器触点动作。
3）当输入端断开时，定时器复位，当前值被立即清零，触点恢复常态。
4）达到预设值后，定时器仍继续计时，达到最大值 32767 时，停止计时。

【案例】 接通延时定时器 TON 定时的过程。

如图 1-37 所示，程序使用的是编号为 T37 的定时器，它的分辨率是 100ms，它的预设值设为 10，那么它延时的时间是分辨率乘以预设值，即 100ms×10＝1000ms（1s）。

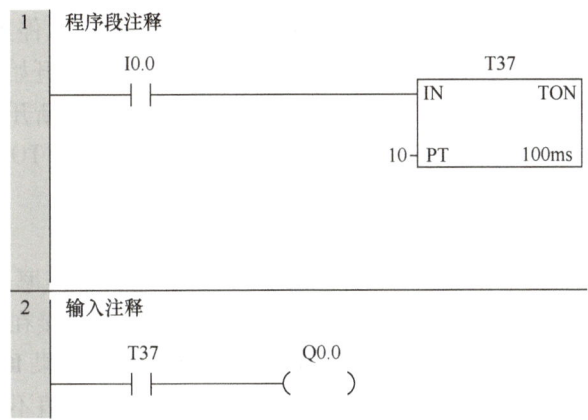

图 1-37　接通延时定时器 TON 定时程序

I0.0 的常开触点接在定时器的使能端，定时器的常开触点 T37 连接输出量 Q0.0。当 I0.0 接通后，定时器开始计时，达到定时器预设值后，定时器常开触点闭合，Q0.0 接通输出高电平。如果 I0.0 接通时间不到 1s，定时器计时时间不到预设值，Q0.0 不能接通，T37 定时器复位。等 I0.0 再次接通，定时器重新计时，当计时时间到达预设值时，定时器触点接通，Q0.0 接通输出高电平，波形图如图 1-38 所示。接通延时定时器 TON 的使用方法请扫描二维码 1-22 观看。

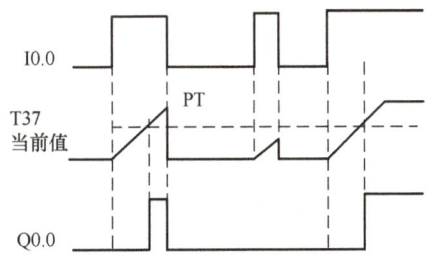 

图 1-38　接通延时定时器 TON 波形图　　　1-22　定时器 TON

3. 保持型接通延时定时器 TONR

保持型接通延时定时器 TONR，指令格式如图 1-39 所示，TONR 定时器的特性如下：
1）TONR 指令在启用输入端使能后，开始计时。
2）当前值大于或等于预设值（PT）时，定时器触点接通，并保持接通。
3）当输入端断开时，定时器当前值能被保持。

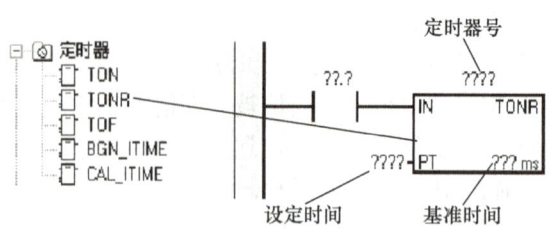

图 1-39　保持型接通延时定时器 TONR

4）达到预设值后，定时器仍继续计时，达到最大值 32767 时，停止计时。

TON 和 TONR 都属于接通延时定时器，在使能输入 IN 接通时开始计时。当前值等于或大于预设值时，定时器位置为 1。它们的不同之处在于，使能输入断开时，TON 定时器清除当前值。而 TONR 定时器保持当前值。输入 IN 接通时，可以使用 TONR 定时器累积时间。使用复位指令（R）可清除 TONR 的当前值。

【案例】　保持型接通延时定时器（TONR）定时的过程。

如图 1-40 所示，程序使用的是编号为 T3 的定时器，它的分辨率是 10ms，它的预设值设为 100，那么它延时的时间为 10ms×100＝1000ms（1s）。I0.0 接在定时器的使能端，定时器的常开触点串联 Q0.0。当 I0.0 接通后，定时器开始计时，如果 I0.0 接通时间不到 1s，定时器计时时间不到预设值，Q0.0 不能接通，T37 定时器的当前值不是清零而是保持。等 I0.0 再次接通时，定时器从当前值开始累加，当达到预设值时，定时器触点接通，Q0.0 接通输出高电平。当 I0.0 断开，定时器保持当前值，定时器触点保持接通，Q0.0 保持高电平。当 I0.0 又接通时，定时器继续累加到最大值，Q0.0 继续保持高电平，这与 TON 是不同的，波形图如图 1-41 所示。保持型接通延时定时器 TONR 的使用方法请扫描二维码 1-23 观看。

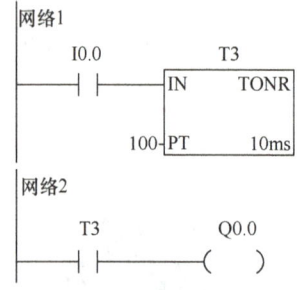

图 1-40　保持型接通延时定时器
（TONR）定时程序

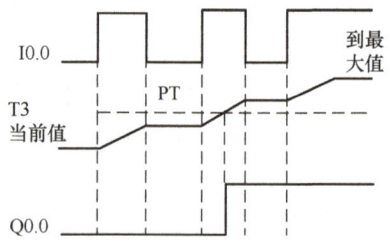

图 1-41　保持型接通延时定时器
（TONR）波形图

4. 断开延时定时器 TOF

断开延时定时器 TOF，指令格式如图 1-42 所示，TOF 定时器的特性如下：

1）TOF 指令在启用输入端使能后，定时器触点立刻接通，此时定时器不计时。

2）当输入信号由 1→0 时，定时器开始计时。

3）当前值达到设定值时，定时器触点才断开，定时器停止计时。

1-23　定时器 TONR

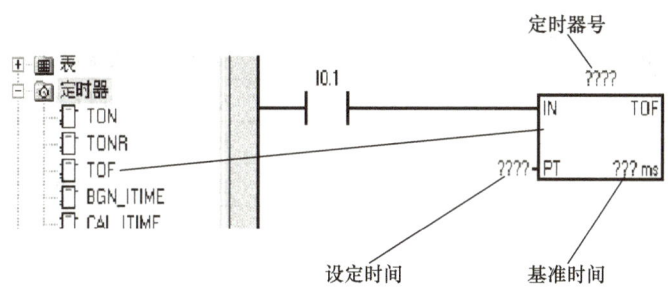

图 1-42 断开延时定时器 TOF

【案例】 断开延时定时器 TOF 定时的过程。

如图 1-43 所示,程序使用的是编号为 T37 的定时器,它的分辨率是 100ms,它的预设值设为 10,那么它延时的时间为 100ms×10=1000ms(1s)。I0.0 接在定时器的使能端,定时器的常开触点串联 Q0.0。初始状态,I0.0 为低电平时,定时器当前值为 0,Q0.0 为低电平,当 I0.0 接通后,定时器触点立即接通,Q0.0 转为高电平,但定时器当前值是 0 没有计时。当 I0.0 断开,由高电平转为低电平时,定时器开始计时,达到预设值时,定时器触点断开,Q0.0 转为低电平。如果 I0.0 断开时间不到 1s,定时器计时时间不到预设值,T37 定时器复位为 0。定时器触点不会断开而是保持接通,Q0.0 输出高电平。波形图如图 1-44 所示。断开延时定时器 TOF 的使用请扫描二维码 1-24 观看。

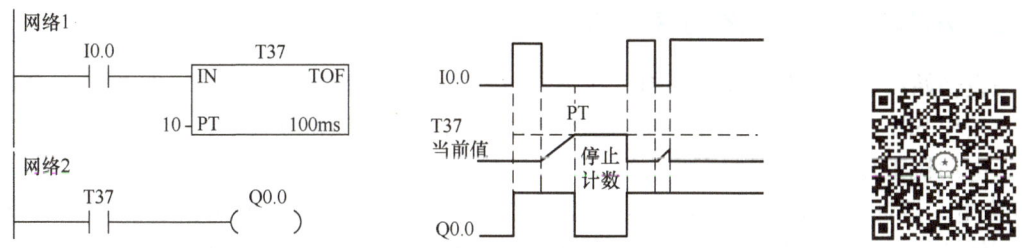

图 1-43 断开延时定时器 TOF 定时程序　　图 1-44 断开延时定时器 TOF 波形图　　1-24 定时器指令 TOF

【项目实施】

一、小车自动往返送料程序编写

根据项目要求,输入设备是按钮 SB1、SB2、SB3 和行程开关 SQ1、SQ2,输出设备是右行接触器线圈 KM1、左行接触器线圈 KM2、装料接触器线圈 KM3 和卸料接触器线圈 KM4。首先要为输入/输出设备选择输入/输出地址,填写 I/O 地址分配表,见表 1-14。然后按照分配的地址绘制出 PLC 控制电路接线图,如图 1-45 所示。最后根据任务要求编写程序,如图 1-46 所示。

表 1-14 I/O 地址分配表

输入		输出	
右行起停按钮 SB1	I0.0	右行接触器线圈 KM1	Q0.0
左行起停按钮 SB2	I0.1	左行接触器线圈 KM2	Q0.1
SQ1	I0.2	装料接触器线圈 KM3	Q0.2
SQ2	I0.3	卸料接触器线圈 KM4	Q0.3
停止按钮 SB3	I0.4	—	—

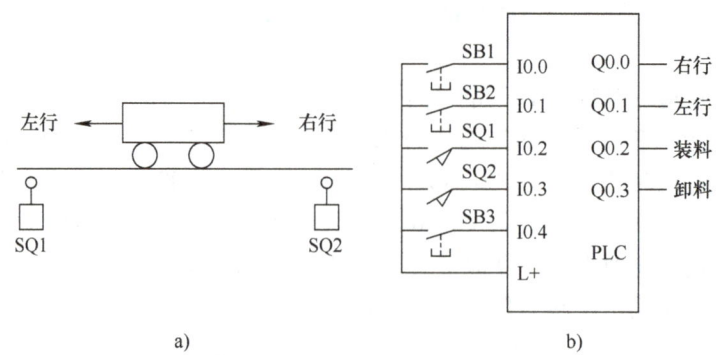

图 1-45 小车自动往返送料 PLC 控制电路接线图

二、小车自动往返送料程序分析

假设初始状态是小车已经装好料，按下右行起动按钮 SB1，I0.0 接通，线圈指令 Q0.0 得电，按钮 SB1 松开，线圈指令 Q0.0 通过 Q0.0 常开触点自锁持续得电，接触器 KM1 线圈得电，电动机正转带动小车右行，右行碰到右限位开关 SQ2，I0.3 常闭触点断开，线圈指令 Q0.0 失电，接触器 KM1 线圈失电，小车停止右行，同时，I0.3 常开触点接通，Q0.3 得电，小车开始卸料，定时器 T38 开始计时，定时 1.5s，定时时间到，卸料完毕，T38 常开触点接通，线圈指令 Q0.1 得电，接触器 KM2 线圈得电，小车左行，左行碰到左限位开关 SQ1，I0.2 常闭触点断开，线圈指令 Q0.1 失电，接触器 KM2 线圈失电，小车停止左行，同时，I0.2 常开触点接通，Q0.2 得电，小车开始装料，定时器 T37 开始计时，定时 2s，定时时间到，装料完毕，T37 常开触点接通，线圈指令 Q0.0 得电，接触器 KM1 线圈得电，小车右行，完成一个周期，后续依次循环进行。

三、小车自动往返送料程序仿真与调试

在编程软件中编辑好如图 1-46 所示的程序，下载到 S7-200 SMART PLC 中，按下程序起动按钮，打开监控功能，在监控画面中观看程序运行情况。程序编写及调试请扫描二维码 1-25 观看。

1-25 小车调试过程视频

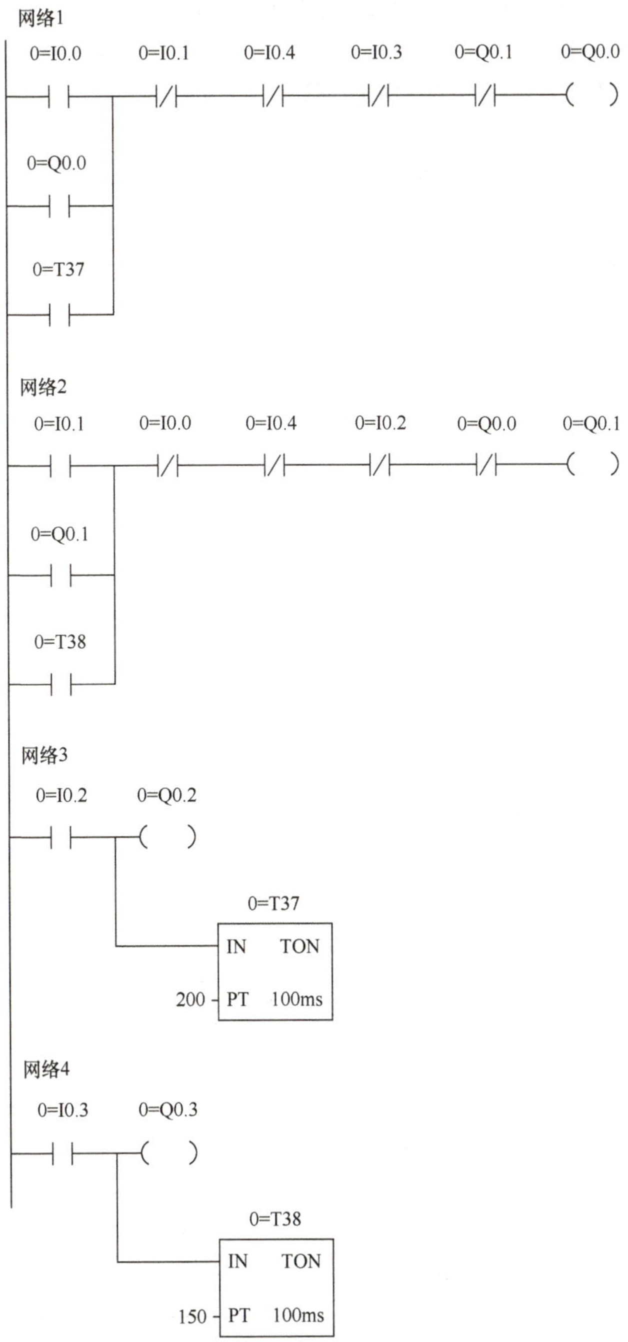

图 1-46 小车自动往返送料程序

【随堂测试】

1. T3 定时器的分辨率是 10ms，预设值设为 100，那么定时时间是多少？（　　）
A. 1s　　　　　B. 0.1s　　　　　C. 10s　　　　　D. 100s

2. 小车自动往返送料系统需要几个输入点？（   ）
   A. 1　　　　　B. 2　　　　　C. 3　　　　　D. 4
3. S7-200 SMART PLC 共有多少个定时器？（   ）
   A. 255　　　　B. 256　　　　C. 257　　　　D. 258
4. 定时器指令可分为（   ）种类型。
   A. 1　　　　　B. 2　　　　　C. 3　　　　　D. 4
5. 下列哪种定时器具有使能输入断电后保持功能？（   ）
   A. TON　　　　B. TONR　　　C. TOF　　　　D. TOFR

【笔记与练习区】

【项目工单】

专业：		
课程：可编程控制器应用技术 项目：小车自动往返送料系统设计	姓名： 班级：	日期： 成绩：

一、控制要求

使用 S7-200 SMART PLC 和必要的按钮、行程开关、接触器等电器元件实现对三相异步电动机延时自动往返的控制。

二、实施过程

1. 填写 I/O 地址分配表（表 1-15）

表 1-15　I/O 地址分配表

输入设备	输入地址	输入功能	输出设备	输出地址	输出功能

2. 完善硬件接线图（图 1-47）

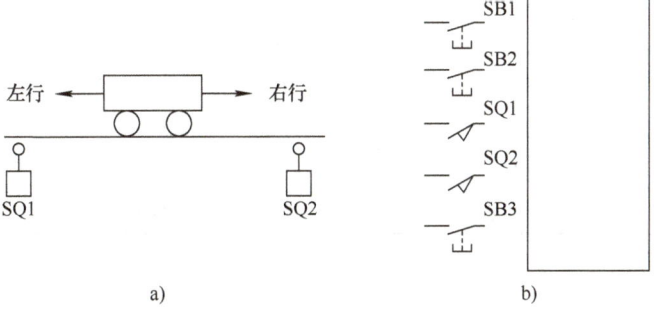

图 1-47　硬件接线任务图

3. 设计梯形图程序

4. 记录检查调试现象（表1-16）

表1-16 检查调试记录表

检查项目	检查内容	检查方法	检查结果
硬件安装	1. 元件是否按要求安装到位？	查阅硬件接线图	
	2. 元件是否有连接不到位的情况？	检查硬件连接处的接线情况	
	3. 元件是否实现控制要求？	检查系统运行状态	
程序编写	1. 程序输入是否正确？	查看梯形图程序	
	2. 程序是否实现控制要求？	进行程序状态监控	

存在的其他问题：

【考核评分表】

项目名称		考核时间			接线	编程	调试	讲解
学生班级		小组成员		考核角色				
小组组别								
学生姓名								

	小组考核任务	分值	个人考核承担任务	学生自评	小组互评	教师评价	小组得分	个人得分
过程考核	接线	20						
	编程	20						
	调试	20						
	讲解	20						
	过程成绩合计	80						
	个人加分考核	分值	个人考核承担任务	学生自评	组长打分	教师评价		个人得分
职业素养考核	工单认真严谨	5						
	团队精神	5						
	8S管理	5						
	拓展创新	5						
	职业素养成绩	20						

教师签字:		综合成绩:	

项目五　生产线故障报警 PLC 系统设计

【项目引入】

学校暑期组织小明和班里的学生一起参观某企业生产车间，在参观过程中，小明听到了响亮的蜂鸣声，同时看到设备上方的灯在不停地闪烁。带队的老师告诉同学们这是设备发生故障所产生的反馈，是提醒维修师傅去排查和维修相关故障。顿时小明的脑海里出现了一连串的问号：故障发生后报警是怎么产生的？报警指示灯是如何做到固定频率闪烁，引起大家注意的？蜂鸣器和闪烁灯又是如何做到同时报警的呢？带着这些疑问，小明询问了现场工程师。经过工程师的解答，小明明白了这些都是电气控制配合 PLC 完成的，接下来就让我们一起来学习一下故障报警系统具体是如何设计实现的。图 1-48 所示为 PLC 报警系统示意图。生产线故障报警 PLC 系统在企业生产车间中的应用请扫描二维码 1-26 观看。

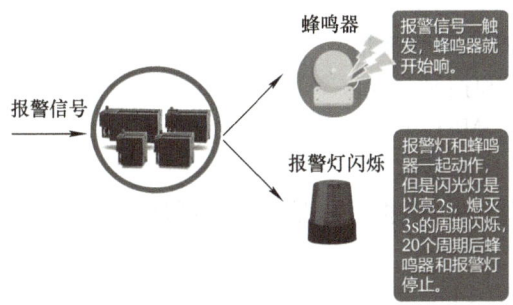

图 1-48　PLC 报警系统示意图　　　　1-26　项目引入：生产线故障报警 PLC 系统设计引入

【项目描述】

某工业生产线系统发生故障，报警信号被触发，闪光灯系统通过 PLC 程序控制，使闪光灯以 0.5s 为周期、灭 0.2s 亮 0.3s 进行警报闪烁，当系统故障被解除后，系统中的恢复信号通过 PLC 程序控制闪光灯停止、报警闪烁。根据以上控制要求，设计系统硬件接线图并编写 PLC 梯形图程序。

【学习目标】

1）掌握 PLC 特殊功能存储器的含义及功能。
2）掌握 PLC 计数器指令的功能及使用方法。
3）学会闪烁电路闪光灯系统程序的设计与实现。
4）学会生产线故障报警 PLC 系统程序的设计与实现。

【素养目标】

1）树立严谨认真的工作态度。
2）培养集体主义观念和团结合作意识。

3）激发爱国情怀、民族担当和科技报国的使命感。

【相关知识】

一、特殊功能存储器

PLC 的内存分为程序存储区和数据存储区两大部分。程序存储区用于存放用户程序，它由机器自动按顺序存储程序，用户不必为哪条程序存放在哪个存储器地址而费心。数据存储区用于存放输入/输出状态及各种各样的中间运行结果，是用户实现各种控制任务所必须了如指掌的内部资源，数据存储区汇总表格如图 1-49 所示。本项目重点研究 S7-200 SMART PLC 中特殊功能存储器的相关内容。

特殊功能存储器（简称特殊存储器）是 S7-200 SMART PLC 为保存自身工作状态数据而建立的一个存储区，也是 CPU 和用户程序之间传递信息的媒介，用于 CPU 与用户之间交换信息，用 SM 表示。特殊存储器位提供了大量的状态和控制功能。CPU ST40 的特殊存储器 SM 编址范围为 SMB0～SMB179，共 180 个字节，其中 SMB0～SMB29 的 30 个字节为只读型区域。

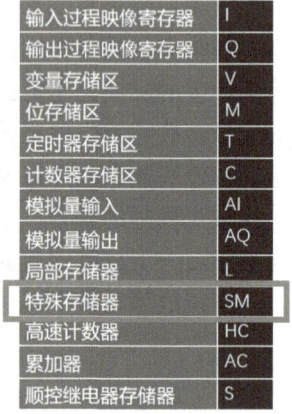

图 1-49　数据存储区汇总表格

其地址编号范围随 CPU 的不同而不同。特殊存储器区的数据可以是位，也可是字节、字或双字。

1）按"位"方式：从 SM0.0～SM179.7，共有 1440 点。
2）按"字节"方式：从 SMB0～SMB179，共有 180 个字节。
3）按"字"方式：从 SMW0～SMW178，共有 90 个字。
4）按"双字"方式：从 SMD0～SMD176，共有 45 个双字。

特殊存储器 SM 的只读字节 SMB0 为状态位，在每个扫描周期结束时，由 CPU 更新这些位。各位的定义如下：

1）SM0.0：始终为"1"状态，当 PLC 运行时可以利用其触点驱动输出继电器。
2）SM0.1：初始化脉冲，仅在执行用户程序的第一个扫描周期为 1 状态，可以用于初始化程序。
3）SM0.2：当 RAM 中数据丢失时，导通 1 个扫描周期，用于出错处理。
4）SM0.3：PLC 上电进入 RUN 方式，导通一个扫描周期，可用在起动操作之前给设备提供一个预热时间。
5）SM0.4：该位是 1 个周期为 1min、占空比为 50% 的时钟脉冲。
6）SM0.5：该位是 1 个周期为 1s、占空比为 50% 的时钟脉冲。
7）SM0.6：该位是 1 个扫描时钟脉冲。本次扫描时置 1，下次扫描时置 0，可用作扫描计数器的输入。
8）SM0.7：该位指示 CPU 工作方式开关的位置。在 TERM 位置时为 0，可同编程设备通信；在 RUN 位置时为 1，可使自由通信方式有效。

特殊存储器 SM 的只读字节 SMB1 提供了不同指令的错误提示，这些位在执行时间由指令置位和重设。

二、计数器指令

计数器利用输入脉冲上升沿累计脉冲个数。S7-200 SMART PLC 有 3 类计数器：加计数器 CTU、减计数器 CTD 和加减计数器 CTUD。

1. 加计数器（CTU）

（1）指令格式及功能　见表 1-17。

表 1-17　加计数器指令的格式及功能

梯形图 LAD	语句表 STL		功　能
	操作码	操作数	
C××× —CU　CTU —R —PV	CTU	C×××, PV	加计数器对 CU 的上升沿进行加计数；当计数器的当前值大于等于设定值 PV 时，计数器位被置 1；当计数器的复位输入 R 为 ON 时，计数器被复位，计数器当前值被清零，位值变为 OFF

说明：

1) CU 为计数器的计数脉冲；R 为计数器的复位；PV 为计数器的预设值，取值范围为 1~32767。

2) 计数器的号 C××× 在 0~255 范围内任选。

3) 计数器也可通过复位指令为其复位。

（2）指令编程举例

【案例】　药片自动数粒装瓶控制。

采用光电开关检测药片数量，每检测到 100 片药片后自动发出换瓶指令。设光电开关输入信号连接 I0.1，换瓶信号由 Q0.1 发出，则对应的 PLC 程序如图 1-50 所示。在系统正式工作前，首先将加计数器清零，然后 I0.1 每检测到一片药片，CU 端接收 I0.1 的上升沿脉冲，加计数器自动加 1，当计数器的当前值等于预设值 100 时，加计数器位置 1，使 Q0.1 得电发出换瓶信号。换瓶结束，通过 I0.2 使加计数器复位，即可进入下一瓶的计数装瓶工作。

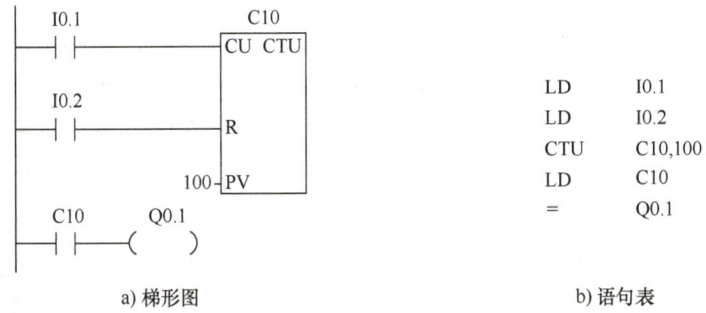

图 1-50　加计数器指令编程举例

（3）计数器扩展程序　S7-200 SMART PLC 计数器最大的计数范围是 1~32767，若需要更大的计数范围，则必须进行扩展。图 1-51 所示为计数器的扩展电路。图中是两个计数器的组合电路，C1 形成了一个设定值为 100 的自复位计数器。计数器 C1 对 I0.1 的接通次数进行计数，I0.1 的触点每闭合 100 次，C1 自复位重新开始计数。同时，C1 的常开触点闭合，使 C2 计数一次，当 C2 计数到 2000 次时，I0.1 共接通 100×2000 次 = 200000 次，C2 的常开触点闭合，线圈 Q0.0 通电。该电路的计数值为两个计数器设定值的乘积，C 总 = C1×C2。加计数器指令的使用方法请扫描二维码 1-27 观看。

1-27 CTU 加计数器

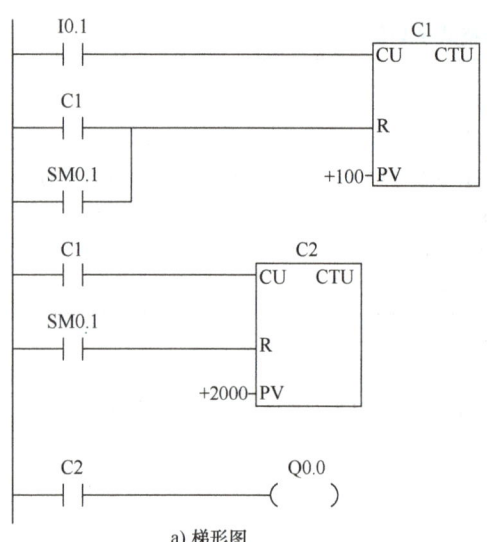

a) 梯形图

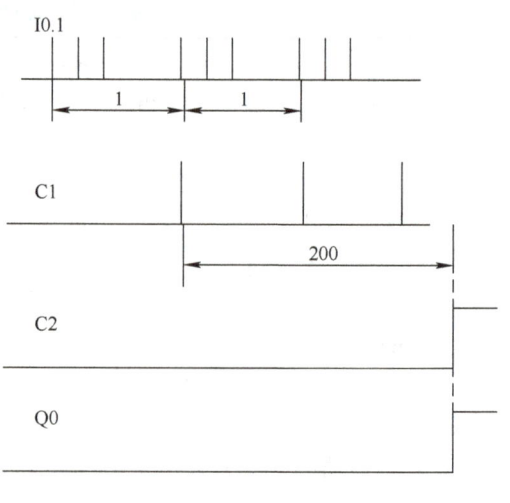

b) 时序图

图 1-51 计数器的扩展电路

2. 减计数器（CTD）

（1）指令格式及功能　见表 1-18。

表 1-18　减计数器指令的格式及功能

梯形图 LAD	语句表 STL		功　能
	操作码	操作数	
C××× — CD　CTD — LD — PV	CTD	C×××, PV	减计数器对 CD 的上升沿进行减计数；当计数器的当前值等于 0 时，该计数器被置位，同时停止计数；当计数装载端 LD 为 1 时，当前值恢复为预设值，位值置 0

说明：

1) CD 为计数器的计数脉冲；LD 为计数器的装载端；PV 为计数器的预设值，取值范围为 1~32767。

2) 减计数器的编号及预设值寻址范围同加计数器。减计数器指令的使用方法请扫描二维码 1-28 观看。

（2）指令编程举例　药片数粒装瓶控制也可采用减计数器指令

1-28 CTD 减计数器

CTD 来控制，其对应的 PLC 程序如图 1-52 所示。装瓶计数之前，首先通过 I0.2 使减计数器的预定值装载至当前值，当 I0.0 每检测到一个药片到来后，CD 端接收来自 I0.0 的一个上升沿脉冲，减计数器减 1，直到减计数器的当前值减到 0 时，减计数器位置 1，换瓶信号 Q0.1 得电。

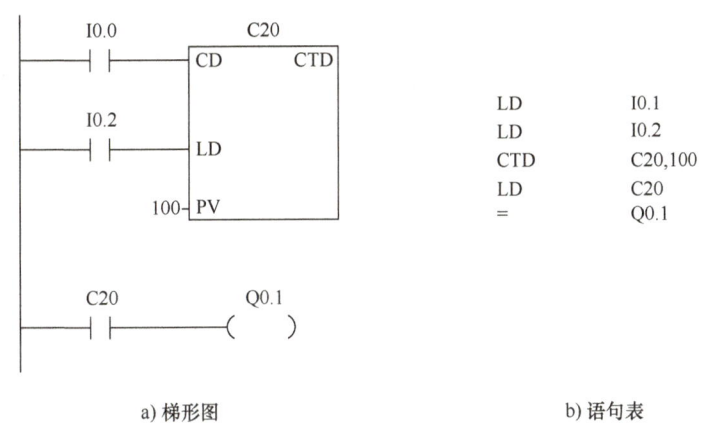

图 1-52 减计数器指令编程举例

3. 加减计数器（CTUD）

（1）指令格式及功能　见表 1-19。

表 1-19　加减计数器指令的格式及功能

梯形图 LAD	语句表 STL		功　能
	操作码	操作数	
C××× —CU CTUD —CD —R —PV	CTUD	C×××, PV	在加计数脉冲输入 CU 的上升沿，计数器的当前值加 1，在减计数脉冲输入 CD 的上升沿，计数器的当前值减 1，当前值大于等于设定值 PV 时，计数器位被置位。当复位输入 R 为 ON 时或对计数器执行复位指令 R 时，计数器被复位

说明：

1）当加减计数器的当前值达到最大计数值（32767）后，下一个 CU 上升沿将使计数器当前值变为最小值（-32768）；同样在当前计数值达到最小计数值（-32768）后，下一个 CD 输入上升沿将使当前计数值变为最大值（32767）。

2）加减计数器的编号及预设值寻址范围同加计数器。加减计数器的使用方法请扫描二维码 1-29 观看。

（2）指令编程举例

【案例】　停车场自动停车控制。

假定停车场有停车位 200 个，在 200 辆车以内，车辆可以自由出入，满 200 辆后，可出不可进。设 I0.0、I0.1 为系统起动停止按钮，I0.3、I0.4 用于检测进、出场车辆，Q0.0 用于驱动起落杆的起落，

1-29　CTUD 加减计数器

Q0.1 用作车位已满指示灯的驱动。其对应的程序如图 1-53 所示。

```
  I0.0      I0.1       M0.0
───┤├───────┤/├────────( )──────   //运行标志M0.0
  M0.0
───┤├───

  I0.3      M0.0      Q0.1         Q0.0
───┤├───────┤├────────┤/├─────────( )──────   //进场车辆起动起落杆
  I0.4      M0.0
───┤├───────┤├───

  I0.3      Q0.0                   C10
───┤├───────┤├────────┤P├─────CU   CTUD       //车辆进场计数
  I0.4      Q0.0
───┤├───────┤├────────┤P├─────CD              //车辆出场计数

                                 ─R
                            200──PV

  C10      Q0.1
───┤├──────( )──────                           //车位已满
```

图 1-53 停车场自动停车控制程序

如图 1-54 所示，假定输入 I0.2 闭合，C4 复位，I0.2 断开后，C4 开始计数，I0.0 每产生一个脉冲上升沿，C4 的当前值加 1，I0.1 每产生一个脉冲上升沿，C4 的当前值减 1，当前值大于等于预设值 4，C4 的计数器位置 1，C4 常开触点闭合，输出 Q0.0；当 I0.2 再闭合，C4 又被复位，准备下一次的计数。

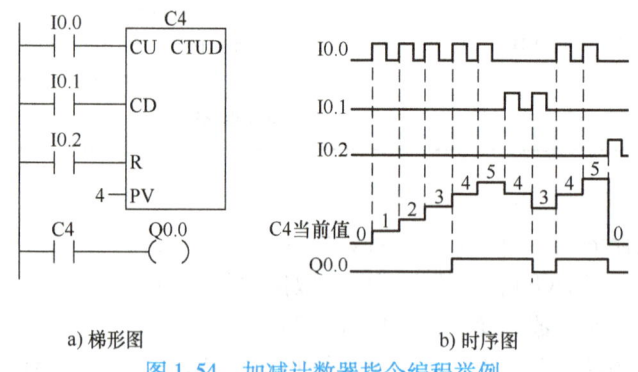

a) 梯形图   b) 时序图

图 1-54 加减计数器指令编程举例

【项目实施】

一、闪光灯电路的设计与实现

1. 闪光灯电路系统的 I/O 地址分配

根据控制要求分析可得，报警信号和恢复信号为输入信号，报警闪光灯为输出信号。具体系统 I/O 地址分配见表 1-20。

表 1-20 系统 I/O 地址分配

输入		输出	
报警信号	I0.0	闪光灯	Q0.0
恢复信号	I0.1		

2. 闪光灯电路系统的 PLC 接线图

由以上对控制系统分配的 I/O 地址，根据 PLC 的硬件结构系统组成，可以设计绘制出 PLC 的接线图，如图 1-55 所示。

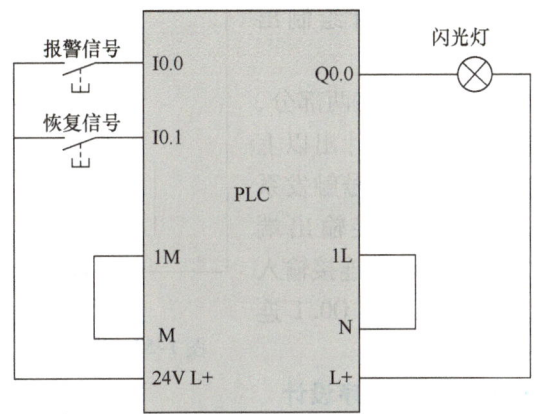

图 1-55 闪光灯报警 PLC 系统的接线图

PLC 接线分为输入电路和输出电路两部分，针对实际生产过程中的控制要求，设计出以上控制系统，假设实际生产中的报警信号触发系统中的 I0.0 输入端子，恢复信号触发系统中 I0.1 输入端子，故障报警灯连接的输出端子 Q0.0。报警信号触发，闪光灯开始闪烁，恢复信号触发，闪光灯停止闪烁。

3. 闪光灯报警 PLC 系统的程序设计

根据整个控制系统的控制要求和 I/O 地址分配，利用 S7-200 SMART PLC 编程软件进行程序设计，闪光灯报警 PLC 系统的程序如图 1-56 所示。

梯形图程序共占两个网络，第一行程序报警信号 I0.0 触发后，位存储器指令 M0.0 线圈得电，同时常开触点 M0.0 闭合，第一行程序自锁，M0.0 线圈持续得电，第二行程序中常开触点 M0.0 也因为线圈 M0.0 的得电而闭合，由特殊功能存储器内容可知，SM0.5 的功能是 1 个周期为 1s、占空比为 50% 的时钟脉冲，所以 Q0.0 的输出状态为以 1s 为周期进行闪烁，当恢复信号发出，第一行程序中的常闭触点 I0.1 断开，M0.0 的状态变为失电。从而使整个闪光灯报警系统停止报警。实际接线与程序运行过程请扫描二维码 1-30 观看。

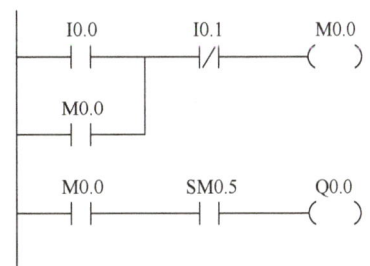

图 1-56 闪光灯报警 PLC 系统程序

1-30 闪光灯接线程序

4. 程序设计与实现

（1）生产线故障报警 PLC 系统的 I/O 地址分配 根据控制要求分析可得，故障信号为输入信号,闪光灯和蜂鸣器为输出信号。具体系统 I/O 地址分配见表 1-21。

表 1-21　生产线故障报警 PLC 系统 I/O 地址分配

输入		输出	
故障信号	I0.0	蜂鸣器	Q0.0
—	—	闪光灯	Q0.1

（2）生产线故障报警系统的 PLC 接线图　由以上对控制系统分配的 I/O 地址,根据 PLC 的硬件结构系统组成,可以设计绘制出 PLC 的接线图,如图 1-57 所示。

PLC 接线分为输入电路和输出电路两部分,针对实际生产过程中的控制要求,设计出以上控制系统,假设实际生产中的故障信号触发系统中的 I0.0 输入端子,蜂鸣器连接输出端 Q0.0,闪光灯连接输出端 Q0.1。I0.0 连接输入电源和公共端形成闭合回路,Q0.0 和 Q0.1 连接输出电源和公共端形成闭合回路。

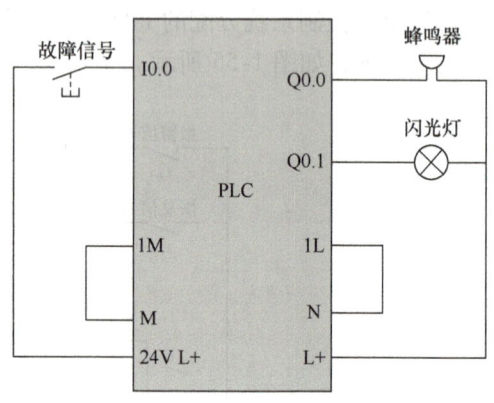

图 1-57　生产线故障报警系统 PLC 接线图

5. 生产线故障报警 PLC 系统的程序设计

根据整个控制系统的控制要求和 I/O 地址分配,利用 S7-200 SMART PLC 编程软件编写程序,生产线故障报警 PLC 系统的程序如图 1-58 所示。

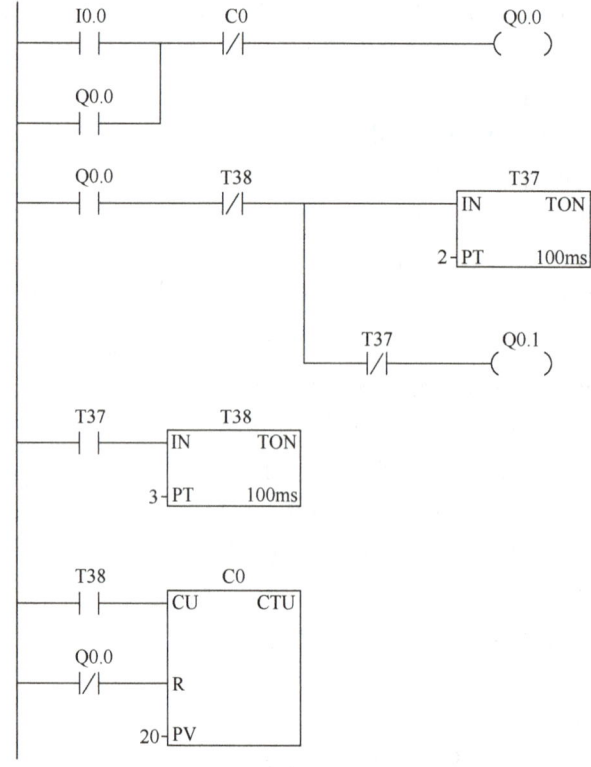

图 1-58　生产线故障报警 PLC 系统程序

第一行程序中，故障信号 I0.0 触发后，输出端子 Q0.0 线圈得电，同时常开触点 Q0.0 闭合，第一行程序自锁，Q0.0（蜂鸣器）线圈持续得电，第二行程序中常开触点 Q0.0 也因为线圈 Q0.0 的得电而闭合，Q0.1（闪光灯）输出端子线圈得电使闪光灯亮起，同时定时器 T37 开始计时，计时时间为 0.2s，计时时间 0.2s 到，Q0.1（闪光灯）熄灭，第三行程序中的常开触点 T37 在计时时间 0.2s 到后得电闭合，此时定时器 T38 开始计时，计时时间为 0.3s，T38 计时时间到，第二行程序中的常闭触点 T38 变为打开状态，使定时器 T37 停止计时，第四行程序中 C0 计数加 1，Q0.1（闪光灯）又开始下一个周期循环，直到 C0 计数达到 20 后，蜂鸣器停止工作，使计数器 C0 复位，整个控制系统停止循环。生产线报警 PLC 系统实际接线与程序运行过程请扫描二维码 1-31 观看。

1-31 生产线接线程序

【随堂测试】

1. 特殊功能存储器是 S7-200 SMART PLC 为保存自身工作状态数据而建立的一个存储区，用 SM 表示。（　　）
   A. 正确　　　　B. 错误
2. 特殊存储器的头 30 个字节为只读区。（　　）
   A. 正确　　　　B. 错误
3. S7-200 SMART PLC 计数器指令中 PV 的最大设定值为多少？（　　）
   A. 32765　　　B. 32766　　　C. 32767　　　D. 32768
4. 特殊功能存储器的功能有哪些？
5. 特殊功能存储器有哪几种寻址方式？
6. 按下起动按钮 I0.0，Q0.0 以灭 2s、亮 3s 的工作周期得电 20 次后自动停止；不论系统工作状况如何，按下停止按钮 I0.1，Q0.0 将立即停止工作。请根据以上控制要求设计梯形图程序。
7. 按钮 I0.0 按下后，Q0.0 变为 1 状态并自保持，I0.1 输入 3 个脉冲后（用 C1 计数），T37 开始定时，5s 后，Q0.0 变为 0 状态，同时 C1 被复位，在可编程序控制器刚开始执行用户程序时，C1 也被复位，时序图如图 1-59 所示，设计出梯形图程序。

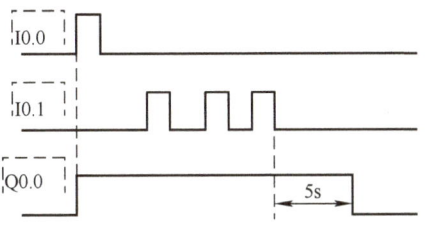

图 1-59 时序图

【笔记与练习区】

模块一 基本指令模块

【项目工单】

专业：			
课程：可编程控制器应用技术 项目：生产线故障报警 PLC 系统设计		姓名： 班级：	日期： 成绩：

一、控制要求

使用 S7-200 SMART PLC 和必要的按钮、继电器、闪光灯、蜂鸣器等电器元件实现对生产线故障的报警控制。

二、实施过程

1. 填写 I/O 地址分配表（表 1-22）

表 1-22　I/O 地址分配表

输入设备	输入地址	输入功能	输出设备	输出地址	输出功能

2. 完善硬件接线图（图 1-60）

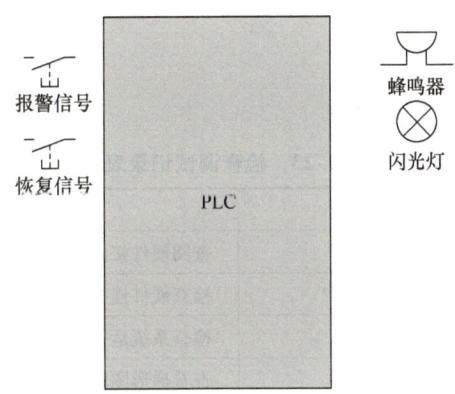

图 1-60　硬件接线任务图

3. 设计梯形图程序

4. 记录检查调试现象（表 1-23）

表 1-23 检查调试记录表

检查项目	检查内容	检查方法	检查结果
硬件安装	1. 元件是否按要求安装到位？	查阅硬件接线图	
	2. 元件是否有连接不到位的情况？	检查硬件连接处的接线情况	
	3. 元件是否实现控制要求？	检查系统运行状态	
程序编写	1. 程序输入是否正确？	查看梯形图程序	
	2. 程序是否实现控制要求？	进行程序状态监控	

存在的其他问题：

【考核评分表】

项目名称		考核时间				接线	编程	调试	讲解
学生班级		小组成员		考核角色					
小组组别									
学生姓名									
过程考核	小组考核任务	分值	个人考核承担任务	学生自评	小组互评	教师评价	小组得分	个人得分	
	接线	20							
	编程	20							
	调试	20							
	讲解	20							
	过程成绩合计	80							
职业素养考核	个人加分考核	分值	个人考核承担任务	学生自评	组长打分	教师评价	个人得分		
	工单认真严谨	5							
	团队精神	5							
	8S 管理	5							
	拓展创新	5							
	职业素养成绩	20							
教师签字：			综合成绩：						

项目六　星形-三角形联结减压起动 PLC 系统设计

【项目引入】

小明在学校的实训车间进行练习时，按下空气压缩机的起动按钮后出现断路器跳闸的现象，却一直找不到原因，便请来了车间的王师傅，王师傅查看了小明连接的控制系统后告诉小明，这是控制电动机起动的方式出了问题，在控制电动机起动时由于起动的瞬间电流过大，电流超过断路器或电路保护装置的额定值时，为了防止电路过热损坏设备、引发火灾，保护装置会自动切断电源，从而触发跳闸机制。王师傅告诉小明，可以尝试使用先在星形联结下减压起动电动机，等电动机起动完成后再切换成三角形联结全压运行的方法，小明按照王师傅的指导完成了 PLC 的减压起动改造，果真顺利完成了起动过程。星形-三角形联结减压起动示意图如图 1-61 所示，空气压缩机的星形-三角形联结减压起动请扫描二维码 1-32 观看。

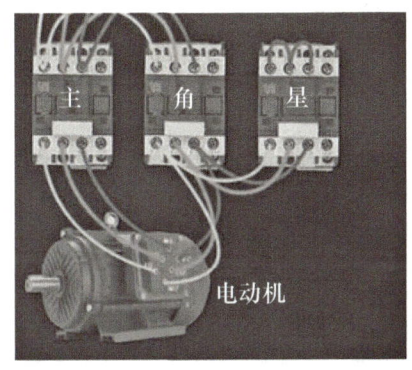

图 1-61　星形-三角形联结减压起动示意图　　1-32　空气压缩机星形-三角形联结引入

【项目描述】

1）按下起动按钮 SB1 后，电动机 M 在星形联结下减压起动。
2）经过 10s 时间的延迟后，电动机 M 自动转为三角形联结全压运行。
3）按下停止按钮 SB2 后，电动机 M 停转。

【学习目标】

1）掌握 PLC 控制星形-三角形联结电路的外部接线方法。
2）掌握常见的几种经验设计法。
3）掌握置位、复位指令的使用方法。

【素养目标】

1）树立严谨认真的学习和工作态度。
2）培养集体主义观念和团结合作意识。
3）激发发散思维，具有解决现场实际问题的能力。

【相关知识】

一、星形-三角形联结减压起动原理分析

采用继电器控制的星形-三角形联结减压起动电气原理图如图1-62所示。

从图1-62中可以看出,主电路中有KM1、KM2和KM3三个接触器。其中KM1是主接触器,KM2是星形联结接触器,KM3是三角形联结接触器。当KM1和KM2主触点同时闭合时,电动机实现星形联结,当KM1和KM3主触点同时闭合时,电动机实现三角形联结。控制回路由两个按钮、三个接触器线圈、一个定时器线圈及它们对应的辅助触点等组成。当按下起动按钮SB2时,接触器线圈KM1、KM2和时间继电器KT线圈同时得电,由于KM1的自锁作用,在松开按钮SB2后,三个线圈持续得电,KT开始延时,电动机星形联结起动。延时时间到,KT的常闭触点断开,常开触点闭合,KM2线圈失电,KM3线圈得电并自锁,主电路中KM2主触点断开,KM3主触点闭合,电动机由星形联结转换成三角形联结。星形-三角形联结减压起动原理分析请扫描二维码1-33观看。

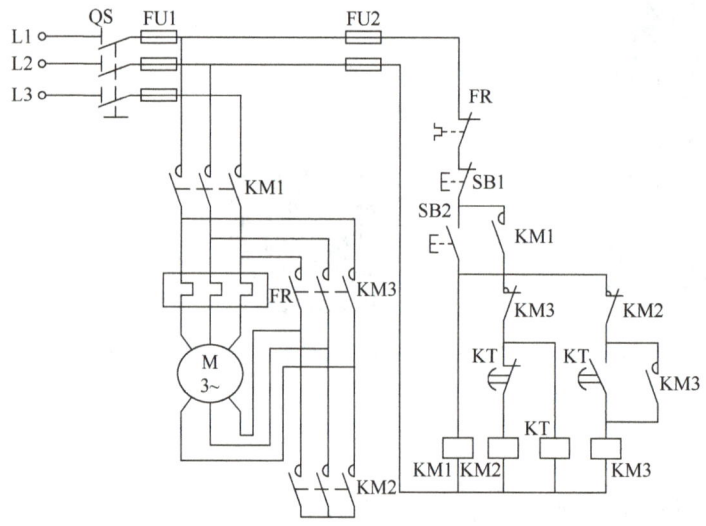

图1-62 星形-三角形联结减压起动电气原理图 1-33 星形-三角形联结原理分析

二、置位指令和复位指令

1. 置位指令S

置位指令S是具有自保持功能的指令。当置位指令S左侧的触点接通,即使能输入端有效后,从起始位开始的连续 N 个位,置1并保持。如图1-63所示,I0.0是使能输入端,Q0.0是起始位,2是线圈连续保持接通的位数,当I0.0接通时,以Q0.0为起始位的这两位得电,即Q0.0和Q0.1都得电。当断开I0.0时,Q0.0和Q0.1仍然保持导通状态。

2. 复位指令R

复位指令R又称为清零指令。使能输入端有效后,从起始位开始的连续 N 个位,置0并保持。如图1-64所示,I0.0是使能输入端,Q0.0这一位在I0.0接通时复位。当I0.0断

开时，Q0.0 仍然保持清零的状态。

```
     I0.0    Q0.0              I0.1    Q0.0
    ─┤ ├────( S )             ─┤ ├────( R )
              2                         1
```

图 1-63　置位指令 S　　　　　图 1-64　复位指令 R

置位指令和复位指令的使用方法请扫描二维码 1-34 观看。

三、经验设计法

经验设计法又称为试凑法，是在掌握了一些典型的控制环节和电路设计的基础上，充分理解实际的控制问题，在理解的基础上将实际控制问题分解成典型控制电路，然后用典型电路或修改变形的典型电路进行拼凑，凭经验进行选择、组合，或者根据控制要求直接试探、拼凑进行编程的方法。常用的经验设计法有直接替换法、中间过渡法和分析简化法。

1-34　复位、置位指令

【项目实施】

一、星形-三角形联结减压起动 PLC 系统硬件接线

1. 星形-三角形联结减压起动 PLC 系统主电路接线

在用 PLC 控制星形-三角形联结减压起动时，主电路的接线和传统的继电器控制接线完全一样，其主电路接线图如图 1-65 所示，接线过程请扫描二维码 1-35 观看。

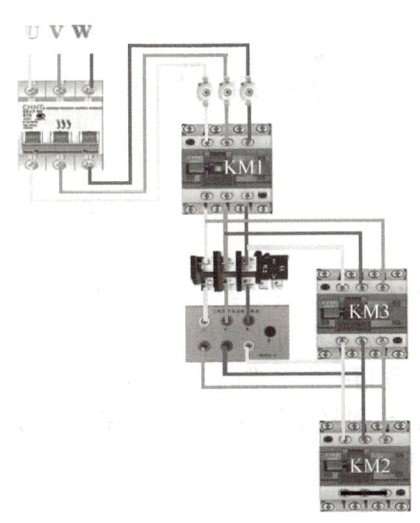

图 1-65　星形-三角形联结减压起动主电路接线图　　　1-35　星形-三角形联结主电路接线

2. 星形-三角形联结减压起动 PLC 系统控制回路接线

图 1-66 所示为星形-三角形联结减压起动 PLC 控制电路接线图，从图中可以看出，输入电路有两个按钮，输出电路有三个接触器线圈，其中 KM2 和 KM3 分别为星形联结接触器和三角形联结接触器，二者不能同时得电，所以必须要有硬件互锁。具体接线过程请扫描二维码 1-36 观看。

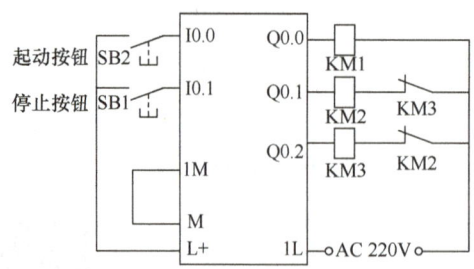
图1-66 星形-三角形联结减压起动 PLC 控制电路接线图

1-36 星形-三角形联结控制回路接线

二、星形-三角形联结减压起动 PLC 程序设计

1. 直接替换法

直接替换法是指把接触器控制的电路直接用相应的 PLC 指令代替从而得到梯形图程序。具体分析过程请扫描二维码 1-37 观看。

2. 中间过渡法

中间过渡法是把节点的位置用位存储器的位来记忆,起中间桥梁的作用,使程序更加直观,逻辑层次更加清楚,可读性强。具体分析过程请扫描二维码 1-38 观看。

1-37 经验设计法(一)

1-38 经验设计法(二)

3. 分析简化法

分析简化法指的是根据被控对象的控制要求结合编程者的经验来简化编程的一种方法。在此介绍利用普通触点线圈指令和置位、复位指令来分别简化编程的办法。

(1) 普通触点线圈指令简化法 具体分析过程请扫描二维码 1-39 观看。

(2) 置位、复位指令简化法 使用置位指令 S 和复位指令 R 进行编程,需要先明确输入/输出量的关系。具体分析过程请扫描二维码 1-40 观看。

1-39 经验设计法(三)——普通线圈

1-40 经验设计法(三)——RS 指令

三、星形-三角形联结减压起动 PLC 控制调试

星形-三角形联结减压起动 PLC 控制调试过程请扫描二维码 1-41 观看。在此增加一个扩展功能：当按下起动按钮后，指示灯以亮灭各 0.5s 的频率闪烁，待起动结束，指示灯变为常亮。此功能输入量不变，输出量增加了一个，即输出指示灯。增加的输出地址为 Q0.3。

1-41　星形-三角形联结拓展操作演示

【随堂测试】

1. 输出 Q0.0 和输出 Q0.1 的公共端需要连接到（　　）。
   A. M　　　　B. 1M　　　　C. L　　　　D. 1L
2. 用 PLC 控制星形-三角形联结减压起动时增加的指示灯闪烁功能，需要（　　）。
   A. 增加一个输入量　　　　B. 不增加输入量
   C. 增加一个输出量　　　　D. 不增加输出量
3. 用 PLC 控制星形-三角形联结减压起动时增加的指示灯闪烁功能可以用到（　　）。
   A. SM0.0　　B. SM0.1　　　C. SM0.4　　　D. SM0.5
4. 关于星形联结接触器和三角形联结接触器说法正确的是（　　）。
   A. 可以同时得电，需要硬件互锁
   B. 可以同时得电，不需要硬件互锁
   C. 不可以同时得电，需要硬件互锁
   D. 不可以同时得电，不需要硬件互锁
5. 置位指令用（　　）表示。
   A. M　　　　B. I　　　　C. S　　　　D. R

【笔记与练习区】

【项目工单】

专业：			
课程：可编程控制器应用技术 项目：星形-三角形联结减压起动 PLC 系统设计	姓名： 班级：	日期： 成绩：	

一、控制要求

使用 S7-200 SMART PLC 和必要的按钮、接触器等电器元件实现对三相异步电动机的星形-三角形联结减压起动的控制。

二、实施过程

1. 填写 I/O 地址分配表（表 1-24）

表 1-24 I/O 地址分配表

输入设备	输入地址	输入功能	输出设备	输出地址	输出功能

2. 完善硬件接线图（图 1-67）

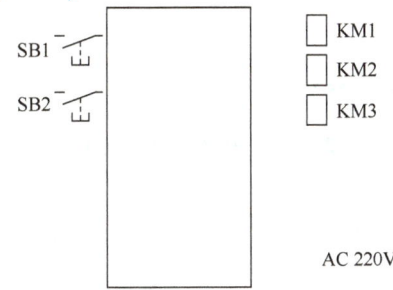

图 1-67 硬件接线任务图

3. 设计梯形图程序

4. 记录检查调试现象（表 1-25）

表 1-25　检查调试记录表

检查项目	检查内容	检查方法	检查结果
硬件安装	1. 元件是否按要求安装到位？	查阅硬件接线图	
	2. 元件是否有连接不到位的情况？	检查硬件连接处的接线情况	
	3. 元件是否实现控制要求？	检查系统运行状态	
程序编写	1. 程序输入是否正确？	查看梯形图程序	
	2. 程序是否实现控制要求？	进行程序状态监控	

存在的其他问题：

【考核评分表】

项目名称		考核时间				接线	编程	调试	讲解
学生班级		小组成员		考核角色					
小组组别									
学生姓名									
过程考核	小组考核任务	分值	个人考核承担任务	学生自评	小组互评	教师评价	小组得分	个人得分	
	接线	20							
	编程	20							
	调试	20							
	讲解	20							
	过程成绩合计	80							
职业素养考核	个人加分考核	分值	个人考核承担任务	学生自评	组长打分	教师评价	个人得分		
	工单认真严谨	5							
	团队精神	5							
	8S 管理	5							
	拓展创新	5							
	职业素养成绩	20							
教师签字:			综合成绩:						

模块二 编程方法模块

【时代楷模篇】

田利军，中钢邢机加工五分厂轧辊镗工，其凭借精湛的加工技能和突出的工作业绩，先后荣获"河北省五一劳动奖章""河北省能工巧匠""河北省技术能手""中国宝武青年岗位能手标兵""中钢集团杰出青年""邢机工匠"等数十项荣誉称号。2022年，田利军荣获"全国五一劳动奖章"，让我们一起来认识这位"90后"轧辊工。

轧辊镗铣加工涉及扁面、键槽、销孔等多种加工范围，是轧辊机加生产线上工艺技术要求最严苛、最关键的生产环节。田利军在入职不到一年的时间里，就熟练掌握了多种数控加工的操作要领和先进的加工方法，迅速成长为一名技术全面、技能娴熟的轧辊镗铣操作能手。在日复一日的操作过程中，他不断学习先进的加工理论知识，研究加工技巧，将轧辊扁面尺寸精度始终控制在 0.03mm 的范围内，镗铣加工效率是其他工友的 1.5 倍。2019 年，田利军被分厂委以重任，成为车铣复合加工主操作。身为"90后"的他，面对高端智能化加工装备，又将目光放在了最大限度发挥设备优势、确保安全高效生产的目标上，有针对性地开展"问诊"提效。他编制的《车铣上下活工作流程》解决了车铣装备产品不易上下活的操作难题，大大提升了车铣作业安全性和质量管控实效性。自参加工作以来，田利军攻克了 85 项现场技术瓶颈问题，完成了 137 项创新课题成果，创效 293 万元，连续十几年保持产品一级品率 100%、质量"零事故"。

以匠心守初心，以初心致未来。如今已是车铣复合加工行家的田利军，始终不忘初心，牢记使命，将匠心融入每一件产品，每一次加工，争做新时代的奋斗者，在平凡的岗位上创造不平凡的人生，也成就了最美好的自己。我们也要向他学习，学习他执着专注、精益求精、一丝不苟、追求卓越的工匠精神。

项目一　引风机和鼓风机 PLC 系统设计

【项目引入】

某冶炼厂新来的员工小王在师傅的带领下来到了炼钢炉的操控室，进行引风机和鼓风机的调试。小王好奇地问："引风机和鼓风机都是电动机，有什么不同呢？这两个电动机各自的作用是什么？如何对其进行控制？"师傅见小王主动询问，心生欢喜，耐心地给小王讲道："引风机是通过叶轮转动产生负压，进而抽取空气的一种设备，而鼓风机则通常包括电动机、空气过滤器、鼓风机本体等部分。引风机通常安装在锅炉尾端，其作用是增加燃烧空气供应，执行引风、排气、增压等功能。鼓风机主要用于通风排尘和锅炉的通风，它通过气缸内偏置的转子偏心运转，使转子槽中的叶片之间的容积发生变化，从而吸入、压缩和排出空气。鼓风机还广泛应用于通风、煤炭、电力、石油等工业领域，包括罗茨鼓风机、高炉鼓风机、离心鼓风机等。"引风机和鼓风机实物如图 2-1 所示，引风机和鼓风机的运转规律请扫描二维码 2-1 观看。

图 2-1　引风机和鼓风机实物图　　　　2-1　引风机和鼓风机演示

【项目描述】

按下起动按钮 SB1，引风机运转，12s 后鼓风机运转，按下停止按钮 SB2，鼓风机停转，引风机延迟 10s 后停止。当再次按下起动按钮 SB1 时，重复上述过程。

【学习目标】

1）掌握顺序控制设计法。
2）掌握顺序功能图的组成结构。
3）掌握顺序功能图的绘制方法。
4）掌握起保停的编程方法。

【素养目标】

1）崇德向善、诚实守信、爱岗敬业，具有精益求精的工匠精神。
2）具有良好的职业道德和职业素养。
3）具有较强的集体意识和团队合作精神，能够进行有效的人际沟通和协作。

【相关知识】

一、顺序控制设计法

在 PLC 的控制系统中，大部分是和顺序相关的生产过程，设计梯形图时通常会采用专门的设计方法，即顺序控制设计法。

所谓顺序控制，就是按照生产工艺预先规定的顺序，在各个输入信号的作用下，根据内部状态和时间的顺序，控制生产过程中各个执行机构自动有秩序地进行操作。应用顺序控制设计法时首先要根据系统的工艺过程画出顺序功能图（Sequential Function Chart），然后根据顺序功能图画出梯形图。STEP-7 软件中的 S7 Graph 就是一种顺序功能图语言，在 S7 Graph 中生成顺序功能图后便完成了编程工作。

用经验设计法设计梯形图时，没有固定的方法和步骤可以遵循，具有很大的试探性和随意性，对于不同的控制系统，没有一种通用的、容易掌握的设计方法。在设计复杂系统的梯形图时，需要用大量的中间单元来完成记忆、联锁和互锁等功能，由于需要考虑的因素很多，它们往往又交织在一起，分析起来非常困难，难以把所有问题考虑周到，程序设计出来后，需要模拟调试或在现场调试，发现问题后再对程序进行修改。即使是非常有经验的工程师，也很难做到一次设计出成功的程序。修改某一局部电路时，很可能"牵一发而动全身"，对系统的其他部分产生意想不到的影响，因此梯形图的修改也很麻烦，往往花费很长的时间却得不到一个满意的结果。用经验设计法设计出的梯形图很难阅读，给系统的维修和改进带来了很大的困难。

顺序控制设计法首先将被控制系统的工作过程按输出状态的变化分成若干步，并确定出各步之间的转换条件和每步的控制对象，然后以步为核心，从起始步开始一步一步设计下去，直到完成为止。这种设计方法能清楚反映系统控制的全部工艺过程，易学易用，能提高设计效率，节约大量的设计时间。程序的调试、修改和阅读也很方便，只要能正确画出描述系统工作过程的顺序功能图，一般都可以做到调试程序时一次成功。因此，顺序控制设计法已经成为当前 PLC 程序设计的主要方法。两种设计法的对比见表 2-1。

表 2-1 经验设计法和顺序控制设计法对比

经验设计法	顺序控制设计法
试探性、随意性	固定的方法和原则
分析起来非常困难，"牵一发而动全身"	简单易学，程序的调试、修改和阅读也很方便

顺序控制设计法最基本的思想是将系统的一个工作周期划分为若干个顺序相连的阶段，这些独立工作的阶段称为步（Step）。步是根据输出量的 ON/OFF 状态的变化来划分的。用编程元件（如存储器位 M）来代表各步。在任意一步之内，各输出量的状态不变，但是相邻两步输出量总的状态是不同的，步的这种划分方法使代表各步的编程元件的状态与各输出量的状态之间有着极为简单的逻辑关系。顺序控制设计法用转换条件控制代表各步的编程元件，使它们的状态按一定的顺序变化，然后用代表各步的编程元件去控制 PLC 的各输出位。其设计步骤如下。

1. 任务分解，划分步

分析被控对象的工作过程及控制要求，将系统的工作过程按任务要求划分成若干步，每个工序均对应一步，对每一步分配编程元件，并搞清楚每步的功能和作用。在设计中，步是根据 PLC 输出量的状态划分的，只要系统的输出量状态发生变化，系统就从原来的步进入新的步。

2. 确定每步的转换条件

转换条件是使系统从当前步进入下一步的条件。常见的转换条件有按钮、行程开关、定时器和计数器触点的通断等。转换条件可以是单个的触点，也可以是多个触点的与、或、非逻辑组合。

3. 绘制顺序功能图

根据划分的步、每一步的转换条件及转换的方向,将各步连接起来,即构成顺序功能图。这是顺序控制设计法中最关键的环节。

4. 将顺序功能图转换为梯形图

根据顺序功能图,用某种编程方法将顺序功能图等效为梯形图。

二、顺序功能图

顺序功能图是描述控制系统的控制过程、功能和特性的一种图形,是设计 PLC 的顺序控制程序的有力工具。

顺序功能图并不涉及所描述控制功能的具体技术,它是一种通用的、直观的技术语言,可以供设计人员和其他专业的人员进行技术交流。

1. 顺序功能图的组成

顺序功能图由步、动作、有向连线、转换和转换条件共五部分组成,如图2-2所示。

1)步:步是工作过程中独立的工作阶段,用矩形框表示各步,框内的字母、编程元件的地址表示步的编号。步与步之间的转换是以输出状态的改变为依据的。

2)动作:动作是每一步执行时所对应的输出。当系统正处在某一步所在的阶段,进行相应的动作时,称该步处于活动状态,该步称为活动步,没有执行的步,则称为不活动步。

3)有向连线:步与步之间用有向连线连接,箭头表示转换的方向,如果方向是自上而下则可以省略箭头。有向连线表示发生关联的两步之间的先后顺序关系。

4)转换:转换条件用短划线,旁边用文字、表达式或符号说明。转换表明某两步之间相互关联。

5)转换条件:使系统由当前步进入下一步的信号称为转换条件,转换条件可以是外部的输入信号,如按钮、指令开关、限位开关的接通/断开等;也可以是 PLC 内部产生的信号,如定时器、计数器的触点提供的信号,转换条件还可以是若干个信号的与、或、非逻辑组合。

顺序功能图的组成请扫描二维码2-2观看。

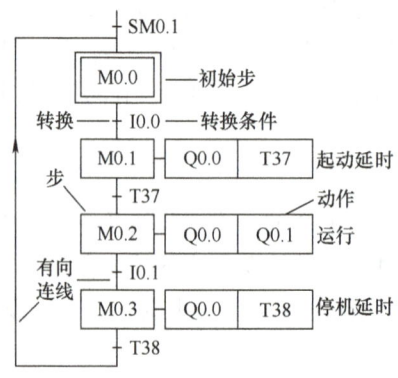

图2-2 顺序功能图的组成　　　2-2 顺序功能图

2. 顺序功能图的结构类型

顺序功能图的结构类型有单序列、选择序列和并行序列,如图2-3所示。

1)单序列:单序列由一系列相继激活的步组成,没有分支,每一步的后面只有一步,步与步之间仅有一个转换条件,如图2-3a所示。

2)选择序列:选择序列的开始称为分支。某一步的后面有多个步,当满足不同的转换条件时,转向不同的步。如图2-3b所示,无论转向哪个分支,当其后续步成为活动步时,步5自动变为不活动步;当已选择转向某一个分支后,则不允许另外几个分支的首步成为活动步,所以应该使各选择分支之间互锁。选择序列的结束称为合并。几个选择序列合并到同一个序列上,各个序列上的步在各自转换条件满足时转换到同一个步。

3)并行序列:在某一步执行完后,需要同时起动若干条分支,这样的结构称为并行序列,如图2-3c所示。

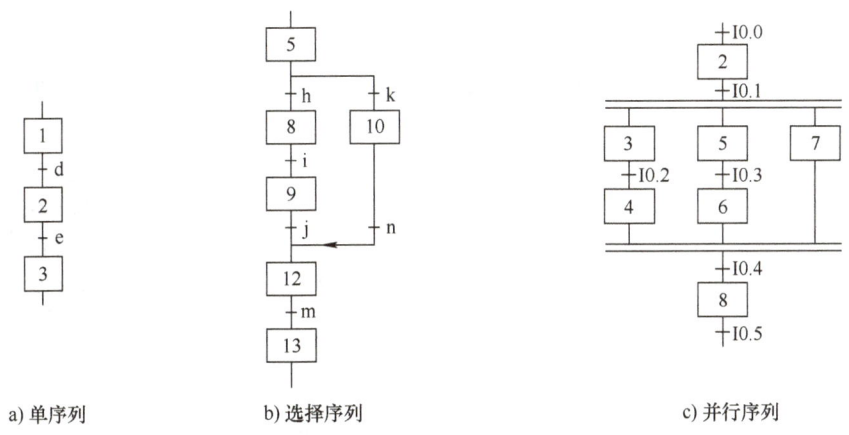

a) 单序列　　　　b) 选择序列　　　　c) 并行序列

图2-3　顺序功能图的结构类型

3. 顺序功能图转换的基本原则

(1) 转换实现的条件

1)该转换所有的前级步都是活动步。

2)相应的转换条件得到满足。

(2) 转换后应完成的操作

1)使所有的后续步都变为活动步。

2)使所有的前级步都变为不活动步。

4. 顺序功能图的绘制

以引风机和鼓风机为例,图2-4所示为引风机和鼓风机的顺序功能图,具体分析请扫描二维码2-3观看。

三、顺序控制的起保停编程方法

无论是哪种序列的功能图,都有规律可循,能按照固定的规则和特定的方法把它转成相应的梯形图程序。本项目采用起保停的编程方法进行顺序功能图和梯形图程序的转换。

编写梯形图程序时套用起保停编程公式,如图2-5所示,该步的前级步的常开触点串联转换条件的常开触点,并联该步的常开触点后再串联后续步的常闭触点,输出该步的线圈。

例如,写出单序列顺序功能图中M0.×这一步的梯形图程序,过程请扫描二维码2-4观看。

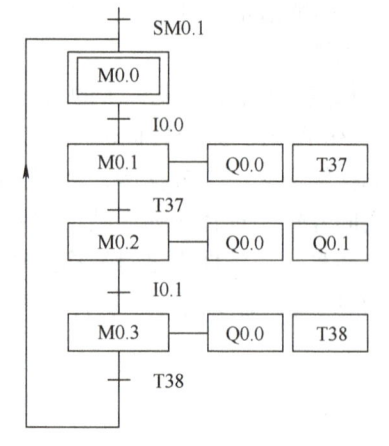

2-3 引风机顺序功能图绘制

图 2-4 引风机和鼓风机顺序功能图

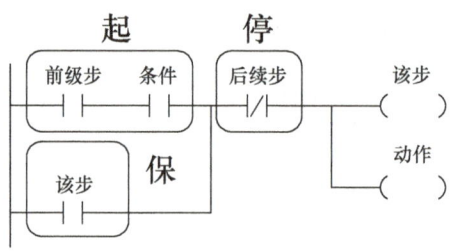

2-4 起保停编程方法

图 2-5 起保停编程公式图

如果是选择序列，某一步有多个前级步，则要把所有的前级步串联对应转换条件，然后并联起来（或运算）。例如图 2-3b 中的第 12 步，有两个前级步 9 和 10，这两个步都能让 12 步活动，那么在写第 12 步的程序时，要把这两个步和它们的条件并联起来。对于有多个后级步的，要把各后级步的常闭触点串联起来（与运算），例如图 2-3b 中的第 5 步，有两个后续步 8 和 10，无论哪一步活动，都要使它们的前级步 5 变为不活动步（停止），所以在写第 5 步的程序时，后续步 8 和 10 的常闭触点需要串联，8 和 10 任何一个步活动后，其常闭触点断开，都能停止第 5 步。

如果是并行序列，有多个前级步的要串联，例如图 2-3c 中的第 8 步，有三个前级步 4、6 和 7，在写第 8 步的程序时，需要把这三个步的常开触点串联起来，然后串联条件为 I0.4，这样才能使第 8 步活动。当某一个步有多个后续步时，选择其中的一个步（或者两个步，并串联都可以）的常闭触点断开该步。例如图 2-3c 中的第 2 步，有三个后续步 3、5 和 7，在写第 2 步的程序时，只需要选择 3、5、7 其中一个步的常闭触点来停止该步即可，因为这三步是一起活动的，它们的常闭触点一起断开。

【项目实施】

一、引风机和鼓风机 PLC 系统 I/O 地址分配

该系统有两个输入量，分别是起动按钮和停止按钮，分别分配地址 I0.0 和 I0.1；两个

输出量,分别是引风机接触器线圈和鼓风机接触器线圈,见表2-2。

表2-2 引风机和鼓风机PLC系统I/O地址分配表

PLC地址		说明
输入	I0.0	起动按钮SB1
	I0.1	停止按钮SB2
输出	Q0.0	引风机接触器线圈
	Q0.1	鼓风机接触器线圈

二、引风机和鼓风机PLC系统硬件接线

图2-6所示为引风机和鼓风机PLC系统的硬件接线图,接线过程请扫描二维码2-5观看。

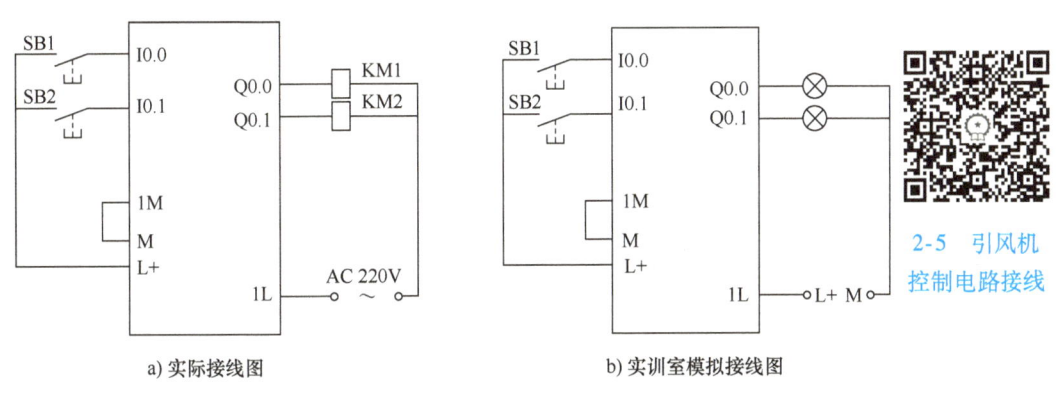

图2-6 引风机和鼓风机PLC系统硬件接线图

三、下载程序并模拟调试

打开设备电源,把程序在编程软件中编辑好后,编译并下载到S7-200 SMART PLC中,将PLC切换到RUN工作模式,在软件中运行程序。按下起动按钮,引风机指示灯亮起,10s以后,鼓风机指示灯亮起,按下停止按钮,鼓风机指示灯灭,12s以后,引风机指示灯灭,再次按下起动按钮,可重复上述过程,具体调试过程请扫描二维码2-6观看。

2-6 引风机模拟调试

【随堂测试】

1. 引风机和鼓风机PLC系统中,1M需要和哪个端点连接?(   )
A. L   B. 1M   C. M   D. 2M

2. 引风机和鼓风机PLC系统中,输出Q0.0和输出Q0.1的公共端是(   )。
A. L   B. 1L   C. M   D. 1M

3. 引风机和鼓风机PLC系统中,输出线圈在实训室可以用什么代替进行模拟调试?(   )
A. 电磁阀   B. 按钮   C. 行程开关   D. 指示灯

4. 请画出小车延时往返的顺序功能图，具体功能如下：

小车按下起动按钮（I0.0），开始左行（Q0.0），碰到左行程开关（I0.1）延时 6s 后开始右行（Q0.1），碰到右行程开关（I0.2）延时 4s 后又开始左行，不断循环。

5. 请按上题的顺序功能图，按照起保停的方法写出梯形图程序。

【笔记与练习区】

【项目工单】

专业：		
课程：可编程控制器应用技术 项目：引风机和鼓风机 PLC 系统设计	姓名： 班级：	日期： 成绩：

一、控制要求

使用 S7-200 SMART PLC 和必要的按钮、接触器等电器元件实现对引风机和鼓风机的控制，按下起动按钮，引风机转，延时 12s 后，鼓风机转；按下停止按钮，鼓风机停转，延时 10s 后，引风机停转。

二、实施过程

1. 填写 I/O 地址分配表（表 2-3）

表 2-3 I/O 地址分配表

输入设备	输入地址	输入功能	输出设备	输出地址	输出功能

2. 硬件接线图（图 2-7）

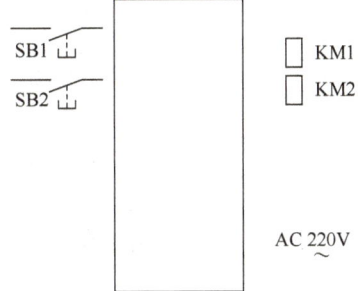

图 2-7 硬件接线任务图

3. 设计梯形图程序

4. 记录检查调试现象（表 2-4）

表 2-4　检查调试记录表

检查项目	检查内容	检查方法	检查结果
硬件安装	1. 元件是否按要求安装到位？	查阅硬件接线图	
	2. 元件是否有连接不到位的情况？	检查硬件连接处的接线情况	
	3. 元件是否实现控制要求？	检查系统运行状态	
程序编写	1. 程序输入是否正确？	查看梯形图程序	
	2. 程序是否实现控制要求？	进行程序状态监控	

存在的其他问题：

【考核评分表】

项目名称		考核时间				接线	编程	调试	讲解
学生班级		小组成员		考核角色					
小组组别									
学生姓名									
过程考核	小组考核任务	分值	个人考核承担任务	学生自评	小组互评	教师评价	小组得分	个人得分
	接线	20						
	编程	20						
	调试	20						
	讲解	20						
	过程成绩合计	80						
职业素养考核	个人加分考核	分值	个人考核承担任务	学生自评	组长打分	教师评价	个人得分
	工单认真严谨	5					
	团队精神	5					
	8S 管理	5					
	拓展创新	5					
	职业素养成绩	20					
教师签字:			综合成绩:					

项目二　交通灯 PLC 系统设计

【项目引入】

交通灯在日常生活中非常常见，一般分为南北向和东西向两个方向，交通灯按照一定的规律亮灭或闪烁，有条不紊地进行交通指示，确保来往车辆和行人安全通行。交通灯系统示意图如图 2-8 所示。相关视频请扫描二维码 2-7 观看。

2-7　交通灯项目引入

图 2-8　交通灯系统示意图

那么，同学们有没有想过，这些交通灯是如何按照某种规律自动运行，进行交通指示的呢？今天我们就一起来学习如何使用 PLC 来进行交通灯的控制。

【项目描述】

接通控制起动按钮，东西向绿灯亮 5s，闪烁 3 次（周期为 1s），东西向黄灯亮 2s，同时南北向红灯亮 10s；10s 后南北向绿灯亮 5s，0.5s 亮 0.5s 灭（周期为 3s），南北向黄灯亮 2s，与此同时东西向红灯亮 10s，周而复始，进行循环。交通灯循环亮灭时序图如图 2-9 所示。

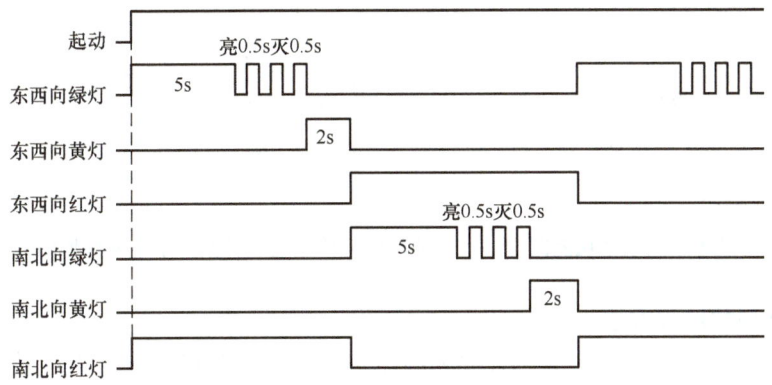

图 2-9　交通灯循环亮灭时序图

【学习目标】

1）掌握交通灯 PLC 控制电路的外部接线方法。
2）熟练掌握以转换为中心编程方法。

【素养目标】

1）崇德向善、诚实守信、爱岗敬业，具有精益求精的工匠精神。
2）具有良好的职业道德和职业素养。
3）具有较强的集体意识和团队合作精神，能够进行有效的人际沟通和协作。

【相关知识】

以转换为中心的编程方法

以转换为中心的编程方法进行梯形图程序设计，是使用 S、R 指令设计顺序控制程序，将各转换的所有前级步对应的常开触点与转换对应的触点或电路串联，该串联电路即起保停电路中的起动电路，用它作为使所有后续步置位（使用 S 指令）和使所有前级步复位（使用 R 指令）的条件。在任何情况下，各步的控制电路都可以用这一原则来设计，每一个转换对应一个这样的控制置位和复位的电路块，有多少个转换就有多少个这样的电路块。这种设计方法有规律可循，梯形图与转换实现的基本规则之间有着严格的对应关系，在设计复杂的顺序功能图的梯形图时，既容易掌握又不容易出错。

1. 单序列的编程方法

图 2-10 所示为某单序列顺序功能图，图 2-11 所示为对应转换的梯形图程序。

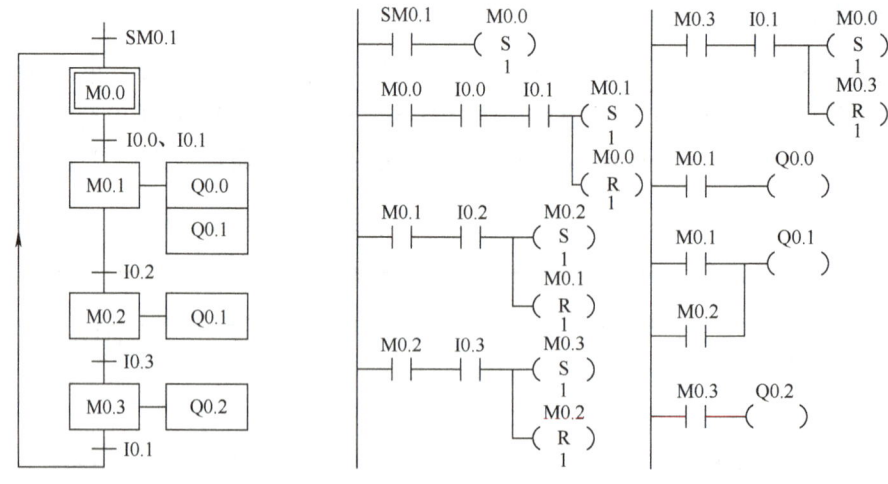

图 2-10　某单序列顺序功能图　　图 2-11　单序列以转换为中心的梯形图程序设计

2. 选择序列的编程方法

1）选择序列分支的编程。某选择序列顺序功能图如图 2-12 所示，对应转换的梯形图程序如图 2-13 所示。步 M0.0 之后有一个选择序列的分支。当 M0.0 为活动步时，可以有两种不同的选择。当转换条件 I0.0 满足时，后续步 M0.1 变为活动步，M0.0 变为不活动步；而当转换条件 I0.1 满足时,后续步 M0.3 变为活动步,M0.0 变为不活动步。当 M0.0 被置为 1 时,后面有两个分支可以选择。若转换条件 I0.0 为 ON 时,该程序段中的指令"S M0.1,1",将转换到步 M0.1,然后向下继续执行;若转换条件 I0.1 为 ON 时,该程序段中的指令"S M0.3,1",将转换到步 M0.3,然后向下继续执行。

2)选择序列合并的编程。步 M0.5 之前有一个选择序列的合并,当步 M0.2 为活动步,并且转换条件 I0.4 满足,或步 M0.4 为活动步,并且转换条件 I0.5 满足时,步 M0.5 应变为活动步。在步 M0.2 和步 M0.4 后续对应的程序段中,分别用 I0.4 和 I0.5 的常开触点驱动指令"S M0.5,1",就能实现选择序列的合并。

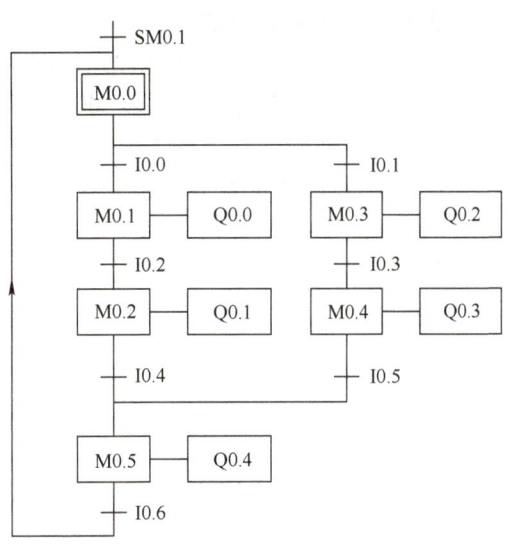

图 2-12 某选择序列顺序功能图

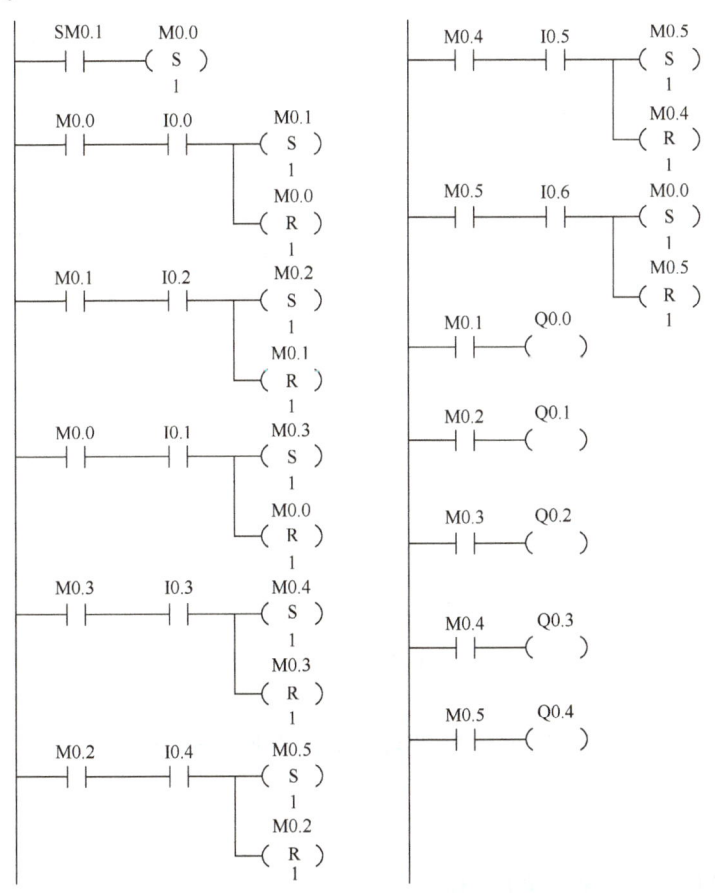

图 2-13 选择序列以转换为中心的梯形图程序设计

3. 并行序列的编程方法

图 2-14 所示为某并行序列顺序功能图，图 2-15 所示为对应的转换梯形图程序。

1）并行序列分支的编程。步 M0.0 之后有一个并行序列的分支。当 M0.0 是活动步，并且转换条件 I0.0 为 ON 时，步 M0.1 和步 M0.3 应同时变为活动步，这时用 M0.0 和 I0.0 的常开触点串联电路使 M0.1 和 M0.3 同时置位，用复位指令使步 M0.0 变为不活动步。

2）并行序列合并的编程。在转换条件 I0.2 之前有一个并行序列的合并。当所有的前级步 M0.2 和 M0.3 都是活动步，并且转换条件 I0.2 为 ON 时，实现并行序列的合并。用 M0.2、M0.3 和 I0.2 的常开触点串联电路使后续步 M0.4 置位，用复位指令使前级步 M0.2 和 M0.3 变为不活动步。

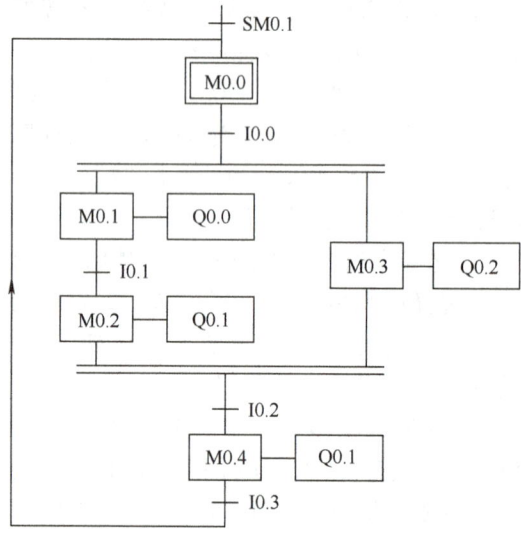

图 2-14 某并行序列顺序功能图

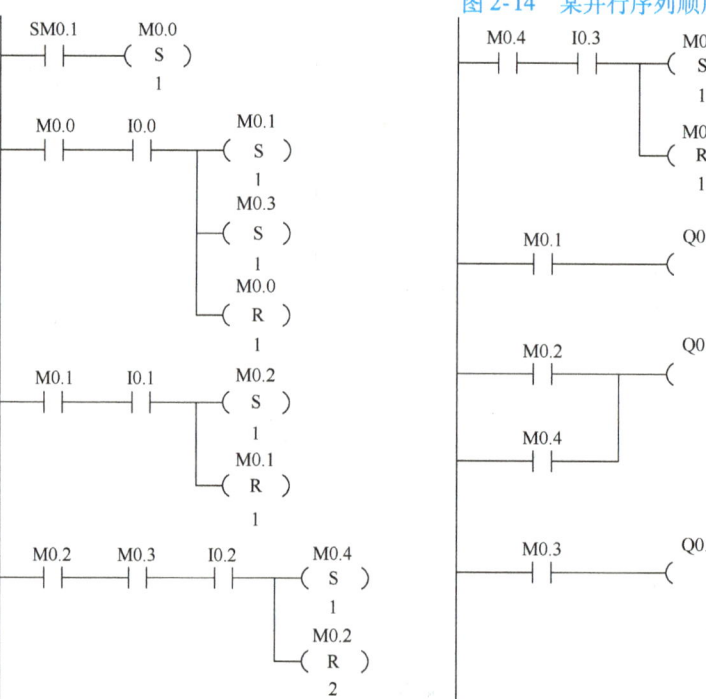

图 2-15 并行序列以转换为中心的梯形图程序设计

【项目实施】

一、交通灯顺序功能图的绘制

进行交通灯 PLC 控制 I/O 地址分配，见表 2-5。

表 2-5 交通灯 PLC 控制 I/O 地址分配表

输入		输出	
起动	I0.0	东西向红灯	Q0.0
		东西向绿灯	Q0.1
		东西向黄灯	Q0.2
停止	I0.1	南北向红灯	Q0.3
		南北向绿灯	Q0.4
		南北向黄灯	Q0.5

根据分配的地址,按照项目描述内容,十字路口交通灯的亮灭状态可以分为六步,分别是第一步:东西向绿灯亮、南北向红灯亮;第二步:东西向绿灯闪、南北向红灯亮;第三步:东西向黄灯亮、南北向红灯亮;第四步:南北向绿灯亮、东西向红灯亮;第五步:南北向绿灯闪、东西向红灯亮;第六步:南北向黄灯亮、东西向红灯亮。步与步之间的转换条件均是时间,因此,每一个步的动作除了相应的灯亮,还需要一个定时器。十字路口交通灯 PLC 控制的顺序功能图如图 2-16 所示。

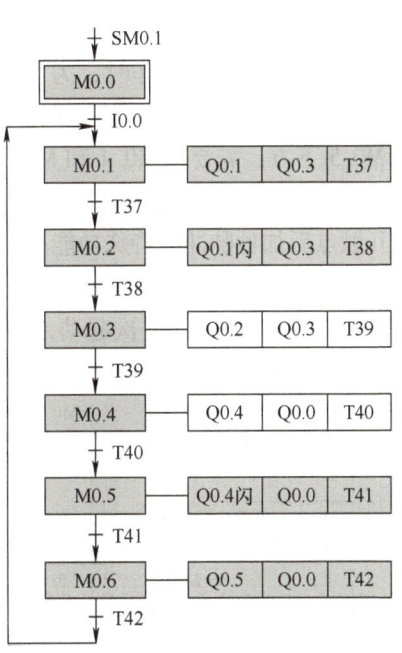

图 2-16 交通灯 PLC 控制顺序功能图

初始步,用 M0.0 表示,本步没有动作,按下起动按钮,对应的输入 I0.0 接通,条件满足,进入下一步,用 M0.1 表示。步 M0.1 的动作为东西向绿灯亮,即 Q0.1 得电,南北向红灯亮,即 Q0.3 得电,持续5s,用定时器 T37 来实现,T37 延时时间到,进入下一步,用 M0.2 表示。步 M0.2 的动作为东西向绿灯闪烁,即 Q0.1 闪。南北向红灯亮,即 Q0.3 得电,持续3s,用定时器 T38 来实现。T38 延时时间到,进入下一步,用 M0.3 表示。步 M0.3 的动作为东西向黄灯亮,即 Q0.2 得电,南北向红灯亮,即 Q0.3 得电,持续2s,用定时器 T39 来实现,T39 延时时间到,进入下一步,用 M0.4 表示。步 M0.4 的动作为东西向红灯亮,即 Q0.0 得电,南北向绿灯亮,即 Q0.4 得电,持续5s,用定时器 T40 来实现,T40 延时时间到,进入下一步,用 M0.5 表示,步 M0.5 的动作为东西向红灯亮,即 Q0.0 得电,南北向绿灯闪烁,即 Q0.4 闪,持续3s,用定时器 T41 来实现,T41 延时时间到,进入下一步,用 M0.6 来表示。步 M0.6 的动作为东西向红灯亮,即 Q0.0 得电,南北向黄灯亮,即 Q0.5 得电,持续2s,用定时器 T42 来实现,T42 延时时间到后进入下一个循环,回到步 M0.1。绘制过程请扫描二维码 2-8 观看。

2-8 交通灯顺序功能图

二、交通灯 PLC 控制梯形图程序

在符号表中进行各输入/输出量及特殊功能寄存器 SM 的定义,在符号栏

输入相应地址的符号。对照图 2-16 所示的交通灯 PLC 控制顺序功能图，用以转换为中心的方法编写梯形图程序。如图 2-17 所示，网络 1 中，初始步 M0.0 用 SM0.1 激活，程序运行，SM0.1 在第一个扫描周期为 1，接通置位指令 S，将 M0.0 置 1。当按下起动按钮后，I0.0 条件满足，M0.0 的后续步 M0.1 置 1，同时 M0.0 清零，如图 2-17 中网络 2 所示。定时器 T37 定时时间到，执行 M0.2，M0.2 置位，M0.1 清零，如图 2-17 中网络 3 所示。按照顺序功能图依次写出步 M0.3~M0.6 的程序，如图 2-17 中网络 4~8 的程序。接下来，需要写出各个步对应的动作，各步的位元件输出 T37~T42 的定时器指令，如图 2-17 中网络 9~14 所示。交通灯的东西向和南北向的红绿黄 6 个指示灯，按照图 2-16 所示的顺序功能图编写输出程序。东西向的红灯和南北向的红灯分别在步 M0.1、M0.2、M0.3 和步 M0.4、M0.5、M0.6 中都有输出，因此将对应各步合并输出，如图 2-17 中网络 15 和网络 18 所示。东西向绿灯有常亮和闪烁两种状态，在输出对应的动作时，为了避免双线圈错误，不能将 Q0.1 直接下挂在步 M0.1 和 M0.2 下方，而是把 M0.1 和 M0.2 这两步合并后输出 Q0.1。同理，Q0.4 也不能直接下挂在步 M0.4 和 M0.5 下方，需要把 M0.4 和 M0.5 这两步合并后输出。此外，对于 M0.2 和 M0.5 这两步，均为绿灯闪烁的动作状态，为了和绿灯常亮状态区别，处理的方法是分别在 M0.2 和 M0.5 的常开触点后加秒脉冲的特殊功能存储器 SM0.5，如图 2-17 中网络 16 和网络 19 所示。最后，写出本程序的最后一步，实现停止操作，停止按钮按下后，I0.1 接通，M0.1~M0.6 清零，初始步 M0.0 置位，等待下一次起动，如图 2-17 中网络 21 所示。同学们请思考，是否可以把各步的动作直接在各步线圈下方写出？为什么？

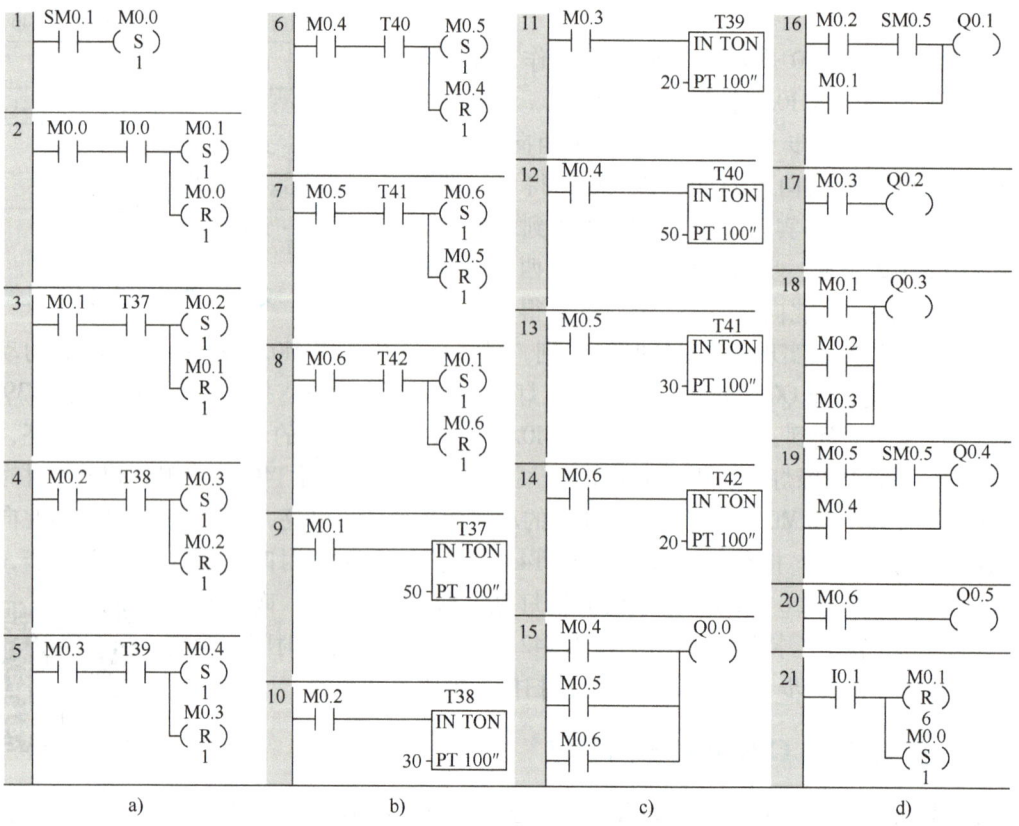

图 2-17 交通灯 PLC 控制以转换为中心的梯形图程序

此外，交通灯 PLC 程序还可以用起保停的方法编写，详细过程请扫描二维码 2-9 观看。

2-9 交通灯起保停程序设计

三、交通灯 PLC 控制模拟接线调试

1. 模拟接线

根据表 2-5 所列 I/O 地址分配，输入回路中起动按钮 SB1 与 I0.0 相连，停止按钮 SB2 与 I0.1 相连，两个按钮的公共端连接到 L+，1M 和 M 相连，输出部分 6 个交通灯依次连接 PLC 的 Q0.0 ~ Q0.5 的 6 个输出端子，交通灯公共端连接 DC 24V 电源负极，这里可以使用 PLC 的内置电源，连接到 M、L+ 和第一、第二组输出的公共端 1L 和 2L。硬件连接如图 2-18 所示。

图 2-18 交通灯 PLC 控制硬件接线图

在交通灯模块中用拨动开关 S1 来代替起动按钮 SB1，用 S2 来代替停止按钮 SB2，起动 S1 与 I0.0 相连，停止 S2 与 I0.1 相连，输入端子的公共端 1M 与电源的 M 端相连，电源 L 正端与输入设备的公共端 COM 端相连。输出部分根据之前的 I/O 地址分配，Q0.0 与东西向红灯相连，Q0.1 与东西向绿灯相连，Q0.2 与东西向黄灯相连，Q0.3 与南北向红灯相连，Q0.4 与南北向绿灯相连，Q0.5 与南北向黄灯相连，输出设备的公共端 COM 端与电源 M 端相连，输出端子的公共端 1L 和 2L 连在一起，再与 DC 24V 电源的正端 L+ 相连。交通灯 PLC 控制模拟接线实操请扫描二维码 2-10 观看。

2-10 交通灯硬件接线

2. 模拟调试

在编程软件中，输入程序后进行编译，编译无误后将程序下载到 PLC 中，将 PLC 切换到运行状态，系统开始运行，闭合起动开关 S1，东西向绿灯亮，南北向红灯亮，持续 5s；东西向绿灯闪烁，南北向红灯亮，持续 3s；东西向黄灯亮，南北向红灯亮，持续 2s；东西向红灯亮，南北向绿灯亮，持续 5s；南北向绿灯闪烁，东西向红灯亮，持续 3s；南北向黄灯亮，东西向红灯亮，持续 2s。以此为一个周期，循环往复，闭合停止开关 S2，所有灯全灭，观察设备运行情况是否达到控制要求。模拟调试视频请扫描二维码 2-11 观看。

2-11 交通灯调试

【随堂测试】

1. 在 PLC 运行时，总为 ON 的特殊存储器位是（   ）。
A. SM0.1　　　　　B. SM1.0　　　　　C. SM1.1　　　　　D. SM0.0

2. 交通灯中的绿灯闪烁，会用到（   ）特殊存储器。
A. SM0.0　　　　　B. SM0.1　　　　　C. SM0.4　　　　　D. SM0.5

3. PLC 的工作方式是（   ）。
A. 中断工作方式　B. 扫描工作方式　C. 等待工作方式　D. 循环扫描工作方式

4. 起保停的编程方法中，东西向绿灯的动作能直接写在该步线圈的下方吗？为什么？

5. 若要实现交通灯的停止操作，该如何修改程序？

【笔记与练习区】

【项目工单】

专业：		
课程：可编程控制器应用技术 项目：交通灯 PLC 系统设计	姓名： 班级：	日期： 成绩：

一、控制要求

使用 S7-200 SMART PLC 和交通灯模拟模块实现对十字路口交通灯的控制。

二、实施过程

1. 填写 I/O 地址分配表（表 2-6）

表 2-6 I/O 地址分配表

输入设备	输入地址	输入功能	输出设备	输出地址	输出功能

2. 硬件接线图（图 2-19）

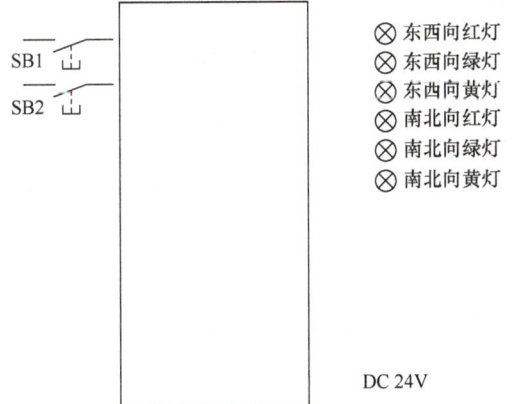

图 2-19 模拟接线任务图

3. 设计梯形图程序

4. 记录检查调试现象(表 2-7)

表 2-7 检查调试记录表

检查项目	检查内容	检查方法	检查结果
硬件安装	1. 元件是否按要求安装到位？	查阅硬件接线图	
	2. 元件是否有连接不到位的情况？	检查硬件连接处的接线情况	
	3. 元件是否实现控制要求？	检查系统运行状态	
程序编写	1. 程序输入是否正确？	查看梯形图程序	
	2. 程序是否实现控制要求？	进行程序状态监控	

存在的其他问题：

【考核评分表】

项目名称			考核时间			接线	编程	调试	讲解
学生班级			小组成员		考核角色				
小组组别									
学生姓名									
过程考核	小组考核任务		分值	个人考核承担任务	学生自评	小组互评	教师评价	小组得分	个人得分
	接线		20						
	编程		20						
	调试		20						
	讲解		20						
	过程成绩合计		80						
职业素养考核	个人加分考核		分值	个人考核承担任务	学生自评	组长打分	教师评价		个人得分
	工单认真严谨		5						
	团队精神		5						
	8S 管理		5						
	拓展创新		5						
	职业素养成绩		20						
教师签字:				综合成绩:					

项目三 液体搅拌混合 PLC 系统设计

【项目引入】

小明利用暑假期间去当地的一个化工企业实习。在实习开始阶段，小明在车间王师傅的带领下对整个生产流程进行了学习和认识。学习过程当中，小明发现化工车间有很多大的容器，便好奇地向王师傅询问，王师傅解释道这是多种液体混合的反应罐。小明于是又问道："不同种的液体是按照什么比例准确混合的呢？"王师傅笑着说道："每个容器里都有不同液位传感器进行液位的检测，PLC 通过系统检测到的液位信号进行液体混合比例的控制。"液体混合装置在工业生产中扮演着重要的角色，其在自动化控制领域的应用也越来越广泛，常见的是用于化工产品的加工，进行多种液体的混合和搅拌。将 PLC 应用于工业混合搅拌设备，能够使搅拌过程实现自动化控制，并且提升搅拌设备工作的稳定性，为搅拌机械可靠、安全、有序地工作提供强有力的保障。相关视频请扫描二维码 2-12 观看。

那么，两种不同的液体是怎么按照我们设定的比例进行混合的呢？接下来我们就详细学习两种液体混合装置 PLC 控制系统是怎么实现的。

2-12 混合装置引入

【项目描述】

在液体搅拌混合装置中，SL1、SL2、SL3 分别为高、中、低液位传感器，液位淹没时接通，液体 A 与液体 B 的加入分别由电磁阀 YV1、YV2 控制，混合后的液体由电磁阀 YV3 控制，M 为搅拌电动机，如图 2-20 所示。

按下起动按钮，电磁阀 YV1 打开，加入液体 A；液位上升到中液位时，关闭 YV1，打开 YV2，加入液体 B；液位上升到高液位时，关闭 YV2，搅拌电动机工作；工作一段时间后，搅拌电动机停止工作，打开电磁阀 YV3，排出混合后的液体；当液位下降到低于液位传感器 SL3 时，继续打开 YV3 并延时；延时时间到后，关闭 YV3，开始下一次循环。按下停止按钮，设备完成当前工作流程后停止工作。

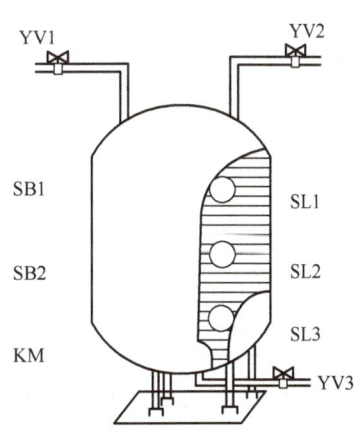

图 2-20 液体混合装置示意图

【学习目标】

1）能够绘制液体混合装置 PLC 控制的顺序功能图。
2）掌握液位传感器（检测开关）的正确编程方法。
3）理解连续标志位的概念并能合理应用。
4）掌握以转换为中心的编程方法。

【素养目标】

1）崇德向善、诚实守信、爱岗敬业，具有精益求精的工匠精神。

117

2) 具有良好的职业道德和职业素养。
3) 具有较强的集体意识和团队合作精神，能够进行有效的人际沟通和协作。

【相关知识】

液体搅拌混合装置的 PLC 控制系统，能进行连续自动循环混合搅拌工作，还能实现周期性停止的操作控制，需要用到连续标志位的知识点。

PLC 中的标志位是指 PLC 自身固化在其电路板内的内存系统数据区的变化映射。它可以反映 PLC 内部或用户程序的工作状态和控制信息，包括内部标志位、特殊标志位、中断标志位以及硬件检测和通信反馈等的标志位。西门子 PLC 中的"内部标志位"用英文字母 M 标记，作用相当于"内部继电器"，它用于寄存 PLC 程序的中间运算结果。在 PLC 程序中，内部标志位的内容可以随着程序的执行不断进行更新与改变。连续标志位是按用户程序要执行的功能划分的一种内部标志位，其作用是记录操作中的某个暂态动作，并把它保持下来。

【案例】 小车中间停的连续标志位的使用。

小车在工作台中自动往返运动，工作台两边和中间各有一个行程开关。按下起动按钮，小车在工作台中自动往返运动，按下停止按钮，小车碰到中间的行程开关后停在中间位置。按照控制要求列出输入/输出地址，输入有 6 个，分别是左右起动、停止按钮、左右及中间行程开关，依次分配 I0.0 ~ I0.5 的地址；输出有 2 个，即控制小车左、右行的接触器线圈，简称左行和右行，分别分配 Q0.0 和 Q0.1，见表 2-8。

表 2-8 小车中间停 I/O 地址分配表

输入		输出	
左起动按钮	I0.0	小车左行	Q0.0
右起动按钮	I0.1	小车右行	Q0.1
停止按钮	I0.2	—	—
左行程开关	I0.3	—	—
右行程开关	I0.4	—	—
中间行程开关	I0.5	—	—

图 2-21 所示为小车自动往返的梯形图程序。I0.2 是一个停止按钮，当按下停止按钮时，I0.2 得电，常闭触点会断开，切断左行或右行回路，小车立刻停止左行或右行。如果要小车实现中间停的效果，当按下停止按钮后，小车需要继续行驶，直到碰到中间行程开关后停下。显然这里直接用停止按钮是无法实现的，即 I0.2 的常闭触点无法实现此功能。

因此，引入一个内部标志位"M0.1"，用 M0.1 来代替 I0.2 停止的位置，当按下停止按钮后，M0.1 不会立刻得电，其常闭触点不会立刻断开，而是小车到中间位置后，碰到中间行程开关，M0.1 才得电，其常闭触点才断开，实现小车中间停的操作。

M0.1 的这条程序要怎么写呢？M0.1 得电要具备两个条件，一个是停止操作发出，I0.2 得电，另一个是小车碰到中间行程开关，I0.5 得电。因此，串联这两个条件，写出 M0.1 的这条程序。当按下停止按钮后，I0.2 得电，常开触点闭合，由于小车没在中间位置，I0.5 是断开状态，M0.1 线圈不得电，小车继续行驶；直到中间位置后，I0.5 得电，常开触点闭

```
CPU_输~:I0.0  CPU_输~:I0.1  CPU_输~:Q0.1  CPU_输~:I0.3  CPU_输~:I0.2  CPU_输~:Q0.0
    ┤├──────────┤/├──────────┤/├──────────┤/├──────────┤/├──────────(  )
    │
CPU_输~:Q0.0
    ┤├
    │
CPU_输~:I0.4
    ┤├


CPU_输~:I0.1  CPU_输~:I0.0  CPU_输~:Q0.0  CPU_输~:I0.4  CPU_输~:I0.2  CPU_输~:Q0.1
    ┤├──────────┤/├──────────┤/├──────────┤/├──────────┤/├──────────(  )
    │
CPU_输~:Q0.1
    ┤├
    │
CPU_输~:I0.3
    ┤├
```

图 2-21　小车自动往返的梯形图程序

合，M0.1 线圈得电，M0.1 常闭触点才断开，使左、右行线圈失电，小车停止。如果 I0.2 采集的是一个连续的输入量，比如 I0.2 连接的外部设备是一个开关，当开关被拨动，发出停止操作命令时，I0.2 的常开触点一直闭合，等待 I0.5 常开触点闭合这个条件满足，小车就能实现中间停的效果。如果 I0.2 连接的外部设备是一个按钮，I0.2 的常开触点不能持续闭合，即便小车到达中间位置，I0.5 的常开触点闭合，也无法保证 I0.2 和 I0.5 的条件同时满足，使 M0.1 得电，起到中间停的作用。这时，就需要引入一个连续标志位，把停止操作的暂态命令保存下来，等待 I0.5 的条件满足后，立刻执行中间停的操作。所以在这里引入连续标志位 M0.0，用 M0.0 来替换 I0.2 。

连续标志位 M0.0 可以让 I0.2 所连的按钮具备自锁功能，M0.0 可以保存 I0.2 的瞬态变化。在下一次按下起动按钮后，由于连续标志位 M0.0 的记忆没有被抹掉，就会导致小车一经过中间位置就停下来的情况，因此需要在小车起动后，消除中间停的连续标志位 M0.0 的记忆，即让 M0.0 失电。I0.0 和 I0.1 的常闭触点断开后，小车就能够经过中间位置而不发生中间停的情况。连续标志位程序如图 2-22 所示，相关视频请扫描二维码 2-13 观看。

```
CPU_输~:I0.2  CPU_输~:I0.0  CPU_输~:I0.1     M0.0
    ┤├──────────┤/├──────────┤/├──────────(  )
    │
  M0.0
    ┤├
```

图 2-22　连续标志位程序

2-13　连续标志位

【项目实施】

一、硬件电路设计与接线

1. 输入/输出的地址分配

输入有 5 个，分别是起动按钮、停止按钮和 3 个液位传感器；输出有 4 个，分别是控制液体 A 的电磁阀 YV1、控制液体 B 的电磁阀 YV2、控制混合液体 C 的电磁阀 YV3 和搅拌电动机 M，分别按表 2-9 所示进行 I/O 地址分配，I/O 地址分配不是固定的，一定要和硬件接线匹配。

表 2-9 液体混合装置 I/O 地址分配表

输入		输出	
起动按钮	I0.0	YV1	Q0.0
停止按钮	I0.1	YV2	Q0.1
SL1	I0.2	YV3	Q0.2
SL2	I0.3	搅拌电动机 M	Q0.3
SL3	I0.4	—	—

2. 硬件模拟接线图

模拟接线中，液体混合装置的输出设备用指示灯代替，电源替换为 DC 24V，如图 2-23 所示。5 个输入分别和对应的地址相连，另一端接到 L+，S7-200 SMART PLC 第一组输入的公共端 1M 和 DC 24V 电源的负极相连。由于是模拟接线，输出量的 3 个电磁阀和 1 个搅拌电动机用 4 个指示灯来代替，指示灯亮表明对应输出接通。指示灯的另一端相连后接 DC 24V 电源负极，电源正极接第一组输出的公共端 1L。相关视频请扫描二维码 2-14 观看。

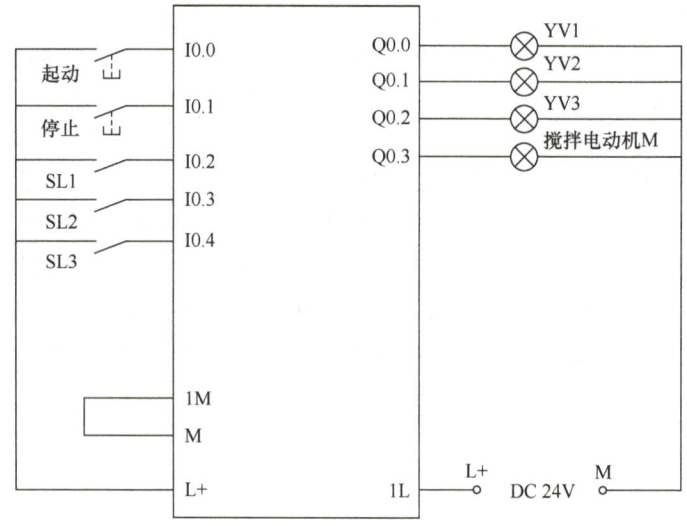

2-14 混合装置——硬件接线

图 2-23 液体混合装置 PLC 模拟接线图

二、液体混合装置 PLC 梯形图程序设计

1. 顺序功能图的绘制

根据项目的控制要求,在不考虑停止的情况下,液体混合装置的工作过程分为注入液体 A、注入液体 B、搅拌、放出混合后的液体、彻底放空共五步,每步之间的连接为本步到下一步的条件,如图 2-24a 所示的单序列顺序功能图。

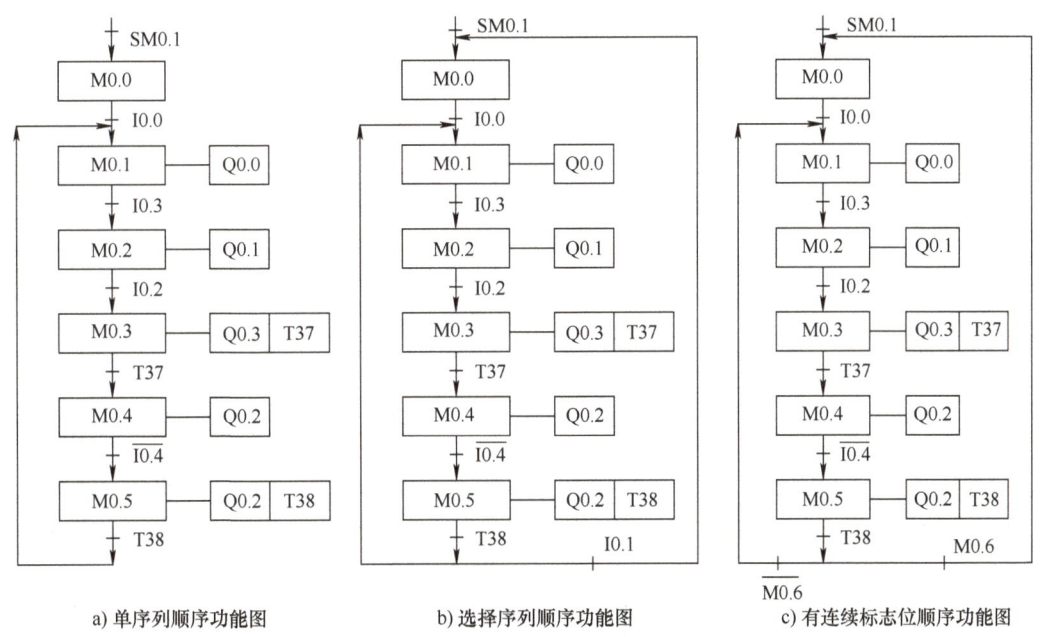

图 2-24 液体混合装置 PLC 控制顺序功能图

图 2-24a 所示的顺序功能图无法实现周期性停止的操作,液体混合装置要实现周期性停止操作,需要修改顺序功能图。如果采用图 2-24b 所示的顺序功能图,能否实现周期性停止?显然也是不行的,原因有两点。第一点,I0.1 的输入地址硬件连接的是一个按钮,按钮被按下是个短暂的过程,在任何一步,当停止按钮被按下又松开时,I0.1 的发生条件不满足,不会跳转至初始步 M0.0。第二点,如果 I0.1 连接的是一个开关,或者恰巧在 T38 定时时间到时停止按钮被按下,程序也不会跳转到 M0.0,因为选择序列具有择一而选的特性,M0.5 两个后续步的条件没有相互制约性,系统会优先跳转到 M0.1 这一步。因此,在这里必须要引入连续标志位,完善的顺序功能图如图 2-24c 所示。液体搅拌混合 PLC 控制顺序功能图的绘制方法请扫描二维码 2-15 观看。

2-15 液体混合功能图绘制

2. 液体搅拌混合 PLC 控制梯形图程序设计

液体搅拌混合 PLC 控制梯形图程序如图 2-25 所示,程序的设计方法请扫描二维码 2-16 观看。

三、液体搅拌混合 PLC 控制调试

液体搅拌混合 PLC 控制装置,有 3 个电磁阀,YV1、YV2 是注入阀门,YV3 是排出阀

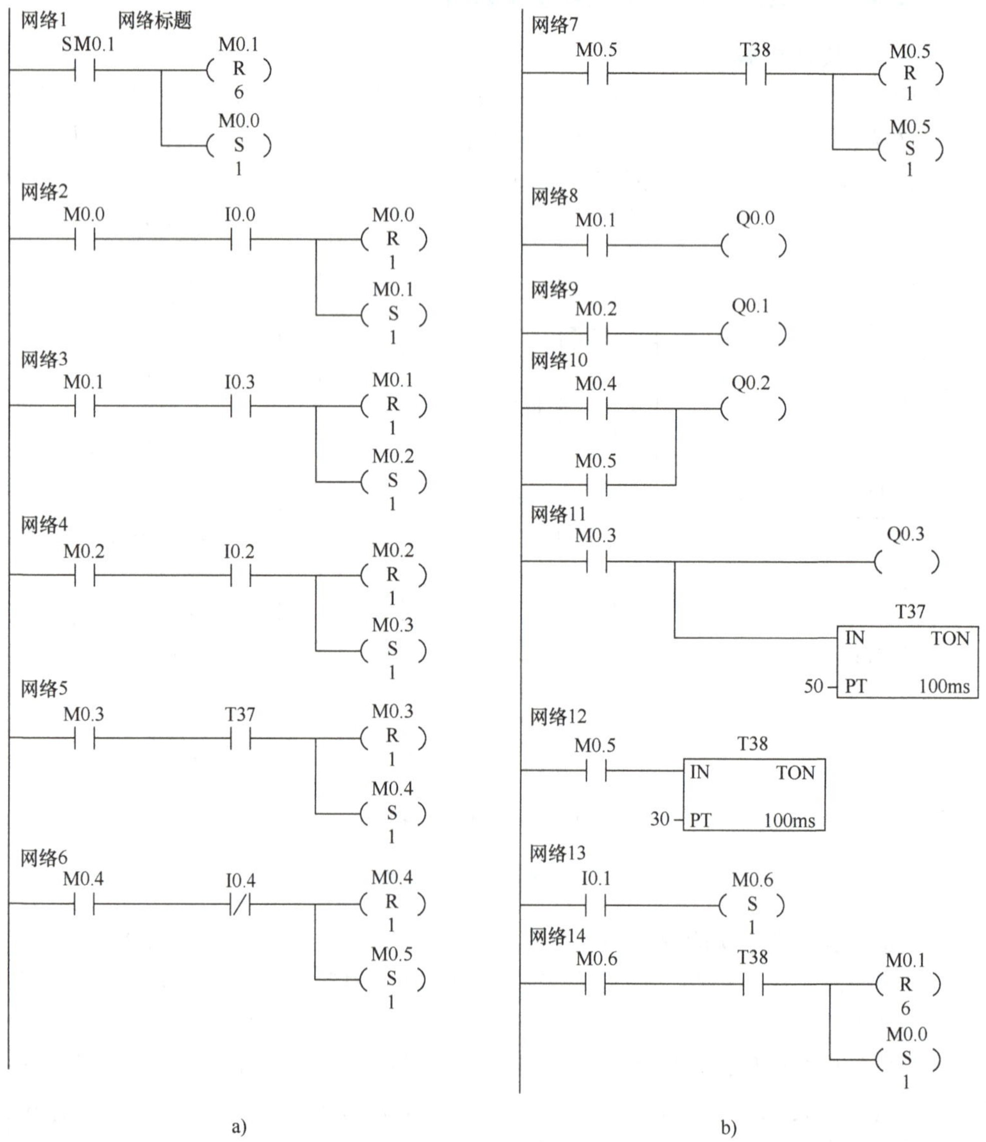

图 2-25 液体搅拌混合装置 PLC 梯形图程序

2-16 液体混合梯形图程序设计

门。液体 A 与液体 B 分别由电磁阀 YV1、YV2 控制注入，混合后的液体 C 由电磁阀 YV3 控制排出，电磁阀得电，阀门打开，电磁阀断电，阀门关闭。M 为搅拌电动机，用于液体的混合搅拌。SB1 为起动按钮，SB2 为停止按钮。设备配置高分辨率的光电液位传感器，严格控制液体 A、B 的比例。SL1、SL2、SL3 分别为低、中、高液位传感器，液位高于传感器时接通，液位低于传感器时断开。该装置可进行连续自动循环混合搅拌工作，还能实现周期性停止操作控制。

【随堂测试】

1. 将程序输入到计算机后，首先要进行（　　），确保程序正确无误。
   A. 调试　　　　　B. 上传　　　　　C. 编译　　　　　D. 下载
2. 在进行液体混合装置 PLC 控制系统调试时，液位上升到高液位后，下一步的工作状态为（　　）。
   A. 电动机搅拌　　B. 加入液体 A　　C. 加入液体 B　　D. 停止工作
3. 使用顺序控制设计法进行液体混合装置 PLC 控制系统设计时，共包括（　　）步。
   A. 2　　　　　　B. 4　　　　　　C. 6　　　　　　D. 8
4. 当液位下降到低于液位传感器时，液位传感器的状态值（　　）。
   A. 由 0 变 1　　B. 由 1 变 0　　C. 不变　　　　　D. 不确定
5. 下列说法不正确的是（　　）。
   A. 当按下停止按钮后，液体混合装置完成当前工作周期后方可停止
   B. 当混合后的液体流出至低液位传感器后，系统延时一段时间，是为了彻底排空液体
   C. 当液位达到高液位后，电动机开始搅拌
   D. 连续标志位只能是 M0.6

【笔记与练习区】

【项目工单】

专业：		
课程：可编程控制器应用技术 项目：液体搅拌混合 PLC 系统设计	姓名： 班级：	日期： 成绩：

一、控制要求

使用 S7-200 SMART PLC 和必要的按钮、液位开关、接触器、电磁阀等电器元件实现对液体混合装置 PLC 控制的接线、程序设计、系统模拟调试等。

二、实施过程

1. 填写 I/O 地址分配表（表 2-10）

表 2-10　I/O 地址分配表

输入设备	输入地址	输入功能	输出设备	输出地址	输出功能

2. 硬件接线图（图 2-26）

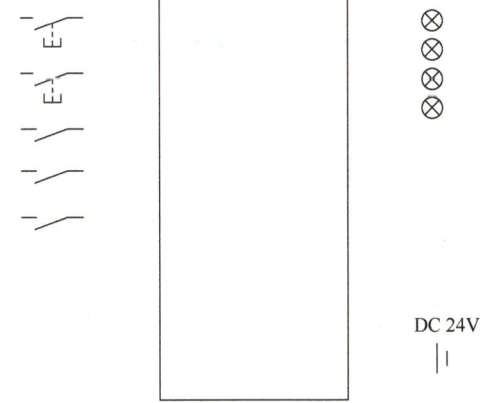

DC 24V

图 2-26　硬件接线任务图

3. 设计梯形图程序

4. 记录检查调试现象（表2-11）

表2-11　检查调试记录表

检查项目	检查内容	检查方法	检查结果
硬件安装	1. 元件是否按要求安装到位？	查阅硬件接线图	
	2. 元件是否有连接不到位的情况？	检查硬件连接处的接线情况	
	3. 元件是否实现控制要求？	检查系统运行状态	
程序编写	1. 程序输入是否正确？	查看梯形图程序	
	2. 程序是否实现控制要求？	进行程序状态监控	

存在的其他问题：

【考核评分表】

项目名称		考核时间				接线	编程	调试	讲解
学生班级		小组成员		考核角色					
小组组别									
学生姓名									
过程考核	小组考核任务	分值	个人考核承担任务	学生自评	小组互评	教师评价	小组得分	个人得分	
	接线	20							
	编程	20							
	调试	20							
	讲解	20							
	过程成绩合计	80							
职业素养考核	个人加分考核	分值	个人考核承担任务	学生自评	组长打分	教师评价	个人得分		
	工单认真严谨	5							
	团队精神	5							
	8S 管理	5							
	拓展创新	5							
	职业素养成绩	20							
教师签字:			综合成绩:						

项目四　剪板机 PLC 系统设计

【项目引入】

剪板机（图2-27）是装备制造企业中常用的机械设备之一，近年来，为顺应市场需求，满足不同的加工场景，新型剪板机层出不穷。有的剪板机能够精确用于金属板材开封校线；有的能够分档进行快速剪切；有的操作简单，采用液压和气动控制；有的能加工坚硬的金属板材和非金属板材。在本项目中，我们将一起来学习剪板机的工作过程和控制方法。相关视频请扫描二维码2-17观看。

2-17　剪板机引入

图 2-27　剪板机实物图

【项目描述】

剪板机工作示意图如图 2-28 所示，一块板料被切割成 5 小块。压钳和剪刀分别在上限位 I0.0 和 I0.1 压合，按下起动按钮，板料右行，碰到右限位开关 I0.3 后停止右行。接着压钳开始下行，按住板料，压力继电器 I0.4 得电后，剪刀开始下行，剪断板料后 I0.2 得电，压钳和剪刀同时上行，上行到位后，板料又开始右行，直到剪完 3 次后，系统停止。控制要求及分析视频请扫描二维码 2-18 观看。

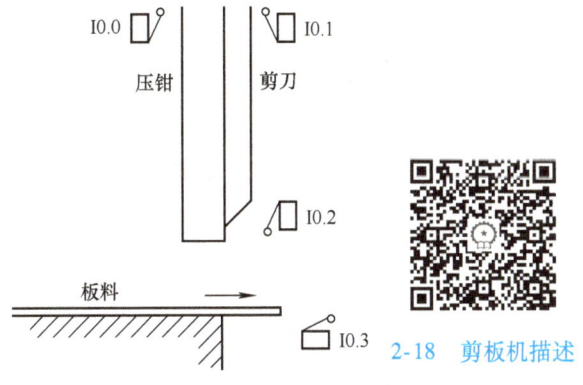

图 2-28　剪板机工作示意图

2-18　剪板机描述

【学习目标】

1）掌握并行序列顺序功能图的绘制方法。
2）掌握计数器指令在顺序功能图中的使用方法。
3）掌握以转换为中心和起保停的编程方法在并行序列中的应用。

【素养目标】

1）崇德向善、诚实守信、爱岗敬业，具有精益求精的工匠精神。
2）具有良好的职业道德和职业素养。
3）具有较强的集体意识和团队合作精神，能够进行有效的人际沟通和协作。

【相关知识】

一、并行序列顺序功能图

并行序列的顺序功能图如图 2-29 所示，当步 10 活动时，条件 i 满足，会同时转到步 11 和步 13。步 11 和步 13 是并行序列的分支处，这两步同时活动，且满足各自的条件转到各自的下一步，互不干扰。步 11 活动，条件 j 满足，转到步 12；步 13 活动，条件 k 满足，转到步 14。步 12 和步 14 是并行序列的合并处，只有步 12 和步 14 同时活动，且条件 m 满足时，转到后续步 15。

二、并行序列编程方法

并行序列编程时，重点是考虑分支处和合并处的各步该如何编写程序。如图 2-30 所示的并行序列顺序功能图，步 M0.1 和 M0.3 是并行序列的分支，它们同时活动，且有同一个前级步 M0.0，但有各自不同的后续步（M0.1 的后续步为 M0.2，M0.3 的后续步为 M0.4）。用起保停编程法编程时，M0.1 和 M0.3 这两步的程序如图 2-31 所示。

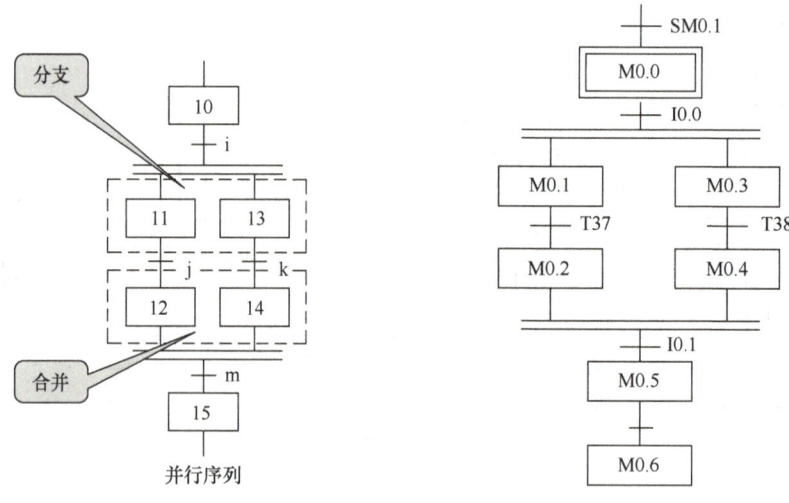

图 2-29 并行序列顺序功能图示例（1）　　图 2-30 并行序列顺序功能图示例（2）

对于合并处的编程，M0.2 和 M0.4 同时活动后，合并为 M0.5 这一步。按照起保停的编程方法，程序如图 2-32 所示。M0.2 和 M0.4 这两步是并行序列的合并处，M0.2 和 M0.4 都活动并且条件 I0.1 满足，转到步 M0.5。

在并行序列分支处，用以转换为中心的编程法编程时，同时活动的两步 M0.1 和 M0.3 可以同时置位，并且复位前级步 M0.0 即可，程序如图 2-33 所示。

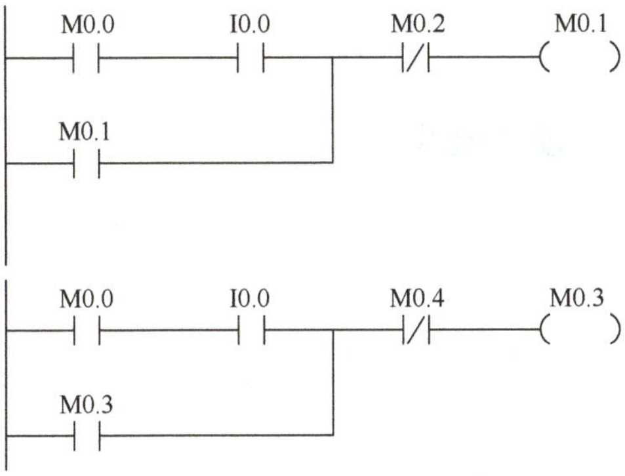

图 2-31　并行序列分支处程序图

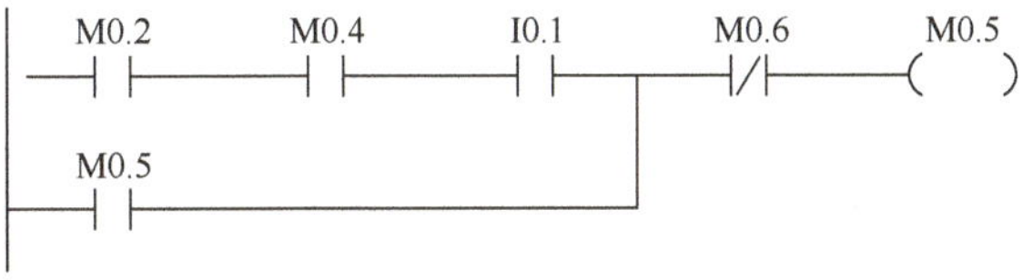

图 2-32　并行序列合并处程序图

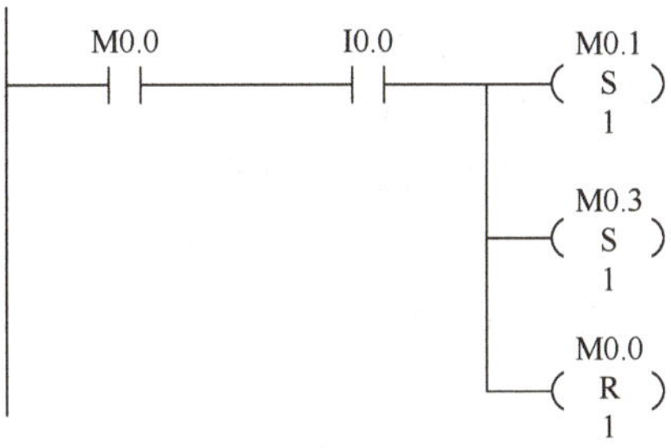

图 2-33　以转换为中心并行序列分支处编程

在并行序列的合并处，用以转换为中心的方法编程时，M0.2 和 M0.4 同时活动，条件 I0.1 满足，可以让后续步 M0.5 置位，并且 M0.2 及 M0.4 同时复位，程序如图 2-34 所示。并行序列的顺序功能图相关内容请扫描二维码 2-19 观看。

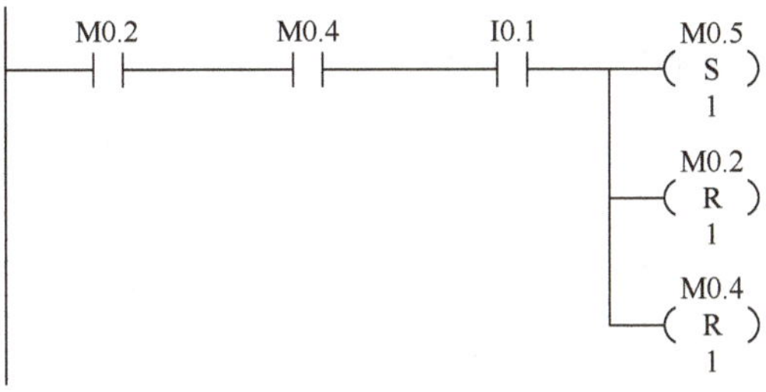

图 2-34　以转换为中心并行序列合并处编程

2-19　并行序列的顺序功能图

【项目实施】

一、剪板机 PLC 控制硬件接线

根据项目描述的内容,对系统进行硬件接线设计,剪板机 PLC 控制系统的输入有 6 个,输出有 5 个,其 PLC 的 I/O 地址分配见表 2-12。

表 2-12 剪板机 PLC 控制 I/O 地址分配表

输入		输出	
I0.0	压钳上限位 BG1	Q0.0	板料右行
I0.1	剪刀上限位 BG2	Q0.1	压钳下行
I0.2	剪断板料 BG3	Q0.2	剪刀下行
I0.3	右限位开关 BG4	Q0.3	压钳上行
I0.4	压力继电器	Q0.4	剪刀上行
I1.0	起动按钮 SF	—	—

硬件接线时,如图 2-35 所示,压钳和剪刀上限位开关对应的地址 I0.0 和 I0.1 接拨动开关,并打到 ON 的状态,剪断板料开关、板料的右限位开关、压力继电器分别对应 I0.2、I0.3 和 I0.4 的地址,接拨动开关,并打到 OFF 的状态,I1.0 接起动按钮的常开触点,所有输入设备的公共端接 DC 24V 电源的正极 L+,1M 接 M,输入电路接线就完成了。对于有外置电源和模拟接线插孔的模块,也可以将外置电源正极和模块输入公共端 COM 相连,外置电源负极和 1M 相连。硬件接线视频请扫描二维码 2-20 观看。

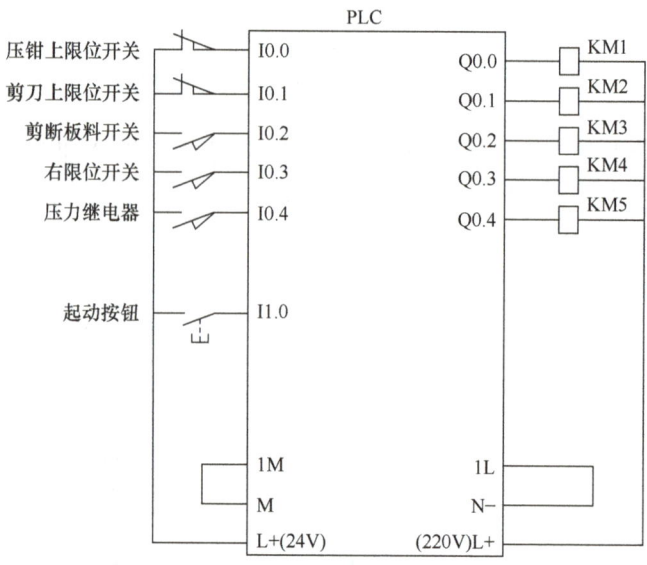

图 2-35 剪板机硬件接线图

2-20 剪板机 PLC 硬件接线

二、剪板机顺序功能图的绘制

剪板机 PLC 控制的顺序功能图如图 2-36 所示,在顺序功能图中,用 SM0.1 激活 M0.0,当按下起动按钮时,需保证压钳和剪刀上行到位,板料开始右行。板料碰到右限位开关,停止右行,压钳开始下行。因此,由 M0.0 转到 M0.1 的条件是 I0.0(压钳上行到位)、I0.1(剪刀上行到位)和 I1.0(起动按钮)这三个输入量,缺一不可。M0.1 这一步的动作是 Q0.0(板料右行)。由 M0.1 转到 M0.2 的条件是 I0.3(右限位开关),动作是 Q0.1(压钳下行)。当压钳压紧板料后,压力继电器得电,剪刀开始下行,剪断板料后,I0.2 位置开关接通,压钳和剪刀同时上行。因此,由 M0.2 转到 M0.3 的条件是 I0.4(压力继电器得电),M0.3 这一步的动作是 Q0.1 和 Q0.2。当 I0.2 接通时,压钳和剪刀同时上行,M0.4(压钳上行)和 M0.5(剪刀上行)同时活动,开始并行序列的分支。在此并行序列中,同时活动的两个步互不干扰,各自执行。当压钳上升到位时,I0.0 接通,当剪刀上行到位时,I0.1 接通,所以,M0.4 转到 M0.6 的条件是 I0.0,M0.5 转到 M0.7 的条件是 I0.1。当 M0.6 和 M0.7 这两步都活动后,表明压钳和剪刀都已上行到位,转到下一步 M1.0,并且计数一次。计数不足设定次数,转到 M0.1,计数足够则转到 M0.0,等待下一次装料起动。剪板机顺序功能图的绘制过程请扫描二维码 2-21 观看。

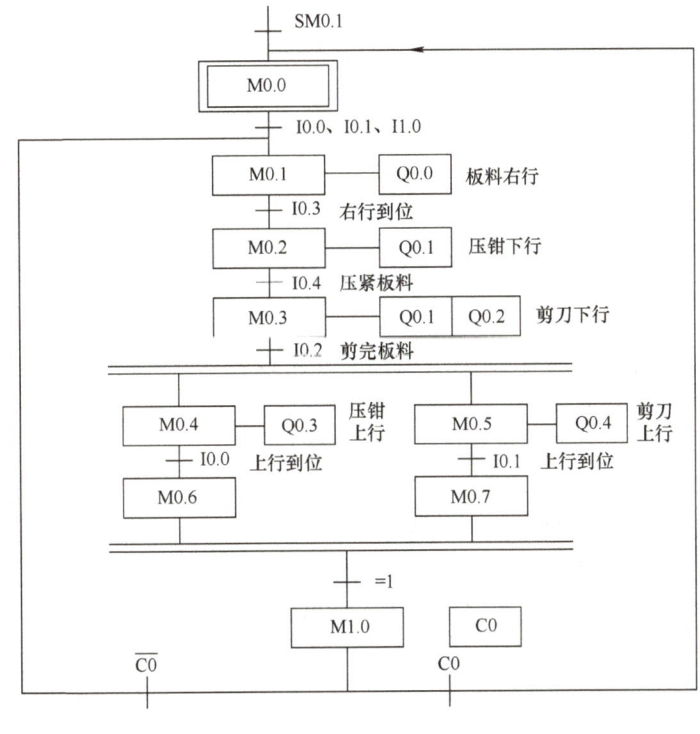

图 2-36 剪板机 PLC 控制顺序功能图

2-21 剪板机顺序控制设计

三、剪板机 PLC 控制程序编写

根据顺序功能图,按照起保停编程方法或者以转换为中心的编程方法,都可以写出对应的梯形图程序，程序具体指令形式不一样，功能完全一样。图 2-37 所示为用起保停的编程方法编写的梯形图程序，编写过程视频请扫描二维码 2-22 观看。以转换为中心的编程法，请同学们自行实践。

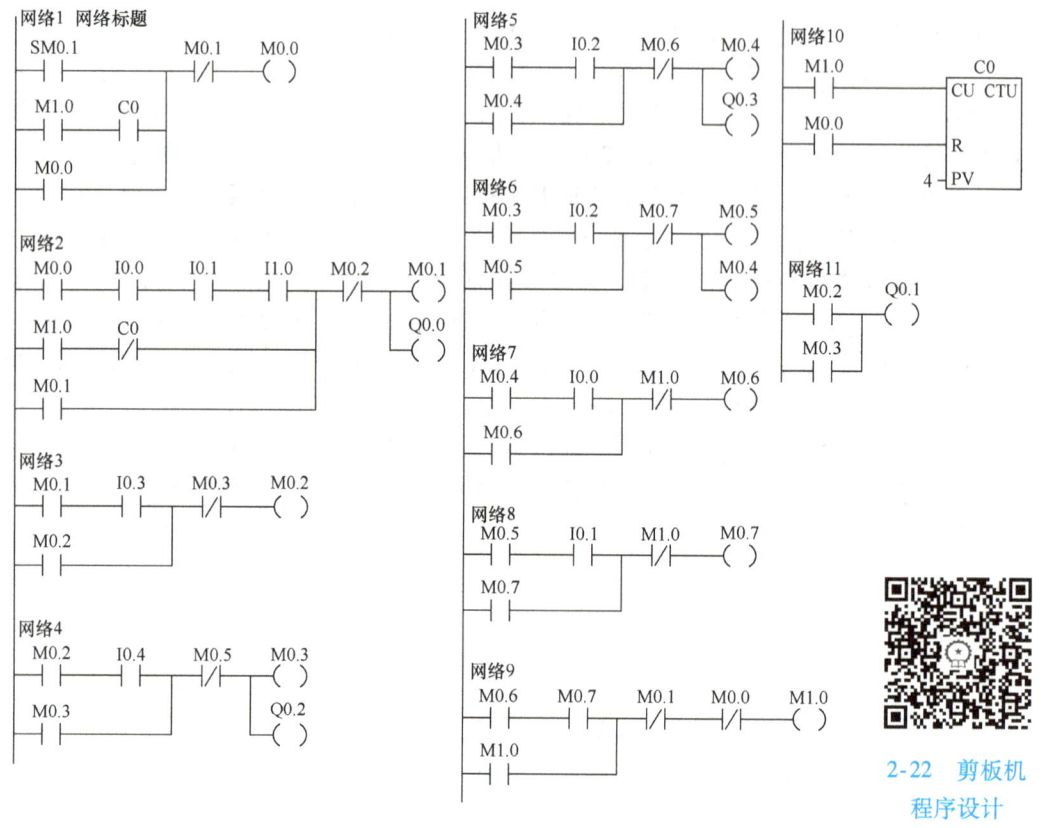

图 2-37 剪板机起保停梯形图程序

2-22 剪板机程序设计

【随堂测试】

1. 在构成顺序功能图的所有步中，（　　）步可以表示待机或停止状态。
   A. 初始　　　　B. 分支　　　　C. 汇合　　　　D. 最终
2. （多选）下载程序时如提示错误，原因可能是（　　）。
   A. 通信电缆未连接　B. 端口选择不当　C. PLC 未通电　D. 非法操作
3. 若 PLC 电源未接通，将无法下载程序。（　　）
   A. 正确　　　　B. 错误
4. 请同学们用以转换为中心的编程方法，写出本项目的梯形图程序。

【笔记与练习区】

【项目工单】

专业：		
课程：可编程控制器应用技术 项目：剪板机 PLC 系统设计	姓名： 班级：	日期： 成绩：

一、控制要求

使用 S7-200 SMART PLC 和必要的按钮、接触器、限位开关、继电器等电器元件设计剪板机 PLC 系统。

二、实施过程

1. 填写 I/O 地址分配表（表 2-13）

表 2-13 I/O 地址分配表

输入设备	输入地址	输入功能	输出设备	输出地址	输出功能

2. 完善硬件接线图（图 2-38）

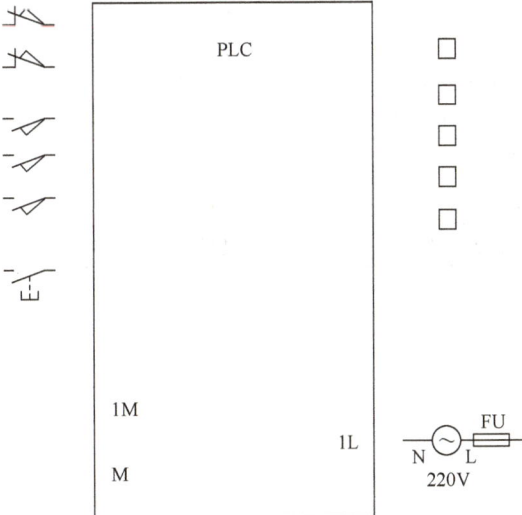

图 2-38 硬件接线任务图

3. 设计梯形图程序（以转换为中心的编程方法）

4. 记录检查调试现象（表 2-14）

表 2-14　检查调试记录表

检查项目	检查内容	检查方法	检查结果
硬件安装	1. 元件是否按要求安装到位？	查阅硬件接线图	
	2. 元件是否有连接不到位的情况？	检查硬件连接处的接线情况	
	3. 元件是否实现控制要求？	检查系统运行状态	
程序编写	1. 程序输入是否正确？	查看梯形图程序	
	2. 程序是否实现控制要求？	进行程序状态监控	

存在的其他问题：

【考核评分表】

项目名称		考核时间			接线	编程	调试	讲解
学生班级		小组成员		考核角色				
小组组别								
学生姓名								

	小组考核任务	分值	个人考核承担任务	学生自评	小组互评	教师评价	小组得分	个人得分
过程考核	接线	20						
	编程	20						
	调试	20						
	讲解	20						
	过程成绩合计	80						

	个人加分考核	分值	个人考核承担任务	学生自评	组长打分	教师评价	个人得分
职业素养考核	工单认真严谨	5					
	团队精神	5					
	8S 管理	5					
	拓展创新	5					
	职业素养成绩	20					

教师签字:		综合成绩:	

项目五　全自动洗衣机 PLC 系统设计

【项目引入】

学生小王是酒店管理专业学生，在学校宾馆做实习服务员，负责把床单、被罩、毛巾等换新、打包、装车。这天中午下课后，他走进宾馆，正好有司机师傅来收待洗物品，小王向司机师傅问道："这么多床单被罩，一个洗衣机能放下吗？你们要用多少台洗衣机？要几个人同时工作啊？"司机说："我听说啊，现在都是工业化洗衣机，容量大，全自动，效率高着呢"。

小王摸摸脑袋，"什么是工业洗衣机，用什么控制啊？"司机说："那你得问问老师了，他才是专业的。"小王找到自己的专业课老师询问，老师说："说到洗衣机，我们都不陌生，早在 19 世纪人类就已经发明出洗衣机了，可以说洗衣机这种产品的发明创造是工业发展的结晶，给人们的日常生活带来了极大的便利。随着社会的进步、科技的发展，全自动多功能洗衣机已经早在人们生活中普及。随着工业技术日益成熟，我们已经利用现有技术开发出了具有商业用途的多功能型工业大容量洗衣机，实现衣物的大批洗涤，主要用于宾馆、酒店、学校宿舍这些需要洗衣量大、洗衣次数频繁的地方。"工业洗衣机具有运行平稳、洗涤效果好、容量大、故障少、可靠性高、噪声低、寿命长等特点。本项目以全自动洗衣机为载体，将 PLC 控制融入其中，理论与实践相结合，从而帮助同学们系统、轻松地学习更多的顺序控制方法和知识。工业洗衣机实物图如图 2-39 所示，工业洗衣机相关应用及学习内容分析请扫描二维码 2-23 观看。

2-23　洗衣机引入

图 2-39　工业洗衣机实物图

【项目描述】

全自动洗衣机接通电源后，按下起动按钮，洗衣机开始进水。当水位达到高水位时，停止进水并开始正向洗涤。正向洗涤 3s 以后，停止 1s，然后开始反向洗涤，反向洗涤 3s 以后，停止 1s，如此循环运行。当正向洗涤和反向洗涤满 4 次时，开始排水，当水位降低到低水位时，开始脱水，并且继续排水。脱水 10s 后，就完成一次从进水到脱水的大循环过程。然后进入下一次大循环过程。当大循环的次数满 3 次时，进行洗完报警。报警维持 5s，结束全部过程，洗衣机自动停机。相关动画请扫描二维码 2-24 观看。

2-24　洗衣机动画

【学习目标】

1) 掌握顺序控制设计法。
2) 掌握洗衣机顺序功能图的组成结构。
3) 掌握 SCR 顺序控制类指令。
4) 掌握 SCR 的编程方法。

【素养目标】

1) 崇德向善、诚实守信、爱岗敬业,具有精益求精的工匠精神。
2) 具有良好的职业道德和职业素养。
3) 具有较强的集体意识和团队合作精神,能够进行有效的人际沟通和协作。

【相关知识】

顺序控制指令编程法(步进指令编程法)

顺序控制类指令 SCR 有步开始指令(LSCR)、步转换指令(SCRT)以及步结束指令(SCRE)。步开始指令为步开始的标志,该步的状态元件(语句表中 n 或者梯形图中问号位置所写的元件地址)置 1 时该步执行。步转换指令又称为步转移指令,当使能输入端有效时,关断本步,进入顺序控制状态元件所指的下一步,该指令由转换条件的接点起动,n 或者问号位置所写的元件地址为下一步顺序控制状态元件。步结束指令是步结束的标志,直接在母线下使用,见表 2-15。

表 2-15 顺序控制指令格式

LAD	STL	功能
??.? SCR	LSCR n	步开始指令,为步开始的标志,该步状态元件置 1 时,执行该步
??.? —(SCRT)	SCRT n	步转移指令,使能有效时,关断本步,进入下一步。该指令由转换条件的接点起动,n 为下一步的顺序控制状态元件
—(SCRE)	SCRE n	步结束指令,为步结束的标志

顺序控制指令在编程软件中指令树下的程序控制类指令中,图 2-40 所示为顺序控制指令在 S7-200 SMART PLC 中的位置。

用起保停或以转换为中心的编程方法,各步是以位存储器 M 的状态元件来表示。使用顺序控制指令编程,必须使用顺序控制存储器 S 的状态元件来表示,并且每一步都采用固定的四个步骤来编程,如图 2-41 所示。

1) 步的开始,用步的开始指令,S0.1 表示开始的是哪一步,即开始步的编号。
2) 步的动作,表示该步应该执行的输出。由于线圈指令不能在母线下直接相连,通常会在中间加一个特殊功能存储器 SM0.0,它表示一个常闭触点。就如同接触器的线圈不能直接接在 AC 220V 电源上一样,加 SM0.0 的触点只是为了符合编程的语法规则。
3) 步的转换,当使能输入端有效后,用步的转换指令转到下一步,并将下一步置 1。

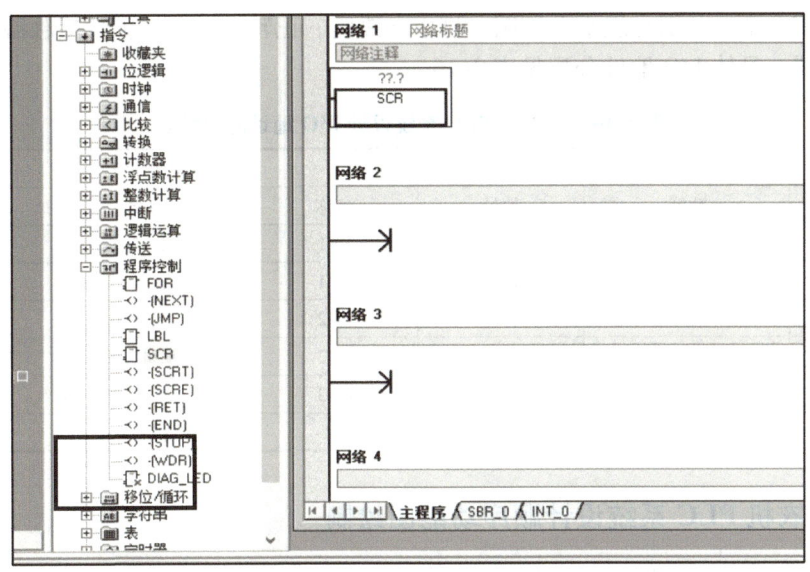

图 2-40　顺序控制指令位置

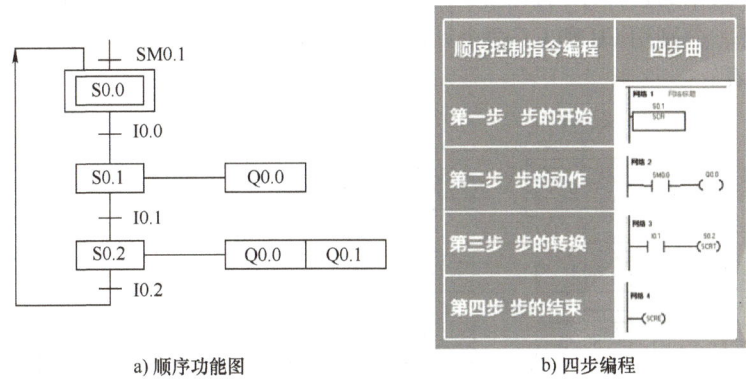

a) 顺序功能图　　　　　　　　　b) 四步编程

图 2-41　SCR 四步编程示意图

4）步的结束，当条件满足时，转到下一步，该步结束。

单序列、选择序列和并行序列的 SCR 编程方法请扫描二维码 2-25 ~ 2-27 观看。

2-25　单序列 SCR 编程

2-26　选择序列 SCR 程序

2-27　并行序列 SCR 程序

【项目实施】

一、全自动洗衣机 PLC 系统设计 I/O 地址的分配

根据项目描述内容，全自动洗衣机的输入有 3 个，分别是高、低水位检测开关以及起动

按钮；输出有 6 个，分别是进水电磁阀、排水电磁阀、正转接触器、反转接触器、脱水接触器以及报警器。具体 I/O 地址分配见表 2-16。

表 2-16　洗衣机 PLC 系统设计 I/O 地址的分配表

输入信号			输出信号		
名称	功能	地址	名称	功能	地址
SB1	起动按钮	I0.0	YV1	进水电磁阀	Q0.0
L1	高水位检测开关	I0.1	KM1	正转	Q0.1
L2	低水位检测开关	I0.2	KM2	反转	Q0.2
—	—	—	YV2	排水电磁阀	Q0.3
—	—	—	KM3	脱水	Q0.4
—	—	—	HA	报警	Q0.5

二、洗衣机 PLC 系统设计顺序功能图绘制

用顺序控制指令编程时，顺序功能图要用特定的顺序控制元件 S 来表示。洗衣机 PLC 控制系统是一个典型的选择序列，有两个循环，一是正反转的 4 次小循环，二是由进水到脱水的 3 次大循环，分别用 C0 和 C1 两个计数器进行计次，如图 2-42 所示。相关视频请扫描二维码 2-28 观看。

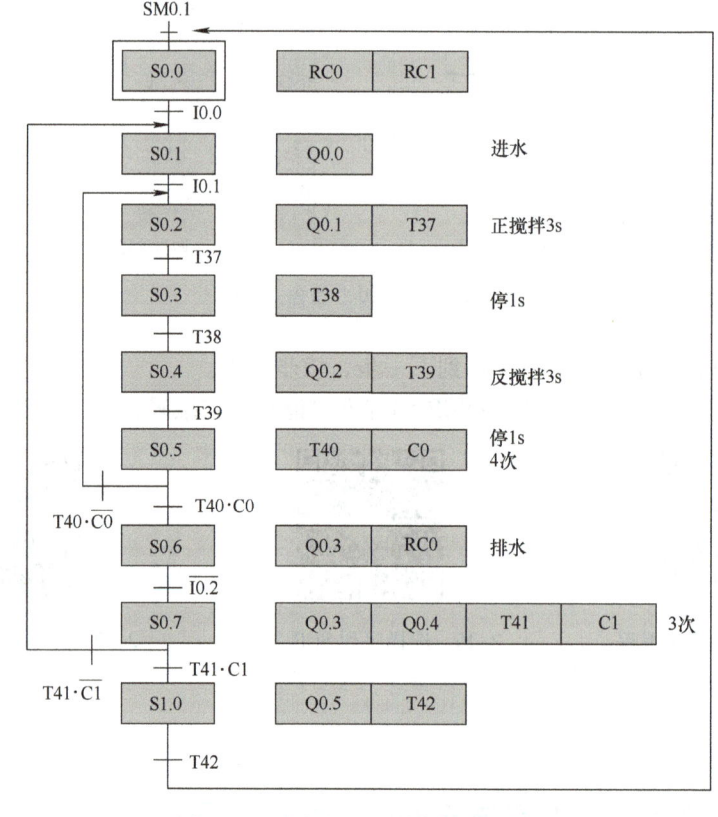

图 2-42　洗衣机 PLC 控制顺序功能图

2-28　洗衣机顺序功能图

三、洗衣机 PLC 控制系统程序设计

按照顺序控制指令的四步编程法,将顺序功能图中的每一步都写成步的开始、步的动作、步的转换和步的结束这四条固定的程序指令,程序如图 2-43 所示。

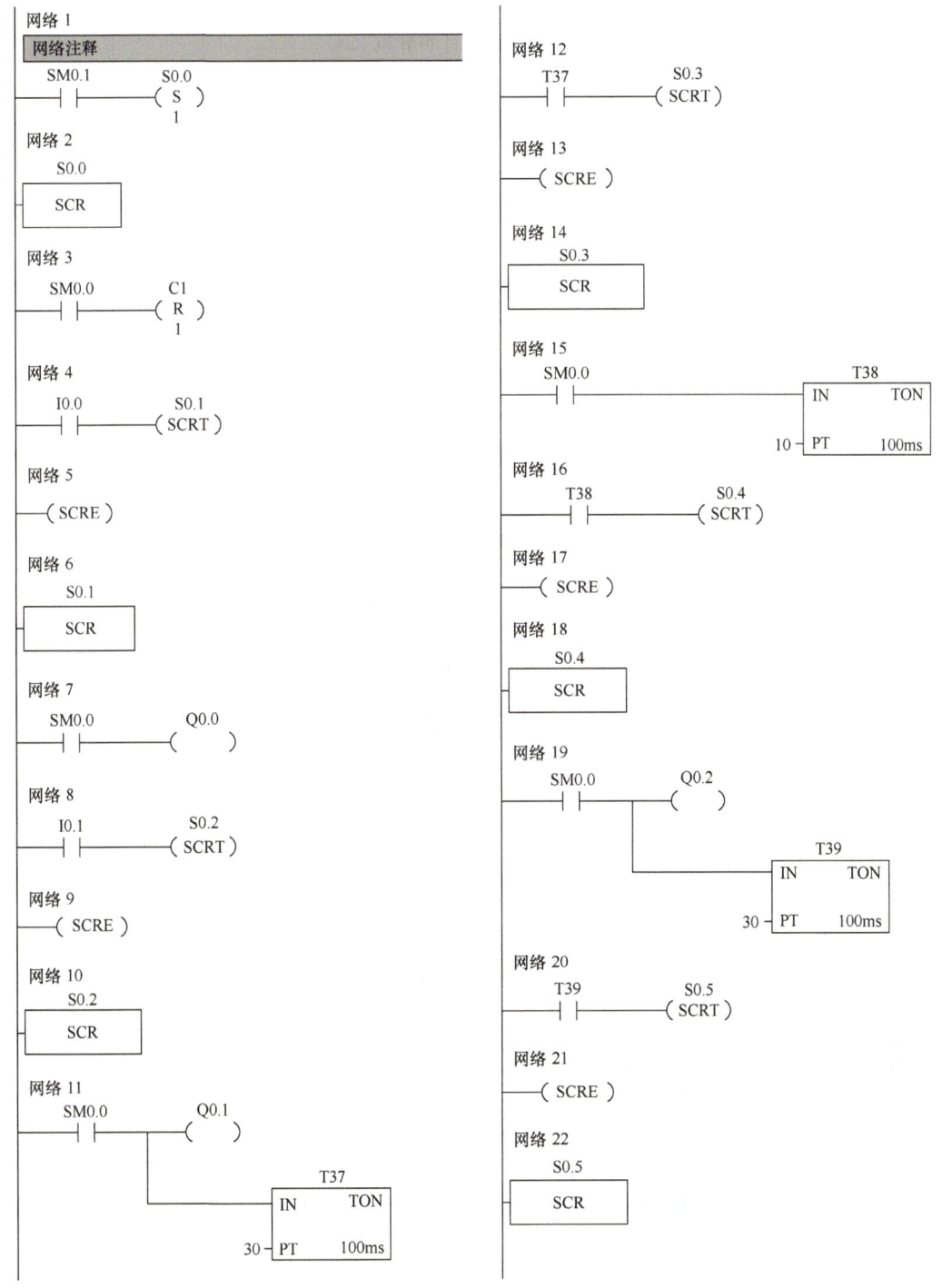

图 2-43　洗衣机 PLC 控制 SCR 指令程序

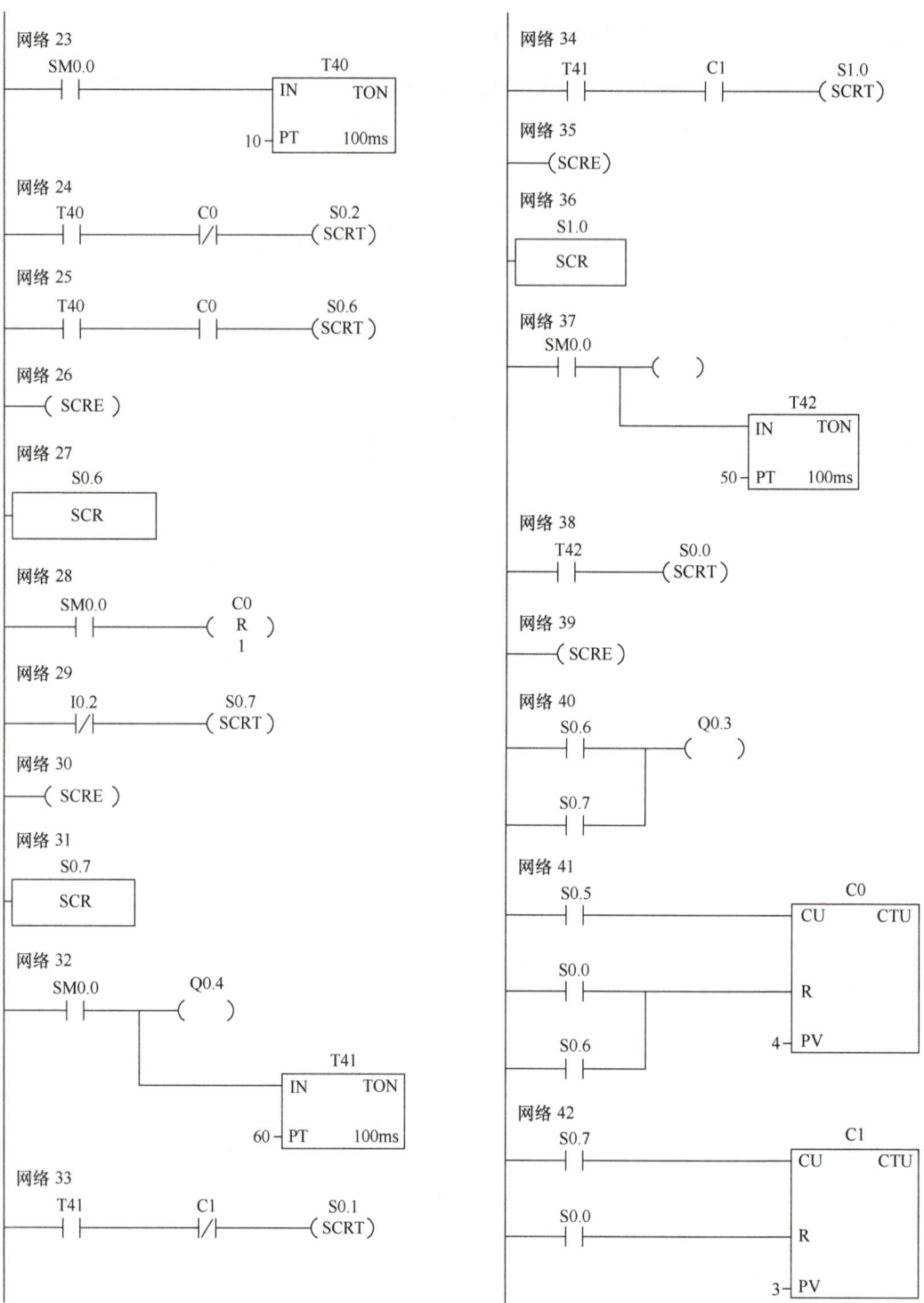

图 2-43 洗衣机 PLC 控制 SCR 指令程序（续）

四、洗衣机 PLC 控制模拟调试

1. 模拟系统硬件接线

按照 I/O 地址分配表，洗衣机的输入有 3 个，起动按钮和高、低水位检测开关。将洗衣机的输入/输出设备接到相应的 I/O 端口，如图 2-44 所示。模拟系统硬件接线请扫描二维码 2-29 观看。

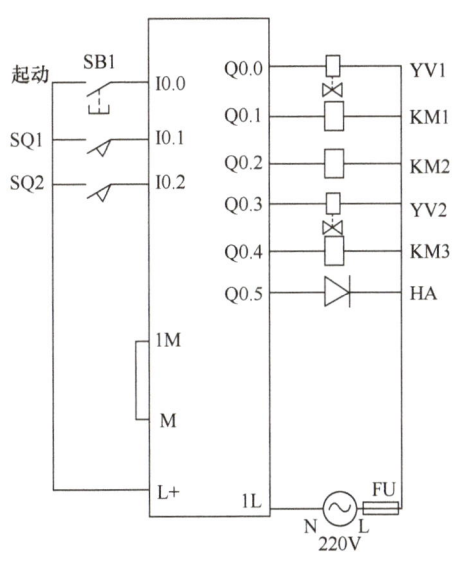

2-29 洗衣机模拟接线

图 2-44 洗衣机 PLC 控制硬件接线图

2. 模拟系统调试

在编程软件中编辑好程序后下载到 PLC，单击软件运行按钮，把 PLC 切换到运行工作模式。按下起动按钮 SB1 后，进水指示灯亮起，表示洗衣机开始进水。随着水位的上升，依次接通低、高水位检测开关，洗衣机正反转模拟输出指示灯亮起，表示洗衣机开始正反转搅拌，循环 4 次后，跳出小循环，开始排水，此时手动松开高水位检测开关，模拟水排出的过程。然后松开低水位检测开关，模拟水位已经到下限，水位下降到低水位，排水脱水一起进行，经过 5s 的时间延迟，进水指示灯亮起，又开始一次从进水到脱水的大循环，经过如上的洗衣过程，大循环 3 次以后，洗衣机开始蜂鸣，整个洗衣过程结束，具体调试过程请扫描二维码 2-30 观看。

2-30 洗衣机模拟调试

【随堂测试】

1. 计数器 C0 要在（　　）这一步清零。
   A. S0.3　　　　B. S0.4　　　　C. S0.5　　　　D. S0.6
2. 全自动洗衣机的程序控制中要用到几个计数器？（　　）
   A. 1　　　　　B. 2　　　　　C. 3　　　　　D. 4
3. 洗衣机顺序功能图中，为了确保小循环计数器 C0 在使用时是清零的状态，还可以在（　　）步加上清零 C0 的动作。

A. S0.3　　　　　　B. S0.4　　　　　　C. S0.5　　　　　　D. S0.6

4. 顺序控制类指令中，SCRT 是（　　）。

A. 步的开始　　　　B. 步的动作　　　　C. 步的转换　　　　D. 步的结束

5. 洗衣机的顺序功能图是（　　）。

A. 单序列顺序功能图　　　　　　　　B. 选择序列顺序功能图

C. 并行序列顺序功能图　　　　　　　D. 混合顺序功能图

【笔记与练习区】

【项目工单】

专业：			
课程：可编程控制器应用技术 项目：全自动洗衣机 PLC 系统设计	姓名：	日期：	
	班级：	成绩：	

一、控制要求

使用 S7-200 SMART PLC 和洗衣机模拟模块实现对全自动洗衣机 PLC 控制的接线、程序设计和模拟调试。

二、实施过程

1. 填写 I/O 地址分配表（表 2-17）

表 2-17 I/O 地址分配表

输入设备	输入地址	输入功能	输出设备	输出地址	输出功能

2. 完善硬件接线图（图 2-45）

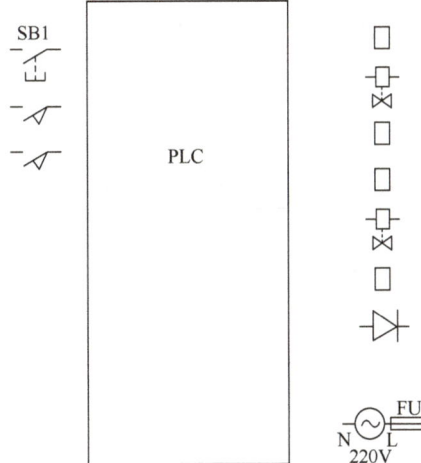

图 2-45 硬件接线任务图

3. 设计梯形图程序（可用多种方法设计）

4. 记录检查调试现象（表2-18）

表2-18 检查调试记录表

检查项目	检查内容	检查方法	检查结果
硬件安装	1. 元件是否按要求安装到位？	查阅硬件接线图	
	2. 元件是否有连接不到位的情况？	检查硬件连接处的接线情况	
	3. 元件是否实现控制要求？	检查系统运行状态	
程序编写	1. 程序输入是否正确？	查看梯形图程序	
	2. 程序是否实现控制要求？	进行程序状态监控	

存在的其他问题：

【考核评分表】

项目名称		考核时间				接线	编程	调试	讲解
学生班级		小组成员			考核角色				
小组组别									
学生姓名									
过程考核	小组考核任务	分值	个人考核承担任务	学生自评	小组互评	教师评价	小组得分	个人得分
	接线	20						
	编程	20						
	调试	20						
	讲解	20						
	过程成绩合计	80						
职业素养考核	个人加分考核	分值	个人考核承担任务	学生自评	组长打分	教师评价		个人得分
	工单认真严谨	5						
	团队精神	5						
	8S 管理	5						
	拓展创新	5						
	职业素养成绩	20						
教师签字:			综合成绩:					

模块三 功能指令模块

【科技兴国篇】

2022年11月29日23时08分，中国西北大漠深处，橘红色的火箭尾焰划破茫茫夜空，神舟十五号载人飞船在长征二号F运载火箭的托举下，如白色巨龙一飞冲天。11月30日7时33分，神舟十五号3名航天员顺利进驻中国空间站。

这是注定载入中国航天事业史册的时刻。神舟十五号载人飞行任务是中国空间站建造阶段的最后一棒，这一飞是携载着梦想再出发的新起点。2012年的这一天恰是中国梦提出的时候，2012年11月29日，习近平总书记率领新一届中央领导集体参观国家博物馆复兴之路展览，向全世界展示了中华民族伟大复兴的中国梦。时隔半年多，2013年6月24日，在与神舟十号三名航天员"天地通话"时，习近平充满深情地说："航天梦是强国梦的重要组成部分。随着中国航天事业快速发展，中国人探索太空的脚步会迈得更大、更远"。强国梦从中国人爱国奉献、自强不息的代代传承中一步一步坚定走来。同学们要向神舟飞船背后的那些时代楷模学习，学习就从现在开始。

项目一 倒计时PLC系统设计

【项目引入】

随着"10，9，8，…，3，2，1"的倒计时口令，北京时间2022年6月5日10时44分07秒，搭载神舟十四号载人飞船的长征二号火箭在酒泉卫星发射中心点火发射。一代代航天人在浩瀚太空留下越来越多中国身影，全体中国人民也在共同见证中华民族的航天强国梦想。

神舟十四号载人飞船发射时采用的倒计时方法，也可以用PLC实现。相关视频请扫描二维码3-1观看。

3-1 九秒倒计时引入

【项目描述】

用PLC实现倒计时控制，要求按下开始按钮后，数码管显示9，然后每秒递减，减到0时停止。无论何时按下停止按钮，数码管显示当前数值，再次按下开始按钮，数码管依然从数字9开始递减。其控制要求示意图如图3-1所示，视频请扫描二维码3-2观看。

151

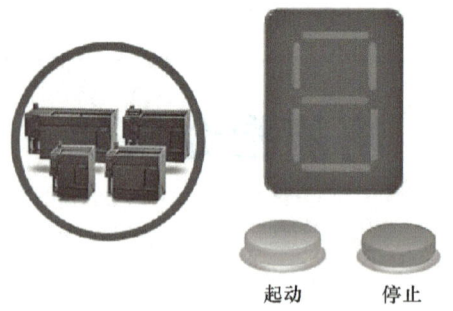

3-2 九秒倒计时动画演示

图3-1 九秒倒计时控制系统示意图

【学习目标】

1）能使用算术运算指令编写应用程序。
2）能使用段译码指令编写应用程序。
3）能灵活运用七段数码管的三种驱动方法。

【素养目标】

1）崇德向善、诚实守信、爱岗敬业，具有精益求精的工匠精神。
2）具有良好的职业道德和职业素养。
3）具有较强的集体意识和团队合作精神，能够进行有效的人际沟通和协作。

【相关知识】

一、指令盒

在西门子S7-200 SMART PLC中用方框表示某些指令，这些方框称为指令盒，也称为功能块，如图3-2所示。EN称为"使能端"，指令盒的使能端信号有效时，即有能流流过时，该指令盒被执行。如果功能块在EN处有能流，且执行时无错误，则ENO可以将能流传给下一个元件。如果执行有错误，则能流在出现错误的功能块终止。

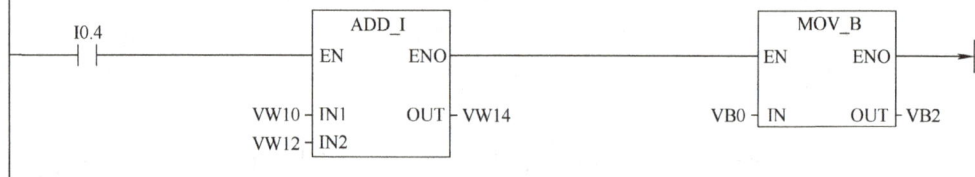

图3-2 指令盒

二、数据传送指令

数据传送指令用来在各存储单元之间传送一个或多个数据，传送过程中数据值保持不变。根据每次数据传输的多少，可以分为单一传送指令和数据块传送指令。为了实现在同一个字内高、低位字节的交换，PLC还提供字节交换指令。

1. 单一数据传送指令的梯形图及语句表

单一数据传送指令包括字节、字、双字和实数传送指令，其梯形图及语句表见表3-1。

字节传送（MOV_B）、字传送（MOV_W）、双字传送（MOV_DW）和实数传送（MOV_R）指令在不改变原值的情况下，在传送使能信号 EN =1 时，将 IN 中的值传送到 OUT 中。

表 3-1　单一数据传送指令的梯形图及语句表

梯形图	语句表	指令名称
MOV_B　EN ENO　????-IN OUT-????	MOVB IN, OUT	字节传送指令
MOV_W　EN ENO　????-IN OUT-????	MOVW IN, OUT	字传送指令
MOV_DW　EN ENO　????-IN OUT-????	MOVD IN, OUT	双字传送指令
MOV_R　EN ENO　????-IN OUT-????	MOVR IN, OUT	实数传送指令

其中字传送指令的应用如图 3-3 所示，当常开触点 I0.0 接通时，有信号流流入 MOVW 指令的使能输入端 EN，字传送指令将十六进制数 C0F2，不经过任何改变传送到输出过程映像寄存器 QW0 中。

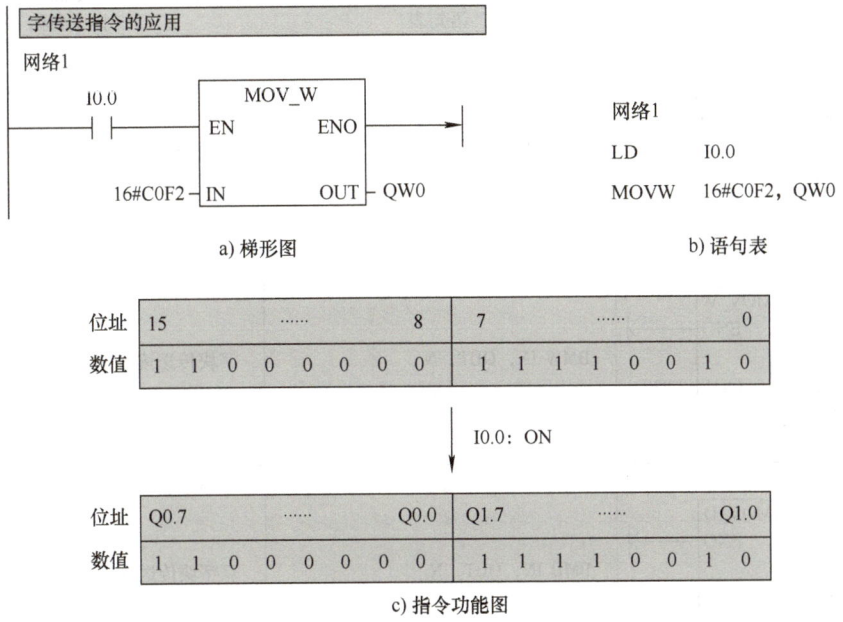

图 3-3　字传送指令的应用

单一数据传送指令的操作数范围见表3-2。

表3-2 单一数据传送指令的操作数范围

指令	输入或输出	操作数
字节传送指令	IN	IB、QB、VB、MB、SMB、SB、LB、AC、*VD、*LD、*AC、常数
	OUT	IB、QB、VB、MB、SMB、SB、LB、AC、*VD、*LD、*AC
字传送指令	IN	IW、QW、VW、MW、SMW、SW、T、C、LW、AC、AIW、*VD、*AC、*LD、常数
	OUT	IW、QW、VW、MW、SMW、SW、T、C、LW、AC、AQW、*VD、*AC、*LD
双字传送指令	IN	ID、QD、VD、MD、SMD、SD、LD、HC、&IB、&QB、&VB、IN &MB、&SMB、&SB、&T、&C、&AIW、&AQW、AC、*VD、*AC、*LD、常数
	OUT	ID、QD、SD、MD、SMD、VD、LD、AC、*VD、*LD、*AC
实数传送指令	IN	ID、QD、SD、MD、SMD、VD、LD、AC *VD、*LD、*AC、常数
	OUT	ID、QD、SD、MD、SMD、VD、LD、AC、*VD、*LD、*AC

2. 数据块传送指令

数据块传送指令可用来一次传送多个（最多255个）数据，数据块类型可以是字节块、字块和双字块，其梯形图和语句表见表3-3。其功能是在传送运行信号 EN = 1 的条件下，把从输入端子 IN 为起点位置的 N 个相应数据类型的数据传送到 OUT 开始的 N 个对应数据类型的存储单元中。

表3-3 数据块传送指令的梯形图及语句表

梯形图	语句表	指令名称
BLKMOV_B EN ENO ????－IN OUT－???? ????－N	BMB IN, OUT, N	字节块传送读指令
BLKMOV_W EN ENO ????－IN OUT－???? ????－N	BMW IN, OUT, N	字块传送读指令
BLKMOV_D EN ENO ????－IN OUT－???? ????－N	BMD IN, OUT, N	双字块传送读指令

数据块传送指令的应用见表 3-4。当 I0.0 为 1 时，把从输入字节 VB10 开始的 5 个字节型数据传送到从 VB40 开始的 5 个字节存储单元。

表 3-4 数据块传送指令应用

梯形图	语句表
I0.0 —┤├— BLKMOV_B (EN ENO, VB10—IN OUT—VB40, 5—N)	LD　I0.0 BMB　VB10, VB40, 5

数据块传送指令的操作数寻址范围见表 3-5。

表 3-5 数据块传送指令的操作数寻址范围

指令	输入或输出	操作数
字节块传送指令	IN	IB、QB、VB、MB、SMB、SB、LB、AC、*VD、*LD、*AC
	OUT	
	N	IB、QB、VB、MB、SMB、SB、LB、AC、*VD、*LD、*AC、常数
字块传送指令	IN	IW、QW、VW、MW、SMW、SW、LW、AIW、AQW、AC、HCT、C、*VD、*LD、*AC
	OUT	
	N	IB、QB、VB、MB、SMB、SB、LB、AC、*VD、*LD、*AC、常数
双字块传送指令	IN	ID、QD、VD、MD、SMD、SD、LD、AC、*VD、*LD、*AC
	OUT	
	N	IB、QB、VB、MB、SMB、SB、LB、AC、*VD、*LD、*AC、常数

三、算术运算指令

算术运算指令主要包括整数、双整数和实数的加、减、乘、除、加 1、减 1 指令，还包括整数乘法产生双整数指令和带余数的整数除法指令。

1. 加法运算指令

加法运算指令的梯形图及语句表见表 3-6。

表 3-6 加法运算指令的梯形图及语句表

梯形图	语句表	指令名称
ADD_I (EN ENO, ????—IN1 OUT—????, ????—IN2)	+I　IN1, OUT	整数加法指令

（续）

梯形图	语句表	指令名称
ADD_DI EN ENO ????─IN1 OUT─???? ????─IN2	+D IN1, OUT	双整数加法指令
ADD_R EN ENO ????─IN1 OUT─???? ????─IN2	+R IN, OUT	实数加法指令

在梯形图中，整数、双整数、实数的加法指令执行的运算是 IN1 + IN2 = OUT；在语句表中，整数、双整数、实数的加法指令执行的运算是 IN1 + OUT = OUT。

表 3-7 是整数加法指令的具体应用，实现的是存放在 VW10 和 VW20 里的整数相加后，又存放到 VW20 中的功能。因为 IN2 处的地址和 OUT 处的地址相同，故在"+I"语句表指令的第二个操作数的位置放置 VW20，可实现梯形图中的加法功能。

表 3-7 整数加法指令应用例子

梯形图	语句表

I0.0   ADD_I
──┤├──┤EN ENO├──
     VW10─┤IN1 OUT├─VW20
     VW20─┤IN2
	LD I0.0
	+I VW10, VW20

2. 减法运算指令

减法运算指令的梯形图及语句表见表 3-8。

表 3-8 减法运算指令的梯形图及语句表

梯形图	语句表	指令名称
SUB_I EN ENO ????─IN1 OUT─???? ????─IN2	-I IN, OUT	整数减法指令
SUB_DI EN ENO ????─IN1 OUT─???? ????─IN2	-D IN1, OUT	双整数减法指令
SUB_R EN ENO IN1 OUT IN2	-R IN1, OUT	实数减法指令

在梯形图中，整数、双整数、实数的减法指令执行的运算是 IN1 – IN2 = OUT；在语句表中，整数、双整数、实数的减法指令执行的运算是 OUT – IN1 = OUT。

表 3-9 是减法指令的具体应用，实现的功能是用 AC1 中存放的实数减去 AC0 中存放的实数，再把得到的实数放到 AC1 中。因为 IN1 处的地址和 OUT 处的地址相同，故在"– R"语句表指令的第二个操作数的位置放置 AC1，可实现梯形图中的减法功能。加减运算指令动画请扫描二维码 3-3 观看。

3-3 加、减运算指令

表 3-9 减法指令应用例子

梯形图	语句表
I0.0 — SUB_R — EN ENO / AC1 — IN1 OUT — AC1 / AC0 — IN2	LD I0.0 – R AC0，AC1

3. 乘法运算指令

乘法运算指令的梯形图和语句表见表 3-10。

表 3-10 乘法运算指令的梯形图和语句表

梯形图	语句表	指令名称
MUL_I EN ENO / ???? — IN1 OUT — ???? / ???? — IN2	*I IN1 OUT	整数乘法指令
MUL_DI EN ENO / ???? — IN1 OUT — ???? / ???? — IN2	*D IN OUT	双整数乘法指令
MUL_R EN ENO / ???? — IN1 OUT — ???? / ???? — IN2	*R IN OUT	实数乘法指令
MUL EN ENO / ???? — IN1 OUT — ???? / ???? — IN2	MUL IN. OUT	整数乘法产生双整数指令

在梯形图中,整数、双整数、实数的乘法指令执行的运算是 IN1 * IN2 = OUT;在语句表中,整数、双整数、实数的乘法指令执行的运算是 IN1 * OUT = OUT。

表 3-11 是乘法运算指令的具体应用,值得注意的是,此处的 IN2(VD20)与 OUT(VD100)不使用同一地址单元。操作时,要先用 MOVR 指令将 IN1(注意:不是 IN2)传送到 OUT,再执行乘法操作。

表 3-11 乘法运算指令的应用例子

梯形图	语句表
MUL_R EN ENO ???? - IN1 OUT - ???? ???? - IN2	LD 10.0 MOVR AC1, VD100 *R VD20, VD100

在乘法运算指令中,考虑到乘法运算的积要比乘数的位数高这一情况,设计了整数乘法产生双整数指令,也称为完整整数乘法指令,它是将两个 16 位的符号整数 IN1 和 IN2 相乘,产生一个 32 位双整数结果 OUT。

对于完全整数乘法指令,如果使用的是梯形图,其运算的结果是 IN1 * IN2→OUT;如果使用的是语句表,通常 IN2 与 OUT 的低位字(16 位)共用一个地址单元,执行结果为 IN1 * OUT→OUT。

4. 除法运算指令

除法运算指令的梯形图和语句表见表 3-12。

表 3-12 除法运算指令的梯形图和语句表

梯形图	语句表	指令名称
DIV_I EN ENO IN1 OUT IN2	/I IN1, OUT	整数除法指令
DIV_DI EN ENO IN1 OUT IN2	/D IN1, OUT	双整数除法指令
DIV_R EN ENO IN1 OUT IN2	/R IN1, OUT	实数除法指令
DIV EN ENO IN1 OUT IN2	DIV IN1, OUT	带余数的整数除法指令

在梯形图中,整数、双整数、实数的除法指令执行的运算是 IN1/IN2 = OUT;在语句表中,整数、双整数、实数的除法指令执行的运算是 OUT/IN1 = OUT。

表 3-13 是除法运算指令的具体应用,此处的 IN1 和 OUT 使用同一地址单元 VD200,在语句表指令"/R"中,第二操作数位置放置 VD200,可实现梯形图中的除法功能。

表 3-13 除法运算指令的应用例子

梯形图	语句表
I0.0—DIV_R:EN ENO / VD200—IN1 OUT—VD200 / VD10—IN2	LD I0.0 /R VD10,VD200

在除法运算指令中,考虑到除法运算后还有余数问题这一情况,设计了带余数的整数除法指令,也称为完整整数除法指令,它是将两个 16 位整数相除,产生一个 32 位的结果,其中高 16 位为余数,低 16 位为商。

对于完全整数除法指令,如果使用的是梯形图,其运算的结果是 IN1/IN2→OUT;如果使用的是语句表,通常 IN1 与 OUT 的低位字(16 位)共用一个地址单元,执行结果为 OUT/IN1→OUT。

5. 加 1 运算指令

在梯形图中,字节、字、双字的加 1 指令执行的运算是 IN1 + 1 = OUT;在语句表中,字节、字、双字的加 1 指令执行的运算是 OUT + 1 = OUT。加 1 运算指令的梯形图和语句表见表 3-14。

表 3-14 加 1 运算指令的梯形图和语句表

梯形图	语句表	指令名称
INC_B:EN ENO / ????—IN OUT—????	INCB IN	字节加 1 指令
INC_W:EN ENO / ????—IN OUT—????	INCW IN	字加 1 指令
INC_DW:EN ENO / ????—IN OUT—????	INCD IN	双字加 1 指令

6. 减1运算指令

在梯形图中，字节、字、双字的减1指令执行的运算是 IN1 – 1 = OUT；在语句表中，字节、字、双字的减1指令执行的运算是 OUT – 1 = OUT。减1运算指令的梯形图和语句表见表 3-15。加1和减1指令动画请扫描二维码 3-4 观看。

3-4 加1、减1指令

表 3-15 减1运算指令的梯形图和语句表

梯形图	语句表	指令名称
DEC_B EN　ENO IN　OUT	DECB IN	字节减1指令
DEC_W EN　ENO IN　OUT	DECW IN	字减1指令
DEC_DW EN　ENO IN　OUT	DECD IN	双字减1指令

在使用算术运算指令运算后，会对特殊寄存器的一些位产生影响。因此，在执行完这些指令后，可以查看特殊寄存器里面的这些位的值，从而判断计算的结果是否正确。

算数运算指令的使用说明如下：

1）算术运算指令执行结果将影响特殊存储器 SM 中的 SM1.0（零）、SM1.1（溢出）、SM1.2（负）、SM1.3（除数为0）。

2）若运算结果超出允许的范围，溢出位置1。

3）若在乘除法操作中溢出位置1，则运算结果不写到输出，且其他状态位均清零。

4）若除法操作中，除数为0，则其他状态位不变，操作数也不改变。

5）字节加1和减1操作是无符号的，字和双字的加1和减1操作是有符号的。

算术运算指令的操作数范围见表 3-16。

表 3-16 算数运算指令的操作数范围

指令	输入或输出	操作数
整数加、减、乘、除指令	IN1、IN2	IW、OW、VW、MW、SMW、SW、LW、AIW、AC、T、C、*VD、*LD、*AC、常数
	OUT	IW、OW、VW、MW、SMW、SW、LW、AC、T、C、*VD、*LD、*AC

（续）

指令	输入或输出	操作数
双整数加、减、乘、除指令	IN1、IN2	ID、QD、VD、MD、SMD、SD、LD、AC、HC、*VD、*LD、*AC、常数
	OUT	ID、QD、VD、MD、SMD、SD、LD、AC、*VD、*LD、*AC
实数加、减、乘、除指令	IN1、IN2	ID、OD、VD、MD、SMD、SD、LD、AC、*VD、*LD、*AC、常数
	OUT	ID、QD、VD、MD、SMD、SD、LD、AC、*VD、*LD、*AC
整数乘法产生双整数指令和带余数的整数除法	IN1、IN2	IW、OW、VW、MW、SMW、SW、LW、AIW、AC、T、C、*VD、*LD、*AC、常数
	OUT	ID、QD、VD、MD、SMD、SD、LD、AC、*VD、*LD、*AC
字节加1和减1指令	IN	IB、OB、VB、MB、SMB、SB、LB、AC、*VD、*LD、*AC、常数
	OUT	IB、OB、VB、MB、SMB、SB、LB、AC、*VD、*LD、*AC
字加1和减1指令	IN	IW、OW、VW、MW、SMW、SW、LW、AIW、AC、T、C、*VD、*LD、*AC、常数
	OUT	IW、QW、VW、MW、SMW、SW、LW、AC、T、C、*VD、*LD、*AC
双字加1和减1指令	IN	ID、QD、VD、MD、SMD、SD、LD、AC、HC、*VD、*LD、*AC、常数
	OUT	ID、OD、VD、MD、SMD、SD、LD、AC、*VD、*LD、*AC

7. 段译码指令

段（Segment）译码指令 SEG 将输入字节（IN）的低 4 位确定的十六进制数（16#0 ~ 16F）转换，生成点亮七段数码管各段的代码，并送到输出字节（OUT）指定的变量中。七段数码管上的 a ~ g 段分别对应于输出字节的第 0 位 ~ 第 6 位，某段应点亮时输出字节中对应的位为 1，反之为 0。段译码指令的梯形图和语句表见表 3-17，七段译码转换见表 3-18。

表 3-17 段译码指令的梯形图和语句表

梯形图	语句表	指令名称
SEG EN ENO IN OUT	SEG IN, OUT	段译码指令

表 3-18 七段译码转换表

输入的数据		七段码组成	输出的数据							七段码显示
十六进制	二进制		a	b	c	d	e	f	g	
16#00	2#0000 0000		1	1	1	1	1	1	0	0
16#01	2#0000 0001		0	1	1	0	0	0	0	1
16#02	2#0000 0010		1	1	0	1	1	0	1	2
16#03	2#0000 0011		1	1	1	1	0	0	1	3
16#04	2#0000 0100		0	1	1	0	0	1	1	4
16#05	2#0000 0101		1	0	1	1	0	1	1	5
16#06	2#0000 0110		1	0	1	1	1	1	1	6
16#07	2#0000 0111		1	1	1	0	0	0	0	7
16#08	2#0000 1000		1	1	1	1	1	1	1	8
16#09	2#0000 1001		1	1	1	0	0	1	1	9
16#0A	2#0000 1010		1	1	1	0	1	1	1	A
16#0B	2#0000 1011		0	0	1	1	1	1	1	b
16#0C	2#0000 1100		1	0	0	1	1	1	0	C
16#0D	2#0000 1101		0	1	1	1	1	0	1	d
16#0E	2#0000 1110		1	0	0	1	1	1	1	E
16#0F	2#0000 1111		1	0	0	0	1	1	1	F

段译码指令的具体应用如图 3-4 所示。当 I0.0 接通时，段译码指令运行，把输入端 IN 对应的数字显示在数码管上，对应的语句表指令是用 SEG 指令实现。段译码指令相关视频请扫描二维码 3-5 观看。

3-5 段译码指令

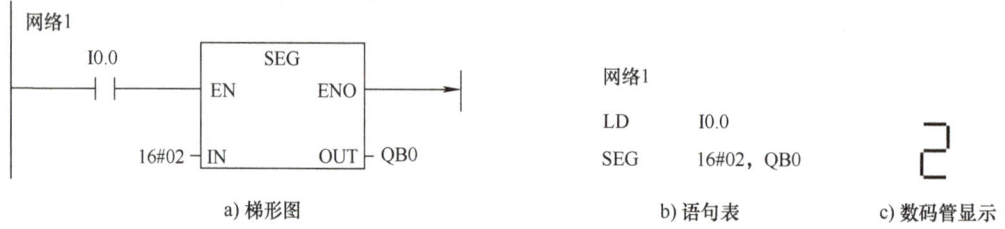

图 3-4 段译码指令的应用

【项目实施】

根据项目描述的内容可知,输入量有 1 个开始按钮和 1 个停止按钮;输出量为 1 个数码管,占用 7 个 PLC 的输出端。倒计时功能可用定时器、计数器和运算指令来实现,即每隔1s 计数器增加 1,然后用数字 9 减去计数器中的内容,当定时到 9s 时停止计数。

一、倒计时 PLC 控制系统硬件电路接线

1. 倒计时 PLC 控制系统 I/O 地址分配

根据项目描述,对 I/O 地址进行分配,见表 3-19。

表 3-19 倒计时 PLC 控制 I/O 地址分配表

输入		输出	
输入地址	输入元件	输出地址	输出元件
I0.0	起动按钮 SB1	Q0.0~Q0.6	数码管 a~f 段
I0.1	停止按钮 SB2	—	—

2. PLC 硬件原理图

根据控制要求及表 3-19 所示的 I/O 地址分配表,可绘制倒计时控制硬件原理图,如图 3-5所示。本项目选择的是共阴极型的数码管。

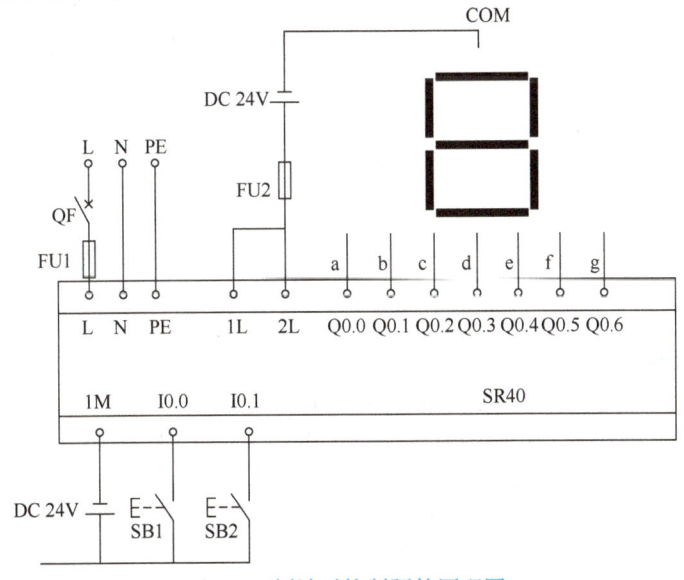

图 3-5 倒计时控制硬件原理图

PLC 的硬件原理图包括三部分,分别是供电电路部分、输入电路部分和输出电路部分。在供电电路部分,给 S7-200 SMART PLC 接入 AC 220V 电源并接地。在输入电路部分,起动按钮 SB1 和停止按钮 SB2(一般用常开触点)分别按照 I/O 地址分配方案,分别接输入端口 I0.0 和 I0.1,起动按钮 SB1 和停止按钮 SB2 的另外一端接到一起,和 I0.0、I0.1 的公共端 1M 之间接入 DC 24V 电源(接入电源的类型和电压由起动按钮 SB1 和停止按钮 SB2 的额定电压决定)。值得注意的是,因为这里的输入设备较简单,不涉及 NPN 型和 PNP 型的区

别，所以输入回路的 DC 24V 电源可以反接，即直流电源的负极接起动按钮 SB1 和停止按钮 SB2 的公共端，正极接 1M。这两种接法的区别只是输入电路中电流的流向不同。当 1M 接直流电源负极时，相对 PLC 来说，电流的流向是从端口 I0.0 或 I0.1 流入 PLC；当 1M 接直流电源正极时，相对 PLC 来说，电流的流向是从端口 I0.0 或 I0.1 流出 PLC。

在输出电路部分，因为采用的是共阴极型数码管，所以数码管的公共端 COM 必须接直流电源负极。数码管的 a～g 段按照 I/O 地址分配方案，分别接输出端口 Q0.0～Q0.6，Q0.0～Q0.3 的公共端 1L 和 Q0.4～Q0.6 的公共端 2L 接到一起，经过熔断器，接电源正极。当输出电路中的 Q0.0 接通时，相对 PLC 来说，电流从 Q0.0 流出。

3. 硬件接线实施

倒计时控制系统的硬件电路接线，请扫描二维码 3-6 观看。

二、倒计时程序的编写与调试

3-6　倒计时接线

通过项目分析可知，要利用 PLC 实现对倒计时系统的控制，关键在于"秒信号的产生""数字倒序变化"和"倒计时停止控制"三部分功能的实现。

1. 秒信号的产生

秒信号的产生有多种方法，常用的有两种，一种是利用西门子 PLC 自带的特殊存储器位 SM0.5 来实现；另一种是用定时器来实现。

图 3-6 所示为利用定时器实现周期为 1s 的脉冲信号。当 I0.0 接通时，T37 定时器开始记时，当定时器的当前值等于预设值 10 时，定时时间 1s 到，此时 T37 的位对应的常开触点变为 1，则 T37 的位对应的常闭触点变为 0 断开，T37 定时器的当前值变为 0，定时器停止计时。若 I0.0 保持接通，等再下一个扫描周期开始时，定时器又从头开始计时，以此类推，定时器 T37 产生了一个秒脉冲信号。

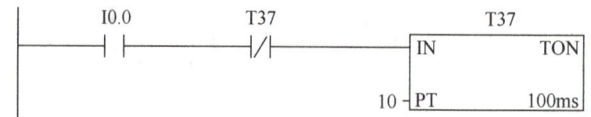

图 3-6　产生秒脉冲信号

2. 数字倒序变化

如图 3-7 所示，把定时器产生的秒信号送入加计数器 C0 中，可完成对数字的累积过程，即 T37 的第一个秒脉冲送入 C0 中，C0 的当前值变为 1；当 T37 的第 N（$N \leqslant 9$）个秒脉冲送入 C0 中后，C0 的当前值变为 N。

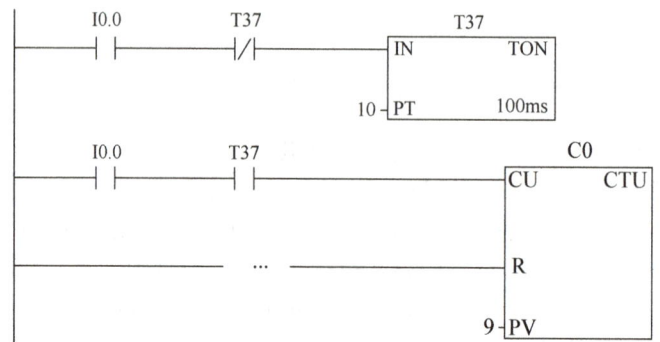

图 3-7　数字累积功能实现

利用算数运算指令中的整数减法指令，用数字9减去计数器C0的当前值，即可实现倒计时数字的倒序变化，数字倒序变化的实现如图3-8所示。

3. 数字显示功能的实现

数字显示功能的实现有三种方法，分别是段译码指令驱动数码管显示、字符驱动数码管显示和段驱动数码管显示。段译码指令驱动数码管显示方式前文已有介绍，这里重点介绍字符驱动数码管显示和段驱动数码管显示。

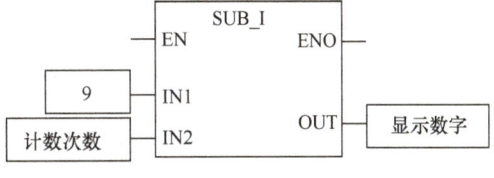

图3-8 数字倒序变化的实现

（1）字符驱动数码管显示　数码管的字符驱动，即需要显示什么数字，就点亮数码管对应的段，以二进制数的形式用MOV指令直接传送给输出端即可。如I0.3接通时显示数字3，则数码管的a、b、c、d和g段被点亮，它所对应的二进制数为2#01001111；如I1.1接通时显示数字9，则数码管的a、b、c、f和g段被点亮，它所对应的二进制数为2#01100111，程序如图3-9所示。

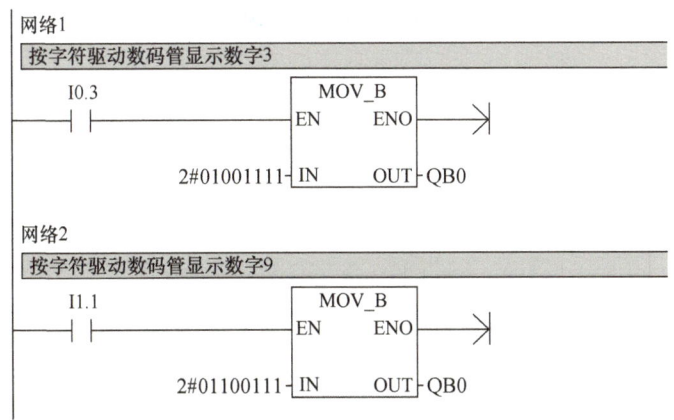

图3-9 按字符驱动数码管

（2）段驱动数码管显示　按段驱动数码管就是待显示的数字需要点亮数码管的哪几段，就直接以点动的形式驱动相应的数码管所连接的PLC输出端，如M0.2接通时显示2，即需要点亮数码管的a、b、d、e和g段，即需驱动Q0.0、Q0.1、Q0.3、Q0.4和Q0.6（假如数码管连接在QB0端口）；如M0.5接通时显示5，即需要点亮数码管的a、c、d、f和g段，即需驱动Q0.0、Q0.2、Q0.3、Q0.5和Q0.6（假如数码管连接在QB0端口），程序如图3-10所示。

4. 倒计时的停止控制

（1）倒计时结束时的自动停止　把计数器C0的常闭触点串联到产生秒脉冲所用的定时器T37的使能端的前面，就可以实现倒计时结束时的自动停止。具体思路是：当C0当前值等于预设值9时，C0的输出位变为高电平1，则C0的常闭触点断开，使得定时器T37的使能端断开，使得T37的输出位断开，进而计数器C0的CU端断开，计数器停止计数，如图3-11所示。

（2）按下停止按钮显示当前数值　假设数字显示模块是用段译码指令SEG来实现的，那么在段译码指令SEG的使能端EN前面加入M0.0进行控制，当按下停止按钮时，让

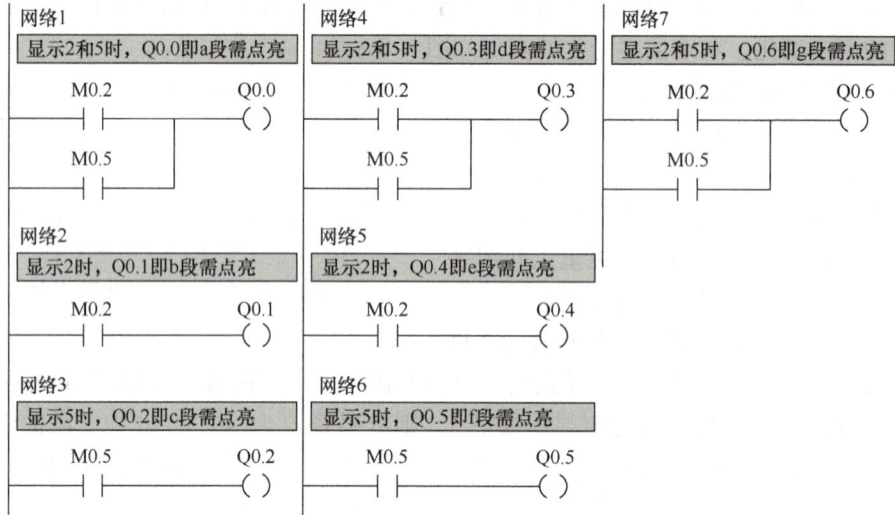

图 3-10　按段驱动数码管

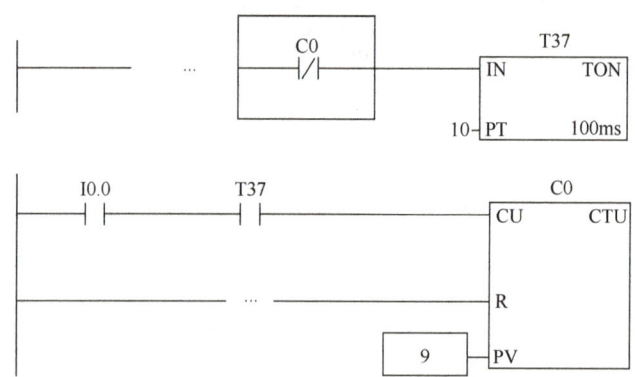

图 3-11　倒计时结束时的自动停止

M0.0 复位，可使 SEG 指令的使能端 EN 断开，也就实现了按下停止按钮时，显示当前的数值，具体程序如图 3-12 所示。

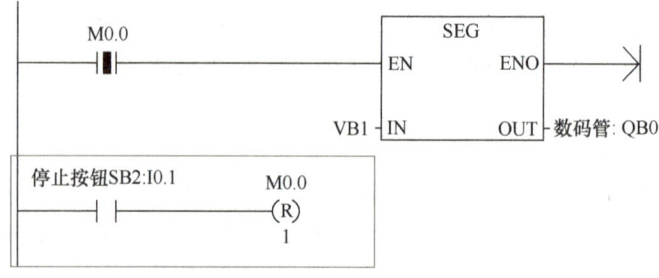

图 3-12　按下停止按钮显示当前数值

5. 倒计时的完整程序

倒计时的完整程序如图 3-13 所示。

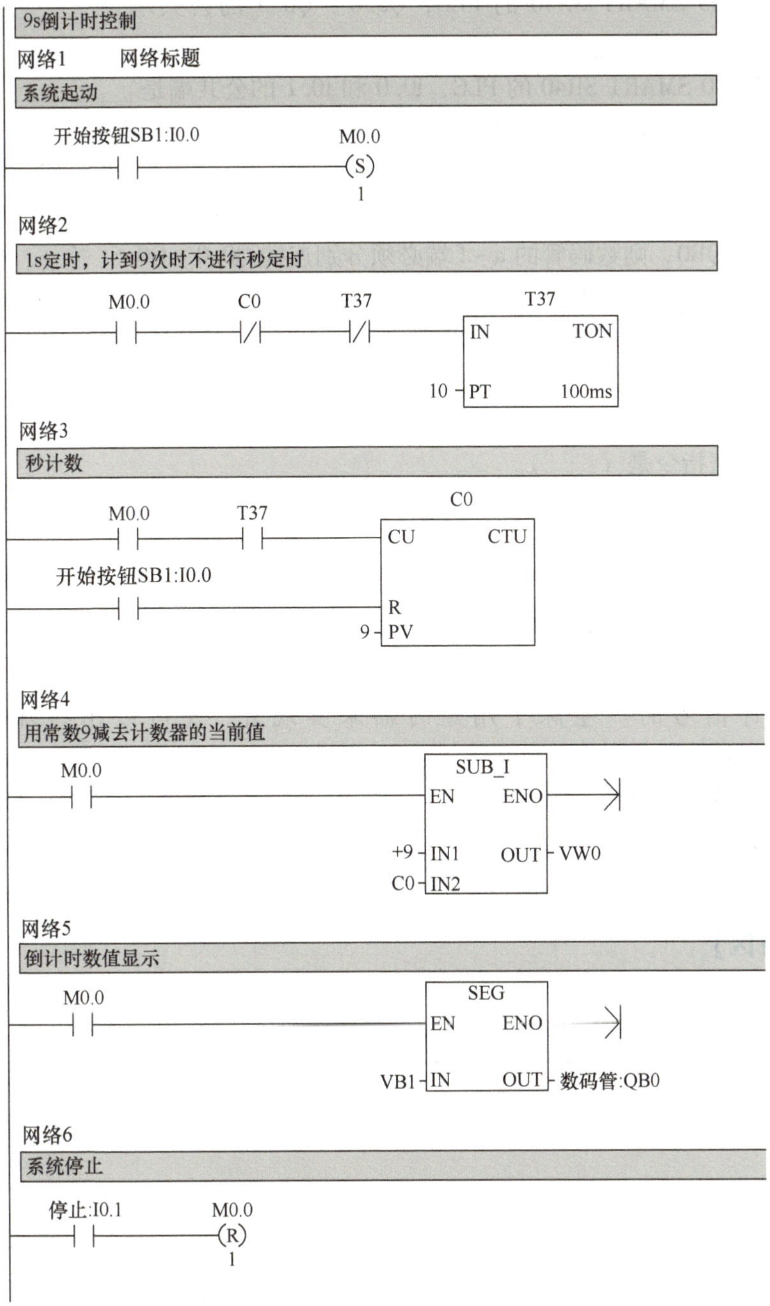

模块三　功能指令模块

```
9s倒计时控制
网络1    网络标题
系统起动
    开始按钮SB1:I0.0         M0.0
        ┤├                    (S)
                               1

网络2
1s定时，计到9次时不进行秒定时
    M0.0      C0       T37          T37
    ┤├       ┤/├      ┤/├      IN      TON
                                10-PT  100ms

网络3
秒计数
    M0.0      T37                    C0
    ┤├       ┤├              CU      CTU

    开始按钮SB1:I0.0
    ┤├                        R
                            9-PV

网络4
用常数9减去计数器的当前值
    M0.0                    SUB_I
    ┤├                   EN      ENO
                      +9-IN1  OUT-VW0
                      C0-IN2

网络5
倒计时数值显示
    M0.0                    SEG
    ┤├                   EN      ENO
                      VB1-IN   OUT-数码管:QB0

网络6
系统停止
    停止:I0.1      M0.0
    ┤├            (R)
                   1
```

图 3-13　倒计时的完整程序

倒计时 PLC 控制系统调试过程请扫描二维码 3-7 观看。

【随堂测试】

1. 数码管分为共阴极型和_____型。
2. 共阴极型数码管的公共端须接直流电源的_____极。

3-7　九秒倒计时调试

3. 针对 S7-200 SMART SR40 的 PLC，Q0.0～Q0.3 的公共端是_____；Q0.4～Q0.6 的公共端是_____。

4. 针对 S7-200 SMART SR40 的 PLC，I0.0 和 I0.1 的公共端是_____。

5. 针对 S7-200 SMART SR40 的 PLC，DC 24V 电源常用于输入回路的供电，该电源的正极是_____，负极是_____。

6. 判断正误：在使用段译码指令 SEG 对数码管进行显示控制时，若段译码指令 SEG 的输出端 OUT 处是 QB0，则数码管的 a～f 端必须分别连接 Q0.0～Q0.6。（   ）

7. 字节减 1 指令和字加 1 指令分别是（   ）。
   A. DECB，INCW   B. DECW，INCW   C. DECB，INCB   D. DECW，INCB

8. 整数的加减法指令的操作数都采用（   ）寻址方式。
   A. 字   B. 双字   C. 字节   D. 位

9. 字节的传送指令是（   ）。
   A. MOVW   B. MOVB   C. MOVI   D. MOVM

10. （   ）是带余数除法指令。
    A. DIV_I   B. DIV_DI   C. DIV_R   D. DIV

11. 数码管显示程序可以采用_____、_____、_____三种方法来实现。

12. 秒脉冲信号的产生除了用定时器来实现外，还可以用特殊寄存器的位_____来实现。

13. S7-200 SMART PLC 一共有_____个计数器指令。

14. 计数器指令有加计数器、_____和_____三种。

15. 本项目中的倒计时完整程序中，SEG 指令的 IN 端为什么是 VB1 而不是 VB0？

[笔记与练习区]

【项目工单】

专业：		
课程：可编程控制器应用技术 项目：倒计时 PLC 系统设计	姓名： 班级：	日期： 成绩：

一、控制要求

使用 S7-200 SMART PLC 和必要的按钮、数码管等电器元件完成倒计时的 PLC 控制与实现。要求按下开始按钮后，数码管显示 9，然后每秒递减，减到 0 时停止。无论何时按下停止按钮，数码管显示当前数值，再次按下开始按钮，数码管依然从数字 9 开始递减。

二、实施过程

1. 填写 I/O 地址分配表（表 3-20）

表 3-20 I/O 地址分配表

输入设备	输入地址	输入功能	输出设备	输出地址	输出功能

2. 完善硬件接线图（图 3-14）

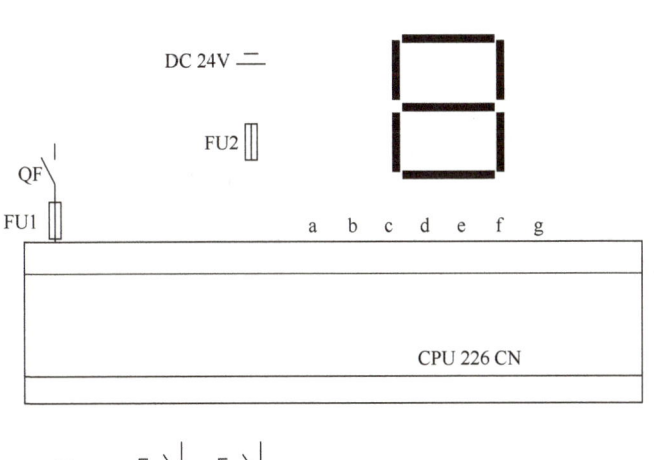

图 3-14 硬件接线任务图

3. 设计梯形图程序

4. 记录检查调试现象（表 3-21）

表 3-21 检查调试记录表

检查项目	检查内容	检查方法	检查结果
硬件安装	1. 元件是否按要求安装到位？	查阅硬件接线图	
	2. 元件是否有连接不到位的情况？	检查硬件连接处的接线情况	
	3. 元件是否实现控制要求？	检查系统运行状态	
程序编写	1. 程序输入是否正确？	查看梯形图程序	
	2. 程序是否实现控制要求？	进行程序状态监控	

存在的其他问题：

【考核评分表】

项目名称			考核时间			接线	编程	调试	讲解
学生班级			小组成员		考核角色				
小组组别									
学生姓名									
过程考核	小组考核任务		分值	个人考核承担任务	学生自评	小组互评	教师评价	小组得分	个人得分
	接线		20						
	编程		20						
	调试		20						
	讲解		20						
	过程成绩合计		80						
职业素养考核	个人加分考核		分值	个人考核承担任务	学生自评	组长打分	教师评价		个人得分
	工单认真严谨		5						
	团队精神		5						
	8S 管理		5						
	拓展创新		5						
	职业素养成绩		20						
教师签字：				综合成绩：					

项目二 铁塔之光 PLC 系统设计

【项目引入】

在重大节日庆典中，经常可以看到高层建筑灯光秀给人们带来光与影的视觉盛宴，一座座地标建筑幻化为巨大"画布"。灯光秀犹如夜空中的繁星，流光溢彩，点缀着城市的夜景，诉说着城市的发展与革新。灯光秀是光与影的艺术，更是人民生活的艺术。灯光秀可以通过多种控制方式来实现，在 PLC 控制系统中，也能够实现灯光控制。

【项目描述】

要求：用 PLC 实现 9 个灯的铁塔之光控制系统，按下起动按钮后，铁搭 9 个灯开始按照预定时序循环亮灭；按下停止按钮 SB2 后，铁搭 9 个灯全部熄灭。铁塔之光控制系统示意图如图 3-15 所示，相关视频请扫描二维码 3-8 观看。

预定时序如下：

第一个时序：L1~L9 依次亮灭。

第二个时序：L9、L7、L5、L3、L1、L2、L4、L6、L8 依次亮灭。

第三个时序：L9~L1 依次亮灭。

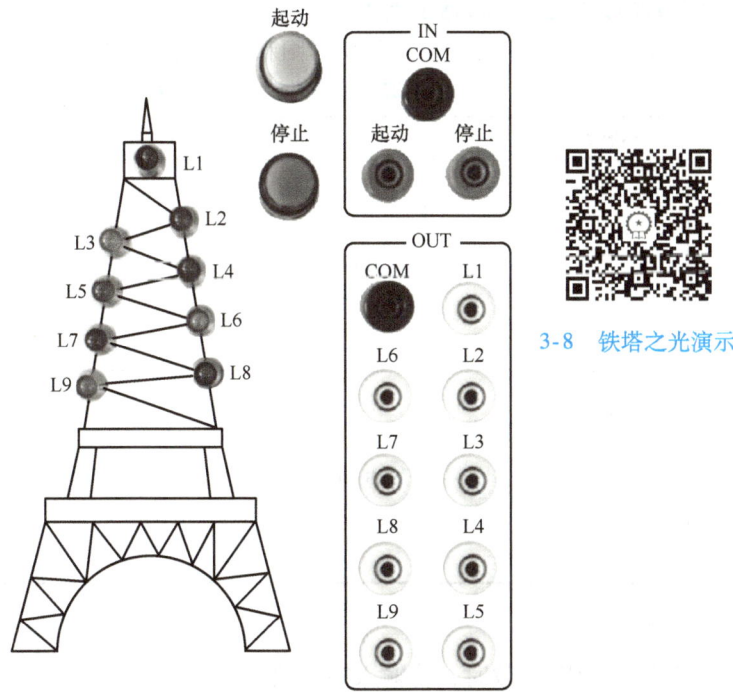

3-8 铁塔之光演示

图 3-15 铁塔之光控制系统示意图

根据上述控制要求可知，输入量有 1 个起动按钮和 1 个停止按钮；输出量为 9 盏灯。可用 MOV 传送指令配合定时器实现铁塔之光的控制，但其缺点是如果有多种时序规律点亮，势必增加程序的网络数目,同时程序显得单调。如果使用移位指令或循环移位指令配合定时器或特殊位寄存器,可大大减少编程工作量,并能提高程序的可读性和可拓展性。

【学习目标】

1)能使用移位指令编写应用程序。
2)能使用循环移位指令编写应用程序。
3)能使用比较指令编写应用程序。

【素养目标】

1)崇德向善、诚实守信、爱岗敬业,具有精益求精的工匠精神。
2)具有良好的职业道德和职业素养。
3)具有较强的集体意识和团队合作精神,能够进行有效的人际沟通和协作。

【相关知识】

一、移位指令

移位指令在 PLC 控制中是比较常用的,根据移位的数据长度可分为字节型移位、字型移位和双字型移位;根据移位的方向可分为左移位和右移位。

1. 字节左移位指令和右移位指令

字节左移位指令和右移位指令的梯形图和语句表见表 3-22。

表 3-22　字节左移位指令和右移位指令

梯形图	语句表	指令名称
SHL_B EN　ENO IN　OUT N	SLB OUT, N	字节左移位指令
SHR_B EN　ENO IN　OUT N	SRB OUT, N	字节右移位指令

指令说明:

1)当使能端 EN 有效时,将输入字节数(IN)向右或向左移动 N 位($N \leq 8$),并将结果载入输出字节(OUT),移位指令对每个移出位补 0。

2)右移和左移字节操作不带符号。

3)如果移位数目(N)大于 8,则数值最多被移位 8 次。

4)如果移位数目大于 0,在移位时,存放被移位数据的编程元件的移出端与特殊继电器 SM1.1（溢出标志位）连接，移出位进入 SM1.1，另一端自动补 0。也就是说，溢出标志位（SM1.1）采用最后一次移出位的数值。

5）如果移位操作结果为 0，则零标志位（SM1.0）被自动置位。

图 3-16 所示为字节左移位指令的应用，其功能是把 MB0 里面的数据往左移动 2 位，移位前 MB0 中的数据是 2#10001111，向左移动 2 位，即最左边的 1 和 0 依次移入 SM1.1 中，MB0 最右边空出来的两个位补 0，移完之后，MB0 中的数据变为 2#00111100，SM1.1 中的值变为最后一位移进去的值 0。与该梯形图程序对应的语句表为 SLB MB0,2。

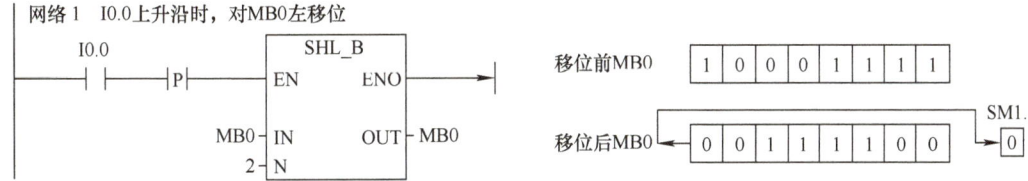

图 3-16　字节左移位指令示例

2. 字左移位指令和右移位指令

字左移位指令和右移位指令的梯形图和语句表见表 3-23。

表 3-23　字左移位指令和右移位指令

梯形图	语句表	指令名称
SHL_W EN　ENO IN　OUT N	SLW OUT, N	字左移位指令
SHR_W EN　ENO IN　OUT N	SRW OUT, N	字右移位指令

指令说明：

1）当使能端 EN 有效时，将输入字节数（IN）向右或向左移动 N 位（$N \leqslant 16$），并将结果载入输出字节（OUT），移位指令对每个移出位补 0。

2）当 IN 端是带符号的数据时，符号位也会被移位。

3）如果移位数目（N）大于 16，则数值最多被移位 16 次。

4）如果移位数目大于 0，在移位时，存放被移位数据的编程元件的移出端与特殊继电器 SM1.1（溢出标志位）连接，移出位进入 SM1.1，另一端自动补 0。也就是说，溢出标志位（SM1.1）采用最后一次移出位的数值。

5）如果移位操作结果为 0，则零标志位（SM1.0）被自动置位。

图 3-17 所示为字右移位指令的示例，其功能是当 I0.0 上升沿来临时，将 VW0 中的数

据向右移动 3 位，左边空出来的 3 位补 0，因移出来的最后一位是 1，所以 SM1.1 最后的值也为 1。

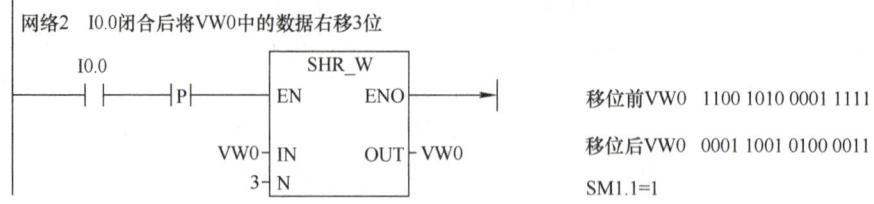

图 3-17 字右移位指令示例

3. 双字左移位指令和右移位指令

双字左移位指令和右移位指令的梯形图和语句表见表 3-24。

表 3-24 双字左移位指令和右移位指令

梯形图	语句表	指令名称
SHL_DW EN ENO IN OUT N	SLD OUT, N	双字左移位指令
SHR_DW EN ENO IN OUT N	SRD OUT, N	双字右移位指令

指令说明：

1）当使能端 EN 有效时，将输入字节数（IN）向右或向左移动 N 位（N≤32），并将结果载入输出字节（OUT），移位指令对每个移出位补 0。

2）当 IN 端是带符号的数据时，符号位也会被移位。

3）如果移位数目（N）大于 32，则数值最多被移位 32 次。

4）如果移位数目大于 0，在移位时，存放被移位数据的编程元件的移出端与特殊继电器 SM1.1（溢出标志位）连接，移出位进入 SM1.1，另一端自动补 0。也就是说，溢出标志位（SM1.1）采用最后一次移出位的数值。

5）如果移位操作结果为 0，则零标志位（SM1.0）被自动置位。

移位指令动画请扫描二维码 3-9 观看。

二、循环移位指令

循环移位指令包括循环左移位（ROL）指令和循环右移位

3-9 左移、右移指令

（ROR）指令，其梯形图及语句表见表3-25。

表 3-25 循环移位指令梯形图和语句表

梯形图	语句表	指令名称
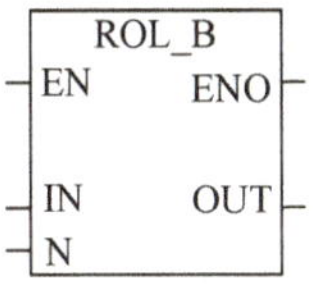 ROL_B EN ENO IN OUT N	RLB OUT, N	字节循环左移位指令
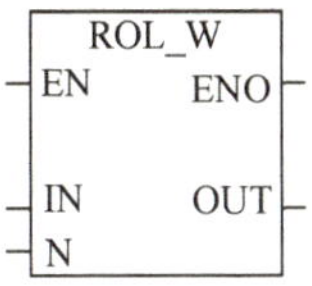 ROL_W EN ENO IN OUT N	RLW OUT, N	字循环左移位指令
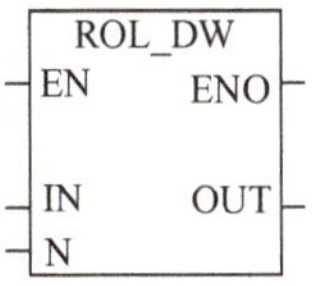 ROL_DW EN ENO IN OUT N	RLD OUT, N	双字循环左移位指令
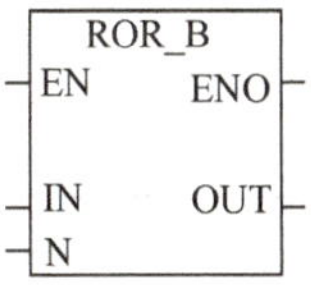 ROR_B EN ENO IN OUT N	RRB OUT, N	字节循环右移位指令
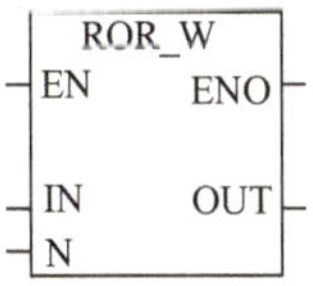 ROR_W EN ENO IN OUT N	RRW OUT, N	字循环右移位指令
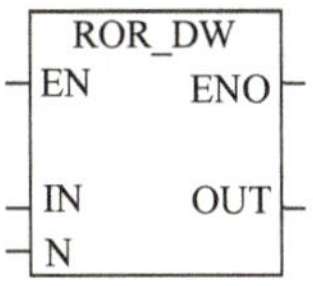 ROR_DW EN ENO IN OUT N	RRD OUT, N	双字循环右移位指令

指令说明：

1）循环移位指令将输入端 N 中的各位数向左或向右循环移动 N 位后，将结果送给输出端 OUT。

2）循环移位是环形的，即被移出来的位将返回到另一端空出来的位置。

3）如果移动的位数 N 大于或等于最大允许值（对于字节操作为 8 位，对于字操作为 16 位，对于双字操作为 32 位），执行循环移位之前先对 N 进行取模操作（例如对于字移位，将 N 除以 16 后取余数），从而得到一个有效的移位位数。移位位数的取模操作结果，对于字节操作是 0~7，对于字操作为 0~15，对于双字操作为 0~31。如果取模操作的结果为 0，不进行循环移位操作。

4）循环移位指令被执行时，移出的最后一位的数值会被复制到溢出标志位（SM1.1）中。实际移位次数为 0 时，零标志位（SM1.0）被置为 1。

5）字节操作是无符号的，对于字和双字操作，当使用有符号数据类型时，符号位也被移位。

字节右循环移位示例如图 3-18 所示，其功能是当检测到 I0.0 的上升沿时，把 VB0 中的数据右循环移动 2 位。移位前 VB0 中的数据是 2#10001111，移位后，VB0 中的数据是 2#11100011。因 SM1.1 中最后移入的是 1，所以最后 SM1.1 中的值是 1。

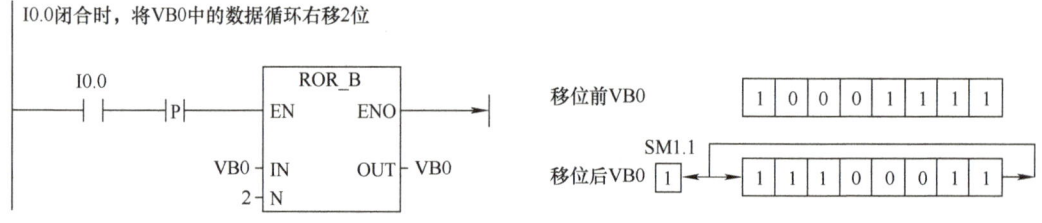

图 3-18 字节右循环移位示例

移位指令和循环移位指令的操作数范围见表 3-26。

表 3-26 移位指令和循环移位指令操作数范围

指令	输入或输出	操作数
字节左移位指令或右移位指令 字节循环左移位指令或右移位指令	IN	IB、QB、VB、MB、SMB、SB、LB、AC、*VD、*LD、*AC、常数
	OUT	IB、QB、VB、MB、SMB、SB、LB、AC、*VD、*LD、*AC
	N	IB、QB、VB、MB、SMB、SB、LB、AC、*VD、*LD、*AC、常数
字左移位指令或右移位指令 字循环左移位指令或右移位指令	IN	IW、QW、VW、MW、SMW、SW、T、C、LW、AC、AIW、*VD、*AC、*LD、常数
	OUT	IW、QW、VW、MW、SMW、SW、T、C、LW、AC、AQW、*VD、*AC、*LD
	N	IB、QB、VB、MB、SMB、SB、LB、AC、*VD、*LD、*AC、常数
双字左移位指令或右移位指令 双字循环左移位指令或右移位指令	IN	ID、QD、VD、MD、SMD、SD、LD、AC、HC、*VD、*AC、*LD、常数
	OUT	ID、QD、VD、MD、SMD、SD、LD、AC、HC、*VD、*AC、*LD
	N	IB、QB、VB、MB、SMB、SB、LB、AC、*VD、*LD、*AC、常数

循环移位指令动画请扫描二维码3-10观看。

三、移位寄存器指令

移位寄存器（SHRB）指令将 DATA 数值移入移位寄存器。S_BIT 指定移位寄存器的最低位。N 指定移位寄存器的长度和移位方向（N 为正值表示左移，N 为负值表示右移）。指令说明如图 3-19 所示。

3-10 循环左移右移指令

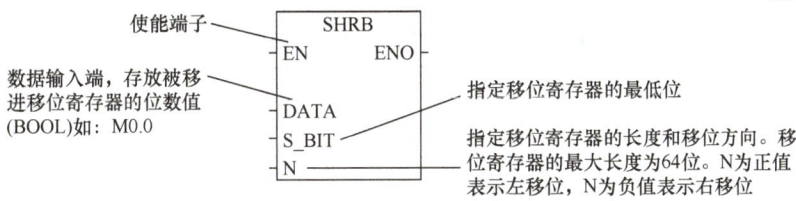

图 3-19 移位寄存器指令说明

移位寄存器的应用示例如图 3-20 所示。此示例中，由 S_BIT 设置了移位寄存器为 V20.0～V20.3，假设其初始值为 2#0001。I0.0 每接通一次，在其上升沿时指令执行，将 DATA 端子的 I0.1 的值移入移位寄存器中。移位寄存器的使用方法请扫描二维码3-11观看。

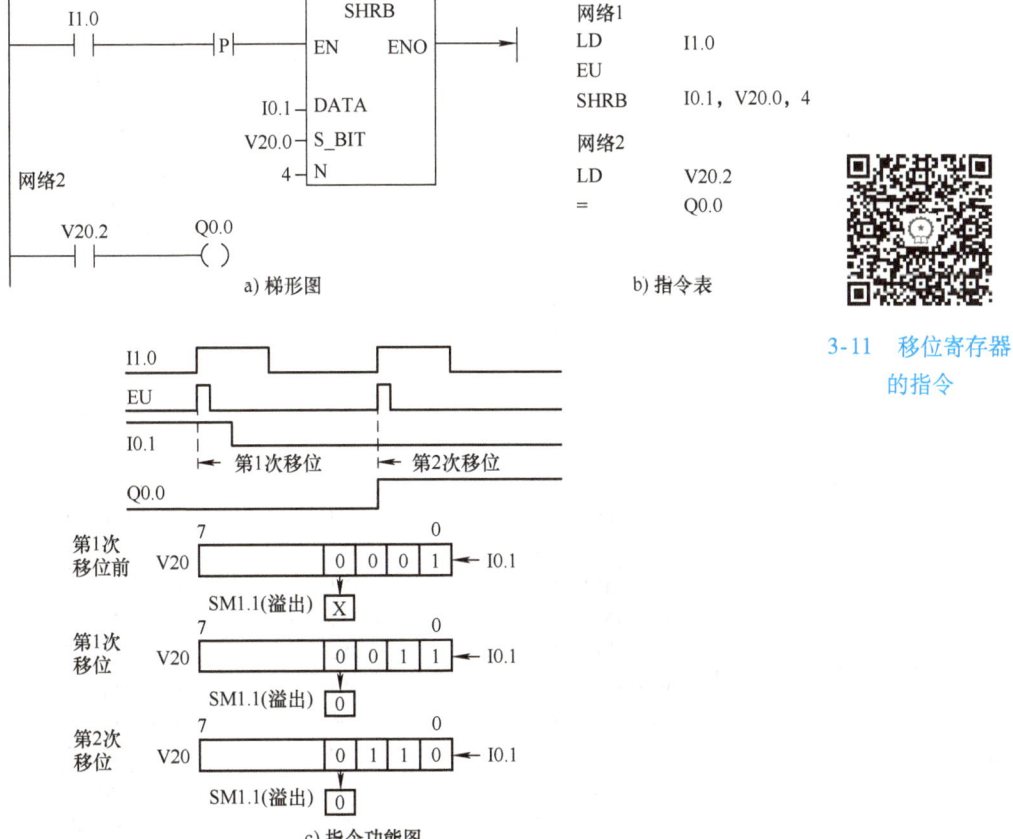

3-11 移位寄存器的指令

图 3-20 移位寄存器的应用示例

四、比较指令

比较指令用于将两个操作数按指定的条件比较，操作数可以是字节、整数、双整数、实数、字符串。在梯形图中，比较指令是一种带参数的常开触点，有 = =（等于）、! =（不等于）、> =（大于或等于）、< =（小于或等于）、>（大于）、<（小于）等条件。当比较式成立的时候，常开触点闭合，因此比较指令在使用时，可以采用串联、并联的形式。

比较指令的梯形图和语句表见表 3-27。

表 3-27 比较指令的梯形图和语句表

	梯形图	语句表	梯形图	语句表
字节比较指令	IN1 —|==B|— IN2	LDB = = IN1, IN2 AB = = IN1, IN2 OB = = IN1, IN2	IN1 —|<=B|— IN2	LDB < = IN1, IN2 AB < = IN1, IN2 OB < = IN1, IN2
	IN1 —|<>B|— IN2	LDB < > IN1, N2 AB < > IN1, IN2 OB < > IN1, IN2	IN1 —|>B|— IN2	LDB > IN1, IN2 AB > IN1, IN2 OB > IN1, IN2
	IN1 —|>=B|— IN2	LDB > = IN1, IN2 AB > = IN1, IN2 OB > = IN1, IN2	IN1 —|<B|— IN2	LDB < IN1, IN2 AB < IN1, IN2 OB < IN1, IN2
整数比较指令	IN1 —|==I|— IN2	LDW = = IN1, IN2 AW = = IN1, IN2 OW = = IN1, IN2	IN1 —|<=I|— IN2	LDW < = IN1, IN2 AW < = IN1, IN2 OW < = IN1, IN2
	IN1 —|<>I|— IN2	LDW < > IN1, N2 AW < > IN1, IN2 OW < > IN1, IN2	IN1 —|>I|— IN2	LDW > IN1, IN2 AW > IN1, IN2 OW > IN1, IN2
	IN1 —|>=I|— IN2	LDW > = IN1, IN2 AW > = IN1, IN2 OW > = IN1, IN2	IN1 —|<I|— IN2	LDW < IN1, IN2 AW < IN1, IN2 OW < IN1, IN2
双整数比较指令	IN1 —|==D|— IN2	LDD = = IN1, IN2 AD = = IN1, IN2 OD = = IN1, IN2	IN1 —|<=D|— IN2	LDD < = IN1, IN2 AD < = IN1, IN2 OD < = IN1, IN2
	IN1 —|<>D|— IN2	LDD < > IN1, N2 AD < > IN1, IN2 OD < > IN1, IN2	IN1 —|>D|— IN2	LDD > IN1, IN2 AD > IN1, IN2 OD > IN1, IN2
	IN1 —|>=D|— IN2	LDD > = IN1, IN2 AD > = IN1, IN2 OD > = IN1, IN2	IN1 —|<D|— IN2	LDD < IN1, IN2 AD < IN1, IN2 OD < IN1, IN2
实数比较指令	IN1 —|==R|— IN2	LDR = = IN1, IN2 AR = = IN1, IN2 OR = = IN1, IN2	IN1 —|<=R|— IN2	LDR < = IN1, IN2 AR < = IN1, IN2 OR < = IN1, IN2
	IN1 —|<>R|— IN2	LDR < > IN1, N2 AR < > IN1, IN2 OR < > IN1, IN2	IN1 —|>R|— IN2	LDR > IN1, IN2 AR > IN1, IN2 OR > IN1, IN2
	IN1 —|>=R|— IN2	LDR > = IN1, IN2 AR > = IN1, IN2 OR > = IN1, IN2	IN1 —|<R|— IN2	LDR < IN1, IN2 AR < IN1, IN2 OR < IN1, IN2

指令说明：

1）在梯形图中，比较指令是以常开触点的形式编程的，在常开触点的中间注明比较参数和比较运算符。当比较的结果为真时，该常开触点闭合。

2）字节比较指令用于比较两个字节型整数值 IN1 和 IN2 的大小，字节比较是无符号的，比较的常数为 0~255。

3）整数比较指令用于比较两个一字长整数值 IN1 和 IN2 的大小，整数比较是有符号的。

4）双整数比较指令用于比较两个双字长整数值 IN1 和 IN2 的大小，双整数比较是有符号的（16#7FFFFFFF > 16#80000000）。

5）实数比较指令用于比较两个双字长实数值 IN1 和 IN2 的大小，实数比较是有符号的。

比较指令的应用如图 3-21 所示，变量存储器 VW10 中的数值与十进制 30 相比较，当变量存储器 VW10 中的数值等于 30 时，常开触点接通，Q0.0 有信号流流过。

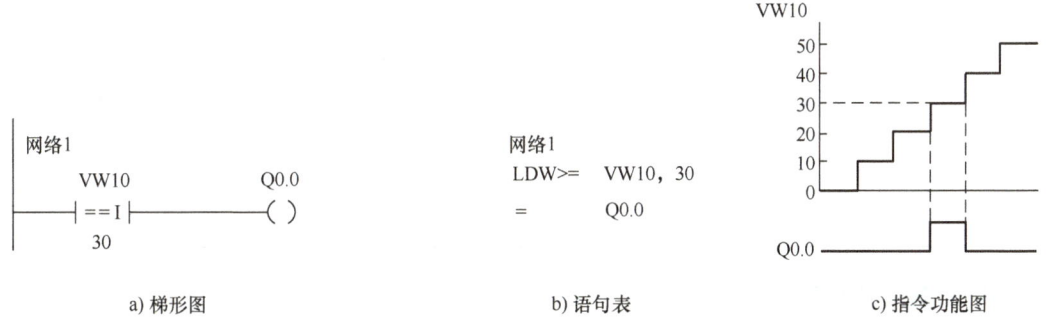

图 3-21　比较指令的应用

比较指令操作数的范围见表 3-28。

表 3-28　比较指令操作数范围

指令	输入或输出	操作数
字节比较指令	IN1、IN2	IB、QB、VB、MB、SMB、SB、LB、AC、T、C、*VD、*LD、*AC、常数
	OUT	I、Q、V、M、SM、S、L、T、C、信号流
整数比较指令	IN1、IN2	IW、QW、VW、MW、SMW、SW、LW、AIW、AC、T、C、*VD、*LD、*AC、常数
	OUT	I、Q、V、M、SM、S、L、T、C、信号流
双整数比较指令	IN1、IN2	ID、QD、VD、MD、SMD、SD、LD、AC、HC*VD、*LD *AC、常数
	OUT	I、Q、V、M、SM、S、L、T、C、信号流
实数比较指令	IN1、IN2	ID、QD、VD、MD、SMD、SD、LD、AC、*VD、*LD、*AC、常数
	OUT	I、Q、V、M、SM、S、L、T、C、信号流

【项目实施】

一、铁塔之光控制系统硬件电路接线

1. I/O 地址分配

根据项目描述,对 I/O 地址进行分配,见表 3-29。

表 3-29 铁塔之光控制系统 I/O 地址分配表

输入		输出	
输入地址	输入元件	输出地址	输出元件
I0.0	起动按钮 SB1	Q0.0	彩灯 L1
I0.1	停止按钮 SB2	Q0.1	彩灯 L2
—	—	Q0.2	彩灯 L3
—	—	Q0.3	彩灯 L4
—	—	Q0.4	彩灯 L5
—	—	Q0.5	彩灯 L6
—	—	Q0.6	彩灯 L7
—	—	Q0.7	彩灯 L8
—	—	Q1.0	彩灯 L9

2. PLC 硬件原理图

根据控制要求及 I/O 地址分配表,绘制铁塔之光控制系统的硬件原理图,如图 3-22 所示。

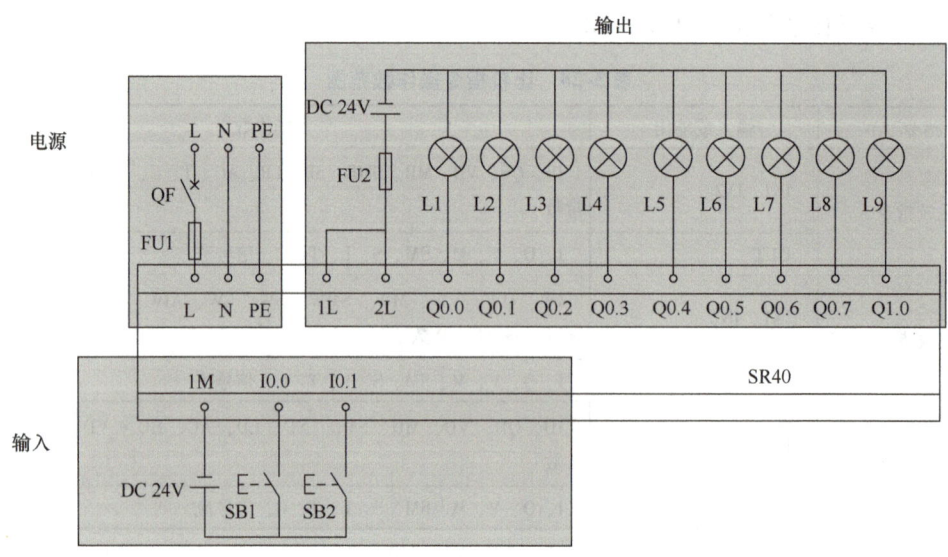

图 3-22 铁塔之光控制系统硬件原理

PLC 的硬件原理图包括三部分,分别是供电电路部分、输入电路部分和输出电路部分。

在供电电路部分,给 S7-200 SMART PLC 接入 AC 220V 电源并接地。在输入电路部分,起动按钮 SB1 和停止按钮 SB2(一般用常开触点)按照 I/O 分配方案,分别接输入端口 I0.0 和 I0.1,起动按钮 SB1 和停止按钮 SB2 的另外一端接到一起,和 I0.0、I0.1 的公共端 1M 之间接入 DC 24V 电源(接入电源的类型和电压由起动按钮 SB1 和停止按钮 SB2 的额定电压决定)。值得注意的是,这里的输入设备较简单,DC 24V 电源可以反接。

在输出电路部分,彩灯 L1~L9 按照 I/O 地址分配方案,分别接输出端口 Q0.0~Q1.0,然后 9 个彩灯的另外一端接到一起,接 DC 24V 电源负极。Q0.0~Q0.3 的公共端 1L 和 Q0.4~Q1.0 的公共端 2L 接到一起,经过熔断器,接 DC 24V 电源正极。当输出回路中的 Q0.0 接通时,相对 PLC 来说,电流是从 Q0.0 流出的。值得注意的是,这里输出回路的电源选择 DC 24V,是因为彩灯 L1~L9 的额定电压是 DC 24V。也就是说,在接 PLC 控制电路的输出电路部分的时候,输出设备外接的电源是由其额定电压决定的,并不是所有的输出设备都要接 DC 24V 电源。同时,本项目所用的铁塔之光控制模块中的 9 个彩灯其实是由 9 个发光二极管构成的,由于发光二极管的单向导通特性,在接线时,需要保证发光二极管的正极电压比负极电压高才行,也就是说,在输出回路接线时,DC 24V 电源的极性不能反接。

3. 硬件接线实施

铁塔之光控制系统的硬件电路接线,请扫描二维码 3-12 观看。

3-12 铁塔之光接线

二、铁塔之光控制系统程序的编写与调试

通过项目描述分析可知,要利用 PLC 实现对铁塔之光系统的控制,关键在于三种预定时序功能的实现。

1. 准备程序

准备程序如图 3-23 所示,设置程序运行的标志位 M0.0,按下起动按钮 I0.0 后,M0.0 接通并自锁;按下停止按钮 I0.1 后,M0.0 断开。网络 2 是对程序用到的 QW0 和 VW0 中的数据进行初始化。

图 3-23 准备程序

对 VW0 写入初始值 0,对 QW0 写入 16#80 的值,即 Q1.7 = 1。在使用功能指令时,一定要弄清楚字节、字、双字的高位和低位是如何分配的,具体分配如图 3-24 所示。

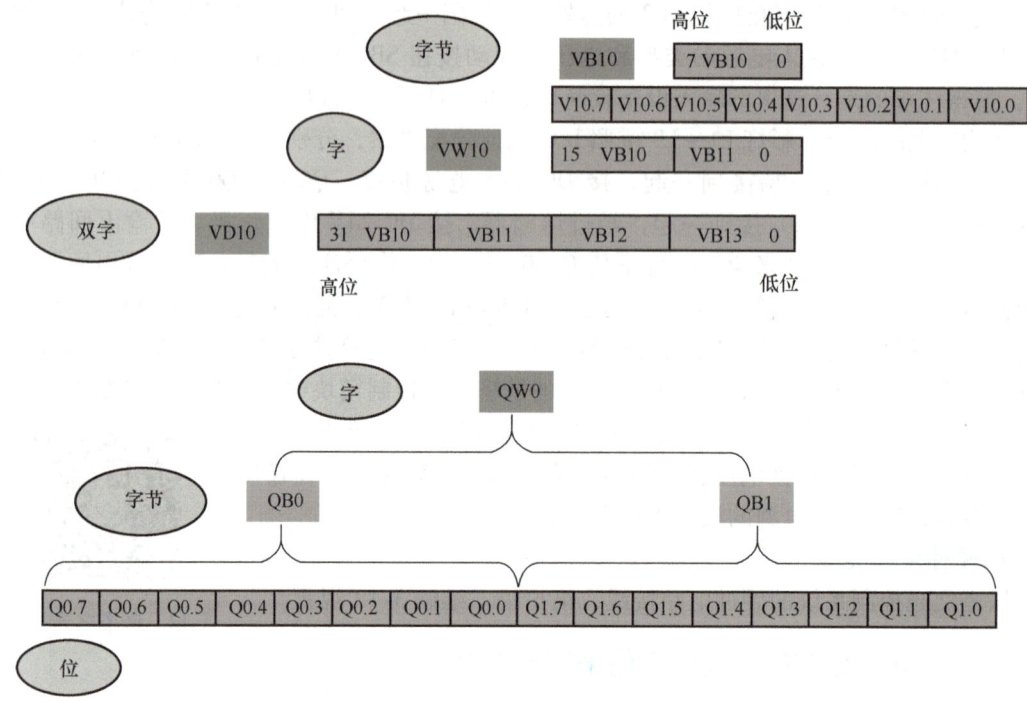

图 3-24 字节、字、双字的高位和低位分配

2. 第一种预定时序(L1~L9 依次亮灭)的实现

L1~L9 依次亮灭的实现程序如图 3-25 所示。

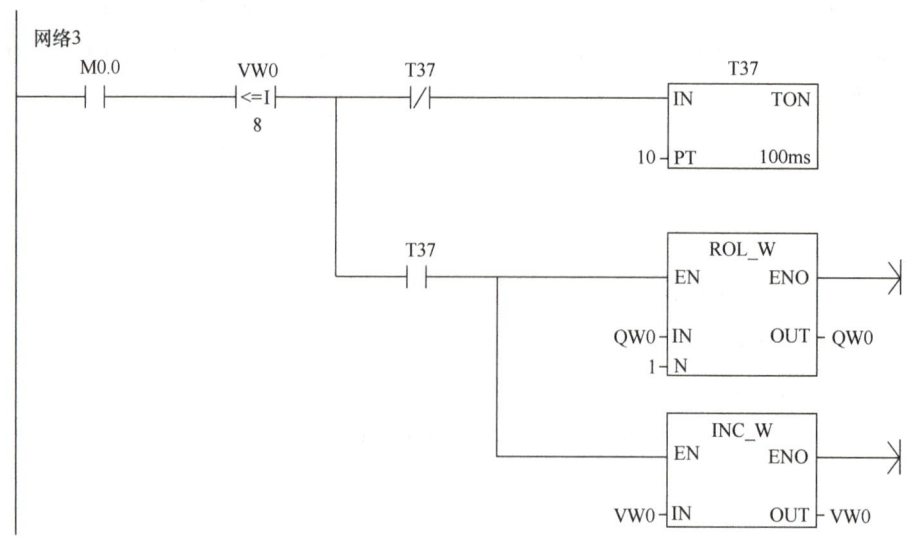

图 3-25 第一种预定时序的实现

在 M0.0 = 1 的时候,T37 定时器发出周期为 1s 的脉冲信号,当 T37 第一个脉冲信号上升沿来临的时候,字循环左移指令把 QW0 中的数据左移 1 位,第一次左移后,QW0 的值变

为 16#0100，即 Q0.0 = 1，彩灯 L1 点亮，此时 VW0 的值加 1，VW0 = 1；当 T37 第二个脉冲信号上升沿来临时，QW0 中的数据继续左移，QW0 = 16#0200，即 Q0.1 = 1，彩灯 L2 点亮，此时 VW0 的值加 1，VW0 = 2；依次类推，当 T37 第九个脉冲信号的上升沿来临时，QW0 = 16#0001，即 Q1.0 = 1，彩灯 L9 点亮，此时 VW0 = 9。至此，实现了彩灯 L1～L9 依次亮灭的效果。

3. 第二种预定时序（L9、L7、L5、L3、L1、L2、L4、L6、L8 依次亮灭）的实现

在完成第一种预定时序时，Q1.0 = 1，即彩灯 L9 是亮着的，那么由 L9、L7、L5、L3、L1 依次亮灭，可由字循环右移指令对字 QB0 每次移动 2 位来实现，L2、L4、L6、L8 依次亮灭可由字循环左移指令对字 QB0 每次移动 2 位来实现。

具体程序如图 3-26 所示。

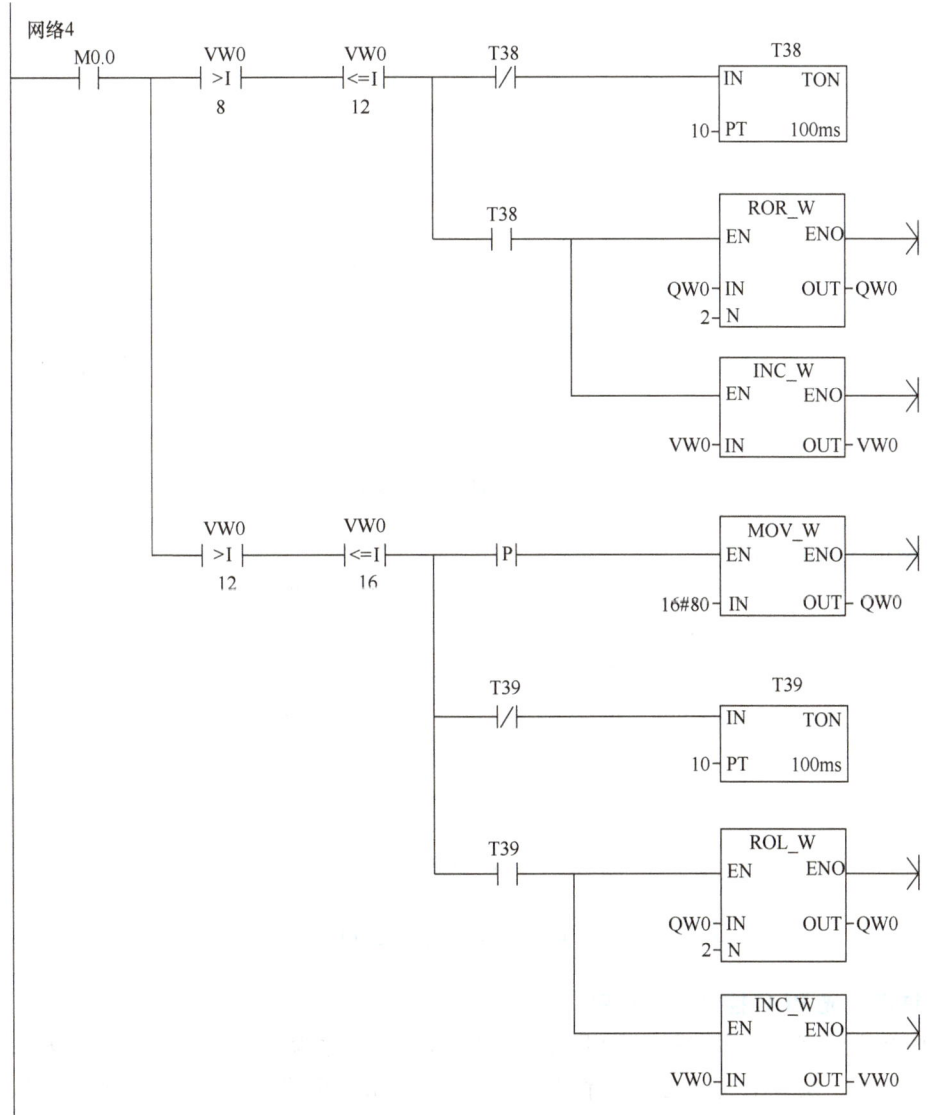

图 3-26　第二种预定时序的实现

4. 第三种（L9～L1 依次亮灭）预定时序的实现

L9～L1 依次亮灭的实现和第一种预定时序的实现类似，先给 QW0 一个初始值 16#02，使 Q1.1＝1，然后对 QW0 实施字右循环移位指令，每来一个脉冲移位一次，逐步实现 L9～L1 依次亮灭。

具体程序如图 3-27 所示。

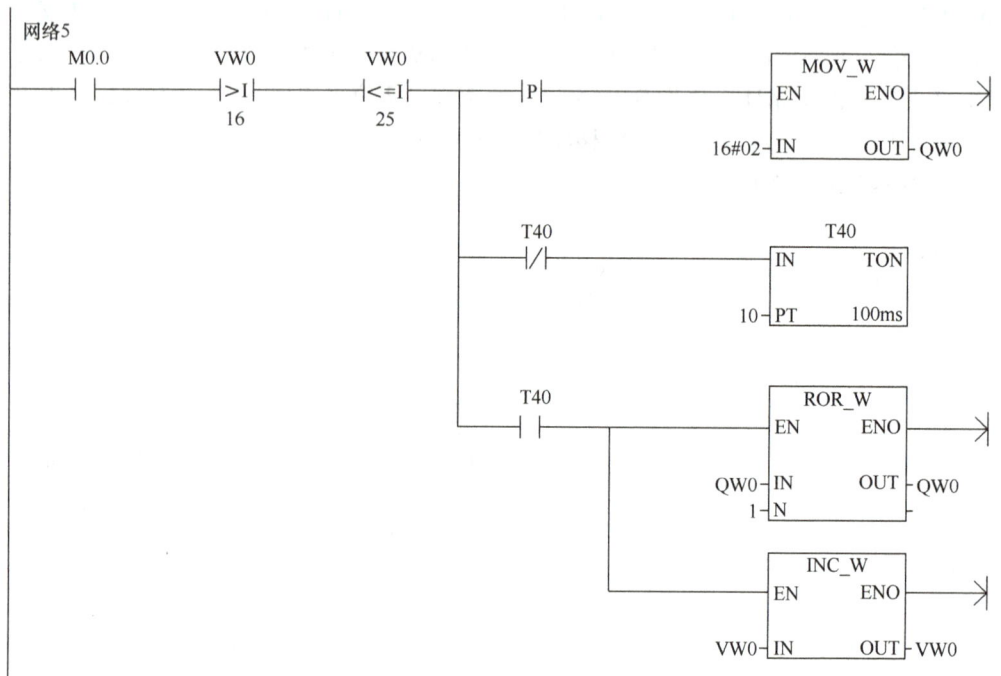

图 3-27　第三种预定时序的实现

5. 停止控制的实现

控制系统要求按下停止按钮时，所有的彩灯熄灭，所以程序在检测到停止按钮的上升沿时，把 0 的值传送给字 QW0，以满足控制要求。具体程序如图 3-28 所示。

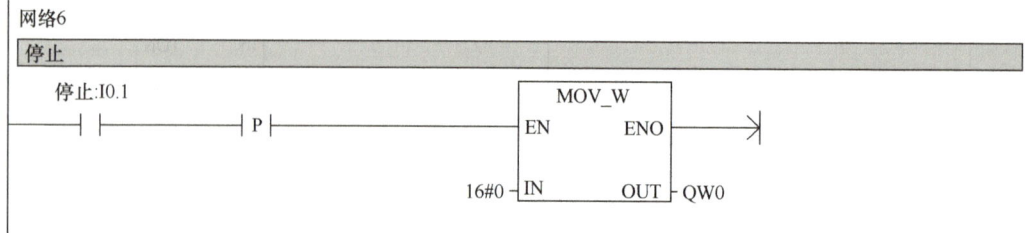

图 3-28　停止控制的实现

6. 铁塔之光 PLC 控制完整程序

铁塔之光的完整程序如图 3-29 所示。考虑到三个时序为一个循环，所以在第二个网络加入比较指令，实现了当第三个时序显示完之后，如果停止按钮没有按下，则系统从第一个时序循环显示。

本程序是用循环移位指令实现的，同学们也可以尝试用移位指令或者移位寄存器指令来实现控制系统的要求。

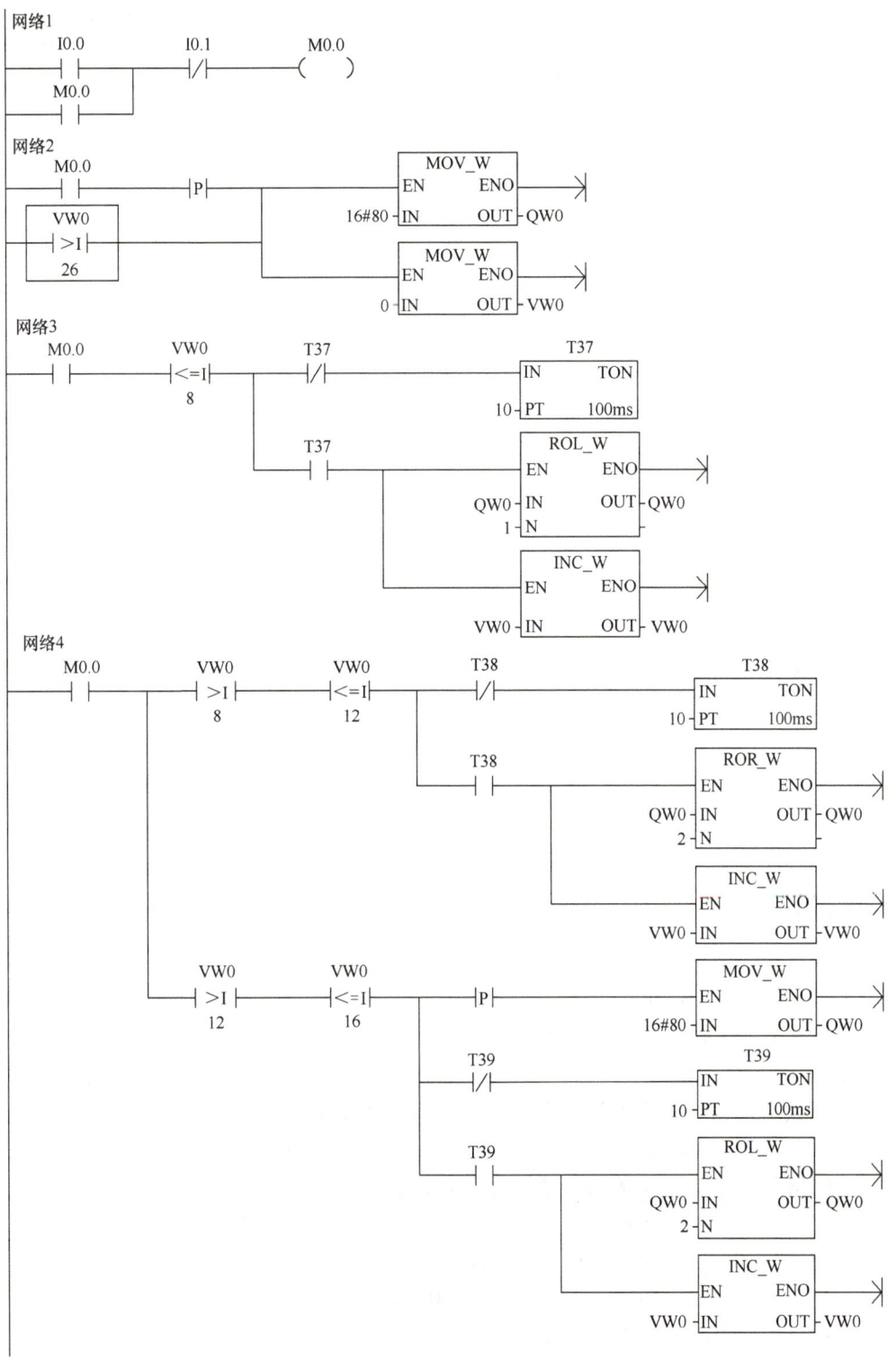

图 3-29 铁塔之光程序

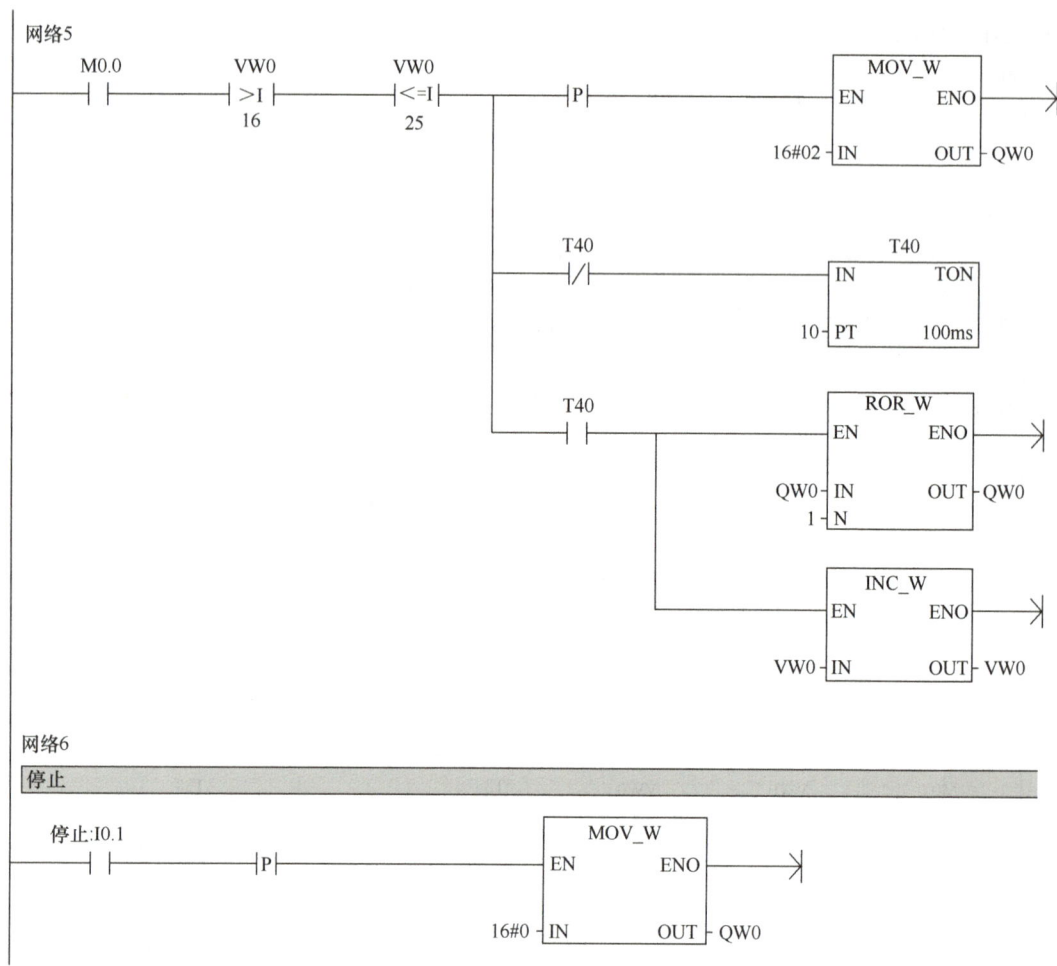

图 3-29 铁塔之光程序（续）

【随堂测试】

1. 本项目铁塔之光采用了（　　）个彩灯。
   A. 8　　　　　B. 9　　　　　C. 10　　　　　D. 11
2. 根据铁塔之光硬件接线图，共有（　　）个输出量。
   A. 8　　　　　B. 9　　　　　C. 10　　　　　D. 11
3. 根据铁塔之光硬件接线图，共有（　　）个输入量。
   A. 1　　　　　B. 2　　　　　C. 3　　　　　D. 4
4. 下面指令（　　）是数据字循环右移位指令。
   A. SHL_W　　　B. ROR_B　　　C. SHR_B　　　D. ROR_W
5. 下面指令（　　）是数据移位寄存器指令。
   A. SHL　　　　B. ROR　　　　C. SHR_B　　　D. SHR
6. 字移位指令的最大移位位数为（　　）位。
   A. 2　　　　　B. 8　　　　　C. 16　　　　　D. 32
7. 循环左、右移位将移位数据存储单元的首尾相连，同时又与溢出标志位（　　）相连，用来存放被移出的位。

A. SM 1.0　　　B. SM 1.1　　　C. SM 0.0　　　D. SM 0.1

8.（多选题）数据左移位指令，支持以下（　　）数据类型移位。

A. 字节　　　B. 字　　　C. 双字　　　D. 位

9. 判断正误：本项目硬件接线时，可以先给 PLC 上电，再接 I/O 信号线。（　　）

10. 判断正误：本项目硬件接线，应按照系统接线图接线。（　　）

11. 本项目的程序中多次用到 VW0 的加 1 指令，请简述它的功能。

12. 图 3-30 所示指令中，当 I0.2 的上升沿来临时，把 16#40 的值送给 QW0，那么 QW0 中哪个位的值变为 1？

图 3-30　题 12 图

13. 图 3-31 所示指令中，当 I0.3 的上升沿来临时，把 16#4000 的值送给 VW0，那么 QW0 中哪个位的值变为 1？

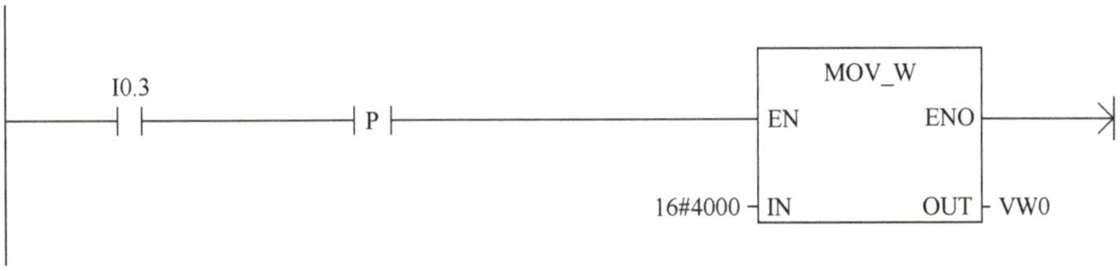

图 3-31　题 13 图

14. 图 3-32 所示程序中，当 I0.1 的上升沿来临时，QW0 等于多少？

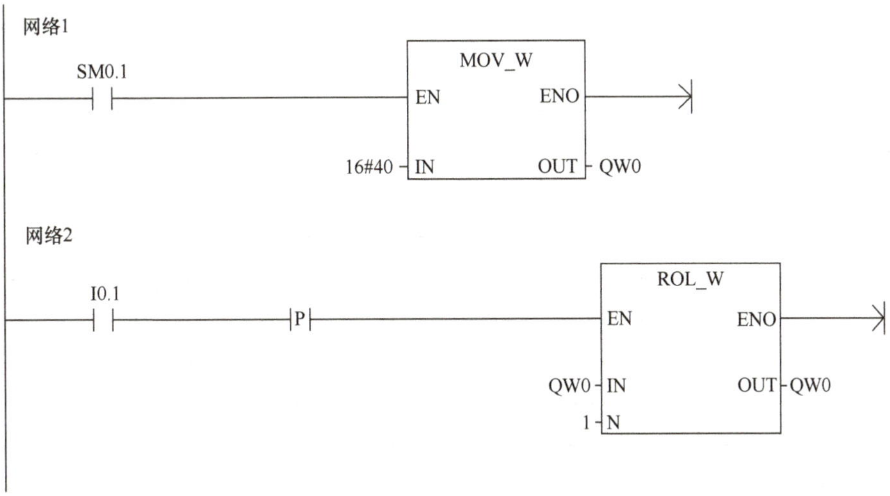

图 3-32　题 14 图

15. 图 3-33 所示程序中，当 I0.4 的上升沿来临时，VW0 等于多少？

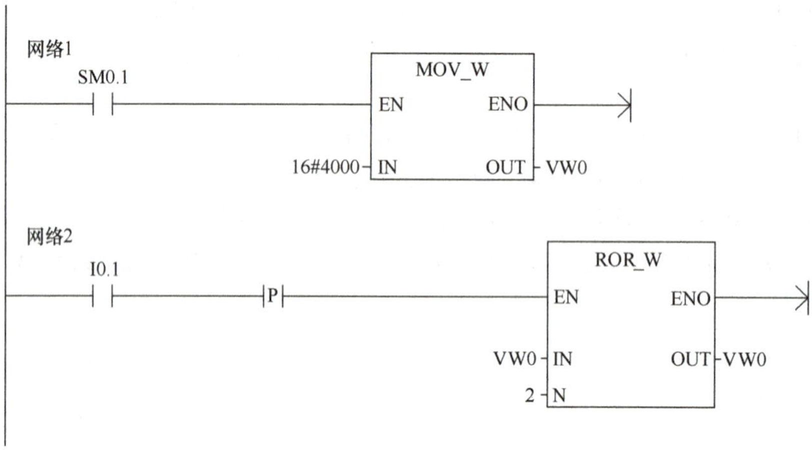

```
网络1
   SM0.1          MOV_W
   ──┤├──────────EN    ENO├──
                        
         16#4000─IN    OUT─VW0

网络2
   I0.1
   ──┤├────┤P├──────┐   ROR_W
                    └──EN    ENO├──
                  VW0─IN    OUT─VW0
                    2─N
```

图 3-33　题 15 图

【笔记与练习区】

【项目工单】

专业：			
课程：可编程控制器应用技术 项目：铁塔之光 PLC 系统设计	姓名：		日期：
	班级：		成绩：

一、控制要求

使用 S7-200 SMART PLC、铁塔之光的模拟模块和必要的按钮等电器元件实现对铁塔之光的 PLC 控制。

二、实施过程

1. 填写 I/O 地址分配表（表 3-30）

表 3-30 I/O 地址分配表

输入设备	输入地址	输入功能	输出设备	输出地址	输出功能

2. 完善硬件接线图（图 3-34）

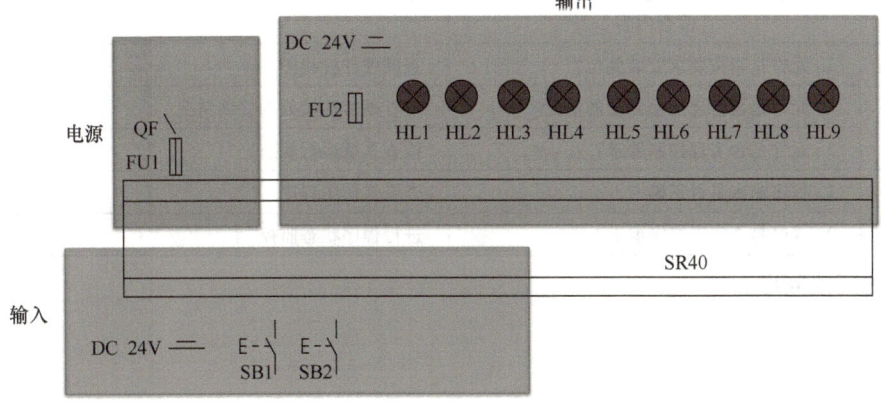

图 3-34 硬件接线任务图

3. 设计梯形图程序

4. 记录检查调试现象（表 3-31）

表 3-31　检查调试记录表

检查项目	检查内容	检查方法	检查结果
硬件安装	1. 元件是否按要求安装到位？	查阅硬件接线图	
	2. 元件是否有连接不到位的情况？	检查硬件连接处的接线情况	
	3. 元件是否实现控制要求？	检查系统运行状态	
程序编写	1. 程序输入是否正确？	查看梯形图程序	
	2. 程序是否实现控制要求？	进行程序状态监控	

存在的其他问题：

【考核评分表】

项目名称		考核时间			接线	编程	调试	讲解
学生班级		小组成员		考核角色				
小组组别								
学生姓名								

	小组考核任务	分值	个人考核承担任务	学生自评	小组互评	教师评价	小组得分	个人得分
过程考核	接线	20						
	编程	20						
	调试	20						
	讲解	20						
	过程成绩合计	80						

	个人加分考核	分值	个人考核承担任务	学生自评	组长打分	教师评价		个人得分
职业素养考核	工单认真严谨	5						
	团队精神	5						
	8S 管理	5						
	拓展创新	5						
	职业素养成绩	20						

教师签字:		综合成绩:	

扩 展 模 块

【科技创新篇】

有一种速度叫中国速度，有一种奇迹叫中国奇迹。在当代中国，高铁不仅展示了中国在科技创新领域的卓越成就，更深刻改变了人们的生活方式和国家的时空格局。中国高铁的发展始于21世纪初，从最初的引进消化吸收再创新，到如今的自主研发和全球领先，中国高铁走过了一条不平凡的发展道路。

高铁的发展不仅提升了中国铁路的运输能力和服务质量，更促进了区域经济的协调发展，加强了城市间的联系，推动了产业升级和结构调整。同时，高铁还成为了中国科技创新和高端装备制造的重要代表，提升了国家的国际形象和软实力。

中国高铁在技术创新方面取得了显著成就。从无砟轨道技术、高速列车自主研发，到复杂地质条件下的建设工艺和智能化的运营管理系统，中国高铁克服了无数技术难题，形成了具有自主知识产权的技术体系。

经过持续的技术创新和攻关，中国高铁已经实现了单列时速453公里、交会时速891公里的运行试验，进一步巩固了中国高铁在全球的领先地位。

高铁的发展是中国科技创新精神的生动体现。在高铁的研发和运营过程中，无数科技工作者和铁路人发扬了自强不息、勇于创新的精神，攻克了一个又一个技术难关，创造了世界高铁发展的奇迹。高铁作为中国的一张"国家名片"，不仅展示了中国的科技创新实力，更激发了人们的爱国情怀。

高铁的发展是中国科技创新和高端装备制造的重要代表，同学们要与时代接轨，好好学习专业知识，提升自身的专业技能，为祖国的科技创新贡献自己的力量。

项目一　能耗制动 PLC 多种语言程序系统设计

【项目引入】

小明的班级暑假到太原某起重机械厂参观学习。在现场，同学们看到起重工人熟练地操控着起重设备，细心的小明注意到起重工人每次都能很精准地将重物放到指定地方。小明想：这么重的物体惯性都很大，电动机是如何做到快速停车控制的呢？联系到自己学习过的知识，小明意识到一定是用到了制动控制，询问现场工程师后，小明的想法得到了肯定。工厂里的起重设备由于质量大，要求频繁起动和平稳制动，通常会采用能耗制动。在自动化水平较高的工厂，一般用 PLC 来控制能耗制动，接下来我们就一起看看如何用不同的程序语言来设计完成能耗制动。

【项目描述】

按下起动按钮，电动机连续运转；按下停止按钮，电动机接入直流电源，在制动力矩的作用下，电动机快速停车，制动计时时间到，切断直流电源，制动结束。

【学习目标】

1）了解西门子 S7-200 SMART PLC 的多种编程语言。
2）学会语句表基本指令的使用方法。
3）掌握语句表堆栈指令的使用方法。

【素养目标】

1）具有良好的身心素质和人文素养。
2）掌握一定的学习方法，具有良好的生活习惯、行为习惯和自我管理能力。
3）具有质量意识、绿色环保意识、安全意识、信息素养、创新精神。

【相关知识】

一、基本位操作指令

1. 逻辑取（装载）指令 LD（Load）/LDN（Load not）

LD（Load）：常开触点逻辑运算的开始。对应梯形图则为在左侧母线或线路分支点处初始装载一个常开触点。

LDN（Load not）：常闭触点逻辑运算的开始（即对操作数的状态取反），对应梯形图则为在左侧母线或线路分支点处初始装载一个常闭触点。

2. 线圈驱动指令 =（OUT）

线圈驱动（赋值指令），对同一元件只能使用一次。程序 1 如图 4-1 所示。

```
网络 1
LD   I0.1        //装载常开触点
=    Q0.0        //输出线圈
网络 2
LDN  I0.0        //装载常闭触点
=    M0.0        //输出线圈
```

图 4-1　程序 1

3. 触点串联指令 A（And）/AN（And not）

A（And）：与操作，在梯形图中表示串联连接单个常开触点。

AN（And not）：与非操作，在梯形图中表示串联连接单个常闭触点。程序 2 如图 4-2 所示。

```
网络 1
LD   I0.1        //装载常开触点
AN   M0.0        //与常闭触点
=    Q0.0        //输出线圈
```

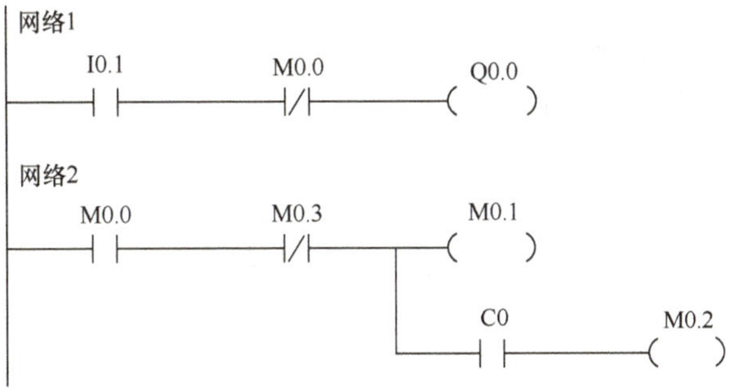

图4-2 程序2

网络2
LD M0.0   //装载常开触点
AN M0.3   //与常闭触点
 = M0.1   //输出线圈

4. 触点并联指令：O（Or）/ON（Or not）

O（Or）：或操作，在梯形图中表示并联连接一个常开触点。

ON（Or not）：或非操作，在梯形图中表示并联连接一个常闭触点。

程序3如图4-3所示。

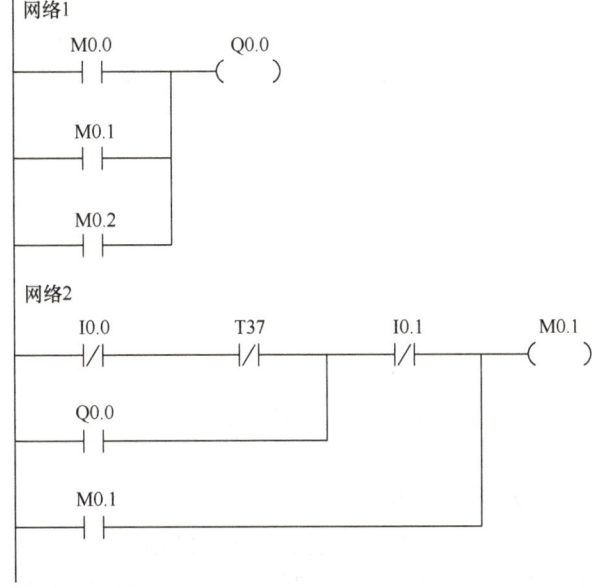

图4-3 程序3

网络1
LD M0.0   //装载常开触点
O   M0.1   //或常开触点
O   M0.2   //或常开触点
 = Q0.0   //输出线圈

网络2
LDN   I0.0   //装载常闭触点
AN   T37   //与常闭触点
O   Q0.0   //与常开触点
AN   I0.1   //与常闭触点

定时器、计数器和功能指令等语句表格式如图4-4所示。

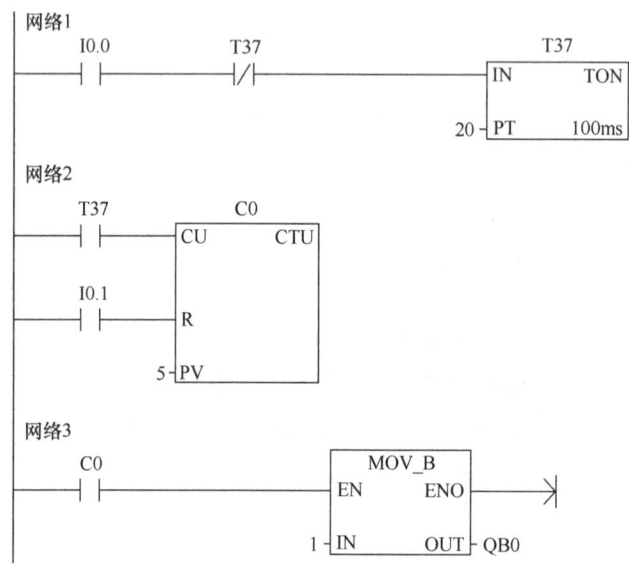

图4-4　定时器、计数器和功能指令

网络1
LD   I0.0   //装载常开触点
AN   T37   //与常闭触点
TON   T37,20   //输出预设值为20的定时器T37
网络2
LD   T37   //装载常开触点
LD   I0.1   //装载常开触点
CTU   C0,5   //或常开触点 = Q0.0 //或常开触点
网络3
LD   C0   //装载常开触点
MOVB   1,QB0   //把十进制的数值1送到QB0的存储单元中

在这里要注意，传送指令也可以传送二进制数和十六进制数，用语句表表示的时候，只需要把1替换为2#××或16#××的形式即可。

5. 电路块的串联指令 ALD

ALD：块"与"操作，用于串联连接多个并联电路组成的电路块，语句表指令如下，请尝试画出梯形图。

LD   I0.0   //装入常开触点
O   I0.1   //或常开触点

LD   I0.2   //装入常开触点
O   I0.3   //或常开触点
ALD   //块"与"操作
=   Q0.0   //输出线圈

ALD 指令使用说明：

1）并联电路块与前面电路串联连接时，使用 ALD 指令。分支的起点用 LD/LDN 指令，并联电路结束后使用 ALD 指令与前面电路串联。

2）可以顺次使用 ALD 指令串联多个并联电路块，支路数量没有限制。

3）ALD 指令无操作数。

6. 电路块的并联指令 OLD

OLD：块"或"操作，用于并联连接多个串联电路组成的电路块。语句表指令如下，请尝试画出梯形图。

LD   I0.0   //装入常开触点
A   I0.2   //或常开触点
LD   I0.1   //装入常开触点
A   I0.3   //或常开触点
OLD   //块"或"操作
=   Q0.0   //输出线圈

OLD 指令使用说明：

1）并联连接多个串联支路时，其支路的起点以 LD、LDN 开始，并联结束后用 OLD。

2）可以顺次使用 OLD 指令并联多个串联电路块，支路数量没有限制。

3）OLD 指令无操作数。

对于电路块的串并联混合使用，语句指令表如下，请尝试画出梯形图。

LD   I0.0   //装入常开触点
O   I0.1   //或常开触点
LD   I0.2   //装入常开触点
O   I0.3   //或常开触点
ALD   //块"与"操作
LD   I0.4   //装入常开触点
A   I0.5   //与常开触点
OLD   //块"或"操作
=   Q0.0   //输出线圈

【练习1】写出图 4-5 所示梯形图程序所对应的语句表指令。

二、逻辑堆栈指令

1. 堆栈的概念

S7-200 SMART PLC 采用模拟栈的结构，用于保存逻辑运算结果及断点的地址，称为逻辑堆栈。S7-200 SMART PLC 中有一个 9 层的堆栈，其特点如下。

1）堆栈是若干个存储单元（或寄存器）的有序集合，它顺序地存放一组元素。

2)数据的存取都只能在栈顶单元内进行,即数据的进栈与出栈都只能经过栈顶单元这个"出入口"。

3)堆栈中的数据采用"先进后出"或"后进先出"的存取工作方式。

堆栈好似只有一个进出口的仓库,最先放进去的东西会放在最里面,而最后放进去的东西会在最外面,取东西的时候最先拿出来的是最后放进去的东西。堆栈操作过程示意图如图4-6所示。

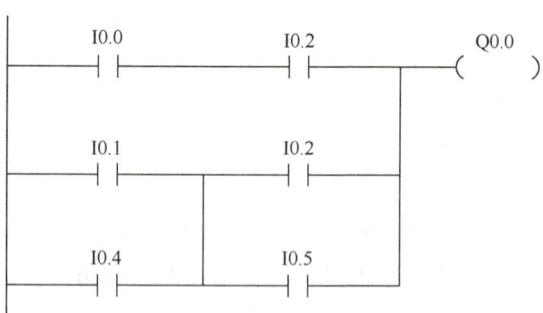

图4-5 练习1程序图

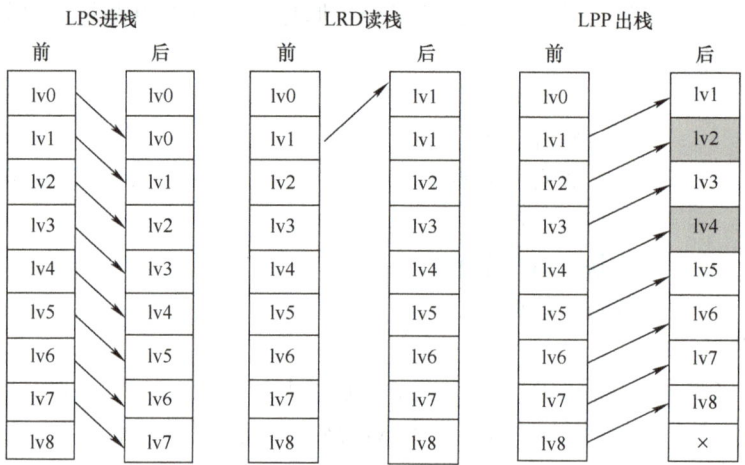

图4-6 堆栈操作过程示意图

LPS(逻辑进栈)指令:LPS指令复制栈顶的值并将其压入堆栈的lv2,栈中原来数据依次下移一层,栈底值压出丢失。

LRD(逻辑读栈)指令:LRD指令把逻辑堆栈lv2的值复制到栈顶,lv2~lv9层数据不变。堆栈没有压入和弹出,但原栈顶的值丢失。图4-6中的×表示任意的数。

LPP(逻辑出栈)指令:LPP指令把堆栈弹出一级,原lv2的值变为新的栈顶值,原栈顶数据从栈内丢失。

有进栈一定要有出栈,LPS和LPP在使用的时候必须成对出现。堆栈指令的使用方法及应用请扫描二维码4-1观看。

4-1 堆栈指令

【练习2】写出图4-7所示梯形图程序对应的语句表指令

2. 二次入栈

在梯形图当中,某一个点的值被保存以后,如果在后面的运算中还要再次保留其他的数据,就会用到二次入栈。如图4-8所示的程序,语句表指令如下。

LD   I0.0
LPS   //逻辑进栈(A点)
A   M0.0
LPS   //逻辑进栈(B点)

```
A   M0.1
=   Q0.0
LPP           //逻辑出栈（B 点）
A   M0.2
=   Q0.1
LPP           //逻辑出栈（A 点）
A   M0.4
LPS           //逻辑出栈（C 点）
A   M0.3
=   Q0.2
LPP           //逻辑出栈（C 点）
AN  37
=   Q0.3
```

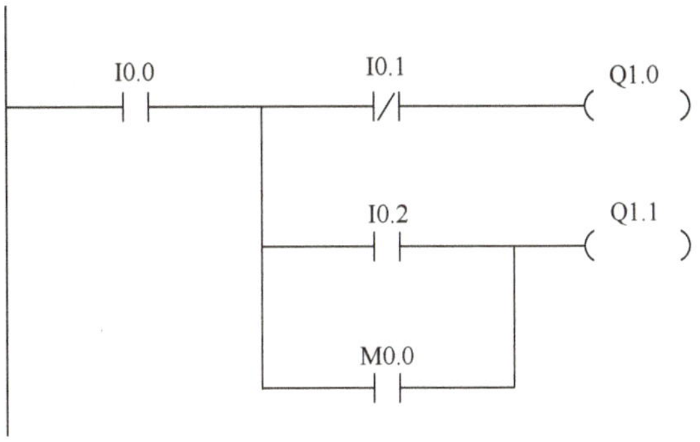

图 4-7　练习 2 程序图

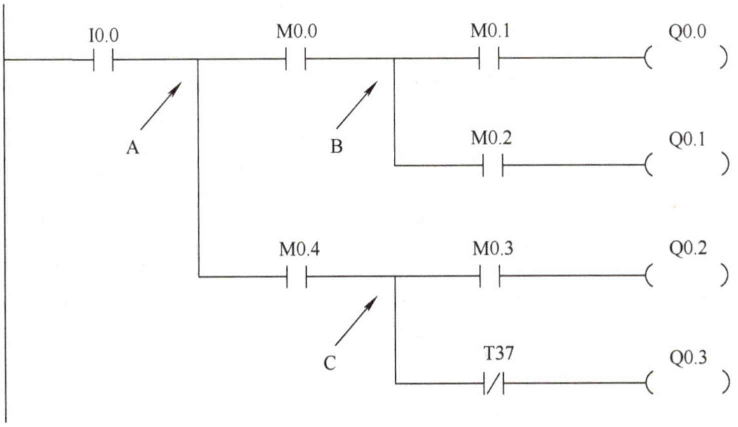

图 4-8　二次入栈程序图

读栈指令 RLD 是在某个节点的值被多次（超过两次）用到时使用的。例如图 4-8 中的节点位置 A 的值，执行入栈操作后，栈顶和第二层的值即为 A 的值，栈顶与 I0.1 的常闭触点后，栈顶的值已经刷新为 Q1.0 的值。此时如果直接出栈，则栈第二层的值将被送到栈顶，第二层的数据将不再保留，栈顶的值也会在参与了块与运算以后被刷新为 Q1.1 的值，这样当 A 点的值需要第三次使用的时候，就无法调出了。因此，在某个节点的值被多次（超过两次）用到时，第一次时入栈，最后一次出栈，中间都要用读栈指令，将栈第二层的数据复制一份到栈顶，第二层还保留节点的值，被后面调用。

【练习3】写出图 4-9 所示梯形图程序对应的语句表指令。

【项目实施】

一、能耗制动原理及 PLC 硬件接线

图 4-10 所示为能耗制动接触器控制电气原理图，由图中可知，电路由主电路、整流电

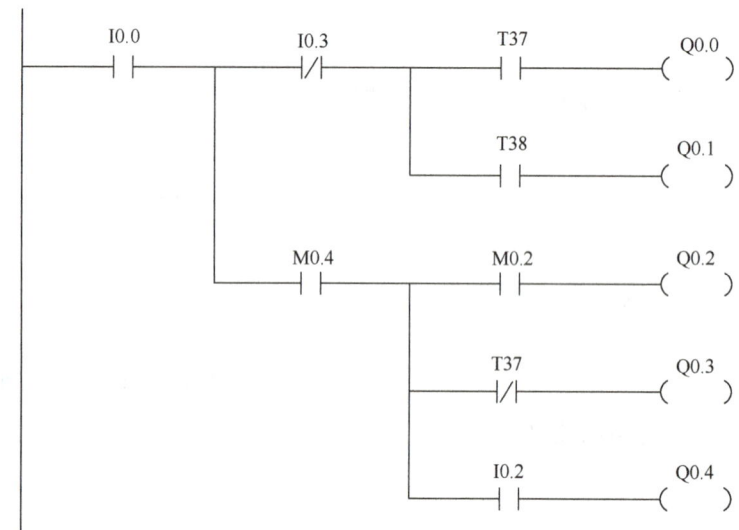

图 4-9 练习 3 程序图

路和控制电路三部分组成，工作时合上电源开关 QS，按下 SB2，KM1 线圈通电，其常闭触点断开 KM2 的电路实现互锁，然后 KM1 常开触点闭合自锁，KM1 主触点闭合，电动机运行。停止工作时，按下 SB1，SB1 的常闭触点先断开 KM1 的电路，使电动机脱离交流电源，SB1 的常开触点闭合使 KM2 和时间继电器 KT 线圈通电。KM2 常闭触点先断开 KM1 的电路实现互锁，然后 KM2 常开触点闭合自锁，KM2 主触点闭合，整流电路开始工作，将直流电送入电动机定子绕组，产生制动力矩，制动过程时间的长短由时间继电器控制，定时时间

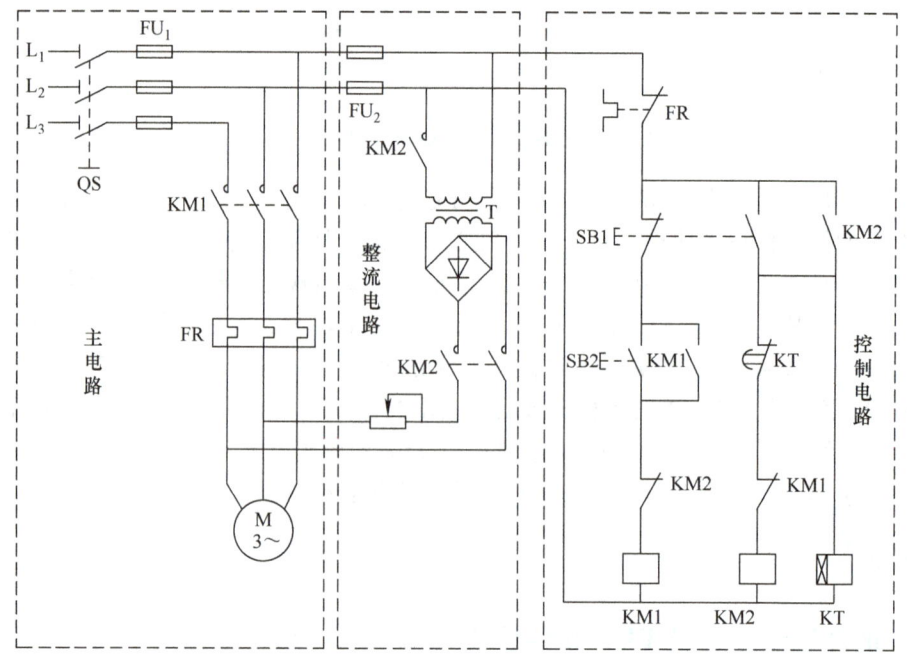

图 4-10 能耗制动接触器控制电气原理

到，时间继电器动作，常闭触点断开，能耗制动结束。

用 PLC 进行能耗制动控制，主电路和整流电路不变，控制电路的硬件用 PLC 的程序代替。根据电气原理图，所需要的元器件包括 1 个断路器、5 个熔断器、2 个交流接触器、1 个热继电器、2 个按钮、1 套整流装置和 1 个制动电阻。PLC 和各个低压电器之间的接线如图 4-11 所示。

二、能耗制动程序设计

1. 梯形图程序设计

采用直接替换法将电气原理图转换为梯形图程序，如图 4-12 所示。

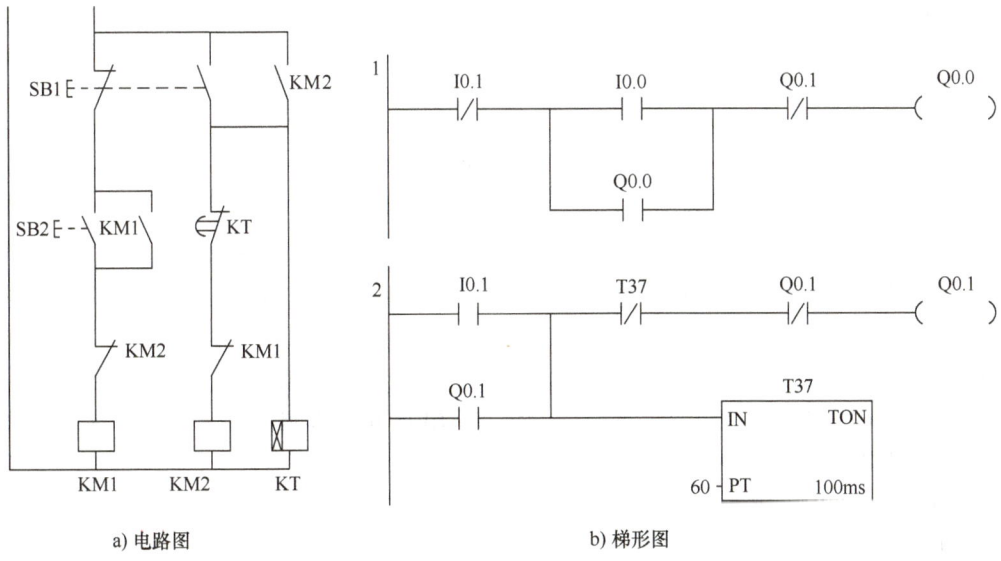

图 4-11 PLC 和各个低压电器之间的接线

a) 电路图   b) 梯形图

图 4-12 能耗制动电气控制电路及转换为梯形图程序

2. 语句表程序设计

将梯形图程序转换为语句表程序。

LDN　I0.1
LD　I0.0
O　Q0.0
ALD
ALD　Q0.1
=　Q0.0
LD　I0.1
O　Q0.1
LPS

```
AN    T37
AN    Q0.1
 =    Q0.1
LPP
TON   T37,60
```

三、能耗制动 PLC 控制语句表程序监控调试

在编程软件中编写语句表程序，编译后下载到 PLC，监控程序画面。按下起动按钮 SB2，Q0.0 接通，通过 PLC 外部接线使接触器 KM1 线圈得电，电动机正常运转。按下停止按钮 SB1，Q0.1 接通，通过 PLC 外部接线使接触器 KM2 线圈得电，经整流电路整流后的直流电通入电动机定子绕组，产生制动力矩，进行能耗制动。Q0.1 接通的同时，定时器 T37 开始计时，计时时间到，Q0.1 常闭触点断开，切断直流电源，能耗制动结束。

【随堂测试】

1. 语句表指令 LDN I0.0 表示（   ）。
   A. 装载一个 I0.0 的常开触点   B. 装载一个 I0.0 的常闭触点
   C. 串联 I0.0 的常开触点   D. 串联 I0.0 的常闭触点
2. 在语句表指令中 O 代表（   ）。
   A. 与运算   B. 或运算   C. 取反运算   D. 堆栈运算
3. 与运算在梯形图中是串联关系，或运算是并联关系，取反运算用常闭表示，则下列表述能正确表示语句表指令的是（   ）。
   A. "A 并 O 串 L 常闭"   B. "A 串 O 并 N 常闭"
   C. "A 并 O 串 N 常闭"   D. "A 串 O 并 L 常闭"
4. 电路块的或运算指令是（   ）。
   A. LDO   B. LDA   C. OLD   D. ALD
5. 进栈指令是（   ）。
   A. LPP   B. LRD   C. LPS   D. LPD

【笔记与练习区】

【项目工单】

专业：		
课程：可编程控制器应用技术 项目：能耗制动 PLC 多种语言程序系统设计	姓名： 班级：	日期： 成绩：

一、控制要求

使用 S7-200 SMART PLC 和电控实训装置实现对电动机的能耗制动 PLC 控制。

二、实施过程

1. 填写 I/O 地址分配表（表 4-1）

表 4-1 I/O 地址分配表

输入设备	输入地址	输入功能	输出设备	输出地址	输出功能

2. 完善硬件接线图（图 4-13）

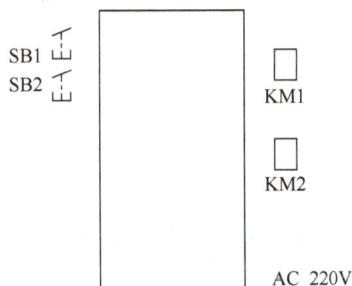

图 4-13 硬件接线任务图

3. 设计程序（语句表语言和梯形图语言两种语言设计）

4. 记录检查调试现象(表 4-2)

表 4-2　检查调试记录表

检查项目	检查内容	检查方法	检查结果
硬件安装	1. 元件是否按要求安装到位？	查阅硬件接线图	
	2. 元件是否有连接不到位的情况？	检查硬件连接处的接线情况	
	3. 元件是否实现控制要求？	检查系统运行状态	
程序编写	1. 程序输入是否正确？	查看梯形图程序	
	2. 程序是否实现控制要求？	进行程序状态监控	

存在的其他问题：

【考核评分表】

项目名称		考核时间				接线	编程	调试	讲解
学生班级		小组成员		考核角色					
小组组别									
学生姓名									
过程考核	小组考核任务	分值	个人考核承担任务	学生自评	小组互评	教师评价	小组得分	个人得分	
	接线	20							
	编程	20							
	调试	20							
	讲解	20							
	过程成绩合计	80							
职业素养考核	个人加分考核	分值	个人考核承担任务	学生自评	组长打分	教师评价	个人得分		
	工单认真严谨	5							
	团队精神	5							
	8S 管理	5							
	拓展创新	5							
	职业素养成绩	20							
教师签字：				综合成绩：					

项目二　钢包车行走定位 PLC 系统设计

【项目引入】

暑假了，小明乘坐高铁回家。进站以后，铁路工作人员提示大家按照地面标志站在合适的位置候车，小明站在 8 号车厢的等待区。不一会儿，高铁列车快速进站并制动，8 号车厢不偏不倚正好停在了小明所在的等待区。小明感到很惊讶："为什么高铁列车的速度这么快，却能如此平稳、精准地停车？"其实，高铁列车到了预定的制动位置后，就会根据控制系统预先设计好的程序开始制动减速，等到达预定的停车位置，让速度降为零。自动化系统中也有很多类似的装置，用于实现精准定位的操作。在本项目中，我们一起看看炼钢厂中的智能钢包车是如何进行精准搬运和升降控制的吧。相关视频请扫描二维码 4-2 观看。

4-2　钢包车引入

【项目描述】

钢包车行走定位控制系统示意图如图 4-14 所示。

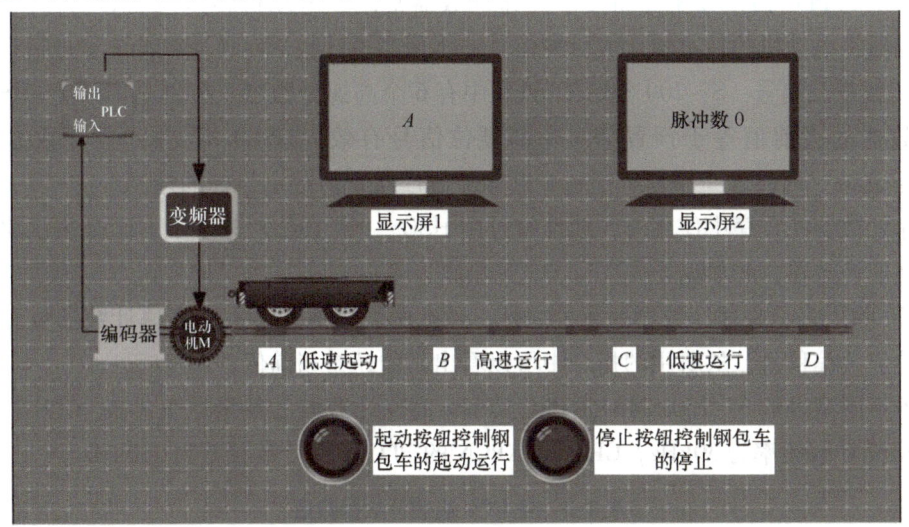

图 4-14　钢包车行走定位控制系统示意图

控制系统的具体控制要求：在钢包车实际运行过程中，按下起动按钮，钢包车从 A 点出发，A 点至 B 点为低速起动阶段，到达 B 点的脉冲数为 500 个；B 点至 C 点为高速运行阶段，达到 C 点的脉冲数为 1500 个；C 点至 D 点为低速运行阶段，达到 D 点的脉冲数为 2000 个；按下停止按钮，钢包车停止运行，可以根据实时脉冲数准确定位出钢包车的当前位置。通过以上的钢包行走定位系统运行的描述，设计系统硬件和编写 PLC 梯形图程序，实现以上控制要求。

【学习目标】

1）掌握 PLC 高速计数器指令的含义及功能应用。

2) 掌握编码器的功能及使用。
3) 钢包车行走定位控制系统设计与实现。

【素养目标】

1) 具有良好的身心素质和人文素养。
2) 掌握一定的学习方法，具有良好的生活习惯、行为习惯和自我管理能力。
3) 具有质量意识、绿色环保意识、安全意识、信息素养、创新精神。

【相关知识】

一、高速计数器指令介绍

普通计数器与扫描工作方式有关，CPU 通过每个扫描周期读取一次被测信号的方法来捕捉被测信号的上升沿进行计数，当被测脉冲信号的频率较高时，就会发生脉冲丢失的现象。因此，普通计数器的工作频率很低，一般不超过 100Hz。高速计数器脱离主机的扫描周期而独立计数，它可对脉宽小于主机扫描周期的高速脉冲准确计数，即高速计数器计数的脉冲输入频率比 PLC 扫描频率高得多。高速计数器常用于电动机转速检测等场合，使用时，可由编码器将电动机的转速转化成脉冲信号，再用高速计数器对转速脉冲信号进行计数。

(1) 数量及编号　S7-200 SMART PLC 中有 6 个高速计数器，分别是 HSC0 ~ HSC5。当高速计数器的当前值等于预置值、外部复位信号有效（HSC0 不支持）、计数方向改变（HSC0 不支持）时将产生中断，通过中断服务程序实现对控制目标的控制。

高速计数器在程序中使用时，地址编号用 HSCn（或 HCn）来表示，HSC 表示编程元件名称为高速计数器，n 为编号。

HSCn 除了表示高速计数器的编号之外，还有两方面的含义，即高速计数器位和高速计数器当前值。编程时，从所用的指令中可以看出是位还是当前值。

对于不同型号的 S7-200 SMART PLC CPU，高速计数器的数量见表 4-3。CPU 22X 系列的 PLC 最高计数频率为 30kHz，CPU 224XPCN 的 PLC 最高计数频率为 230kHz。

表 4-3　各 CPU 高速计数器数量

主机型号	CPU221	CPU222	CPU224	CPU226
可用 HSC 数量	4		6	
HSC 编号范围	HSC0、HSC3、HSC4、HSC5		HSC0 ~ HSC5	

(2) 中断事件类型　高速计数器的计数和动作可采用中断方式进行控制，与 CPU 的扫描周期关系不大，各种型号 PLC 可用的计数器的中断事件大致分为三类：当前值等于预置值中断、输入方向改变中断和外部信号复位中断。所有高速计数器都支持当前值等于预置值中断。每个高速计数器的三种中断的优先级由高到低执行，不同高速计数器之间的优先级又按编号顺序由高到低执行，具体对应关系见表 4-4。

表 4-4 高速计数器中断

高速计数器	当前值等于预置值中断		计数方向改变中断		外部信号复位中断	
	事件号	优先级	事件号	优先级	事件号	优先级
HSC0	12	10	27	11	28	12
HSC1	13	13	14	14	15	15
HSC2	16	16	17	17	18	18
HSC3	32	19	无	无	无	无
HSC4	29	20	30	21	无	无
HSC5	33	23	无	无	无	无

(3) 高速计数器输入端子的连接　各高速计数器对应的输入端子见表 4-5。

表 4-5 高速计数器的输入端子

高速计数器	使用的输入端子	高速计数器	使用的输入端子
HSC0	I0.0、I0.1、I0.2	HSC3	I0.1
HSC1	I0.6、I0.7、I1.0、I1.1	HSC4	I0.3、I0.4、I0.5
HSC2	I1.2、I1.3、I1.4、I1.5	HSC5	I0.4

表 4-3 中所列的输入点，如果不使用高速计数器，可作为一般的数字量输入点，或者作为输入/输出中断的输入点。只有在使用高速计数器时，才分配给相应的高速计数器，实现高速计数器产生的中断。在 PLC 实际应用中，每个输入点的作用是唯一的，不能对某一个输入点分配多个用途，因此要合理分配每一个输入点的用途。中断的相关视频请扫描二维码 4-3 观看。

4-3　中断程序

二、高速计数器的使用模式

1. 高速计数器的计数方式

(1) 单路脉冲输入的内部方向控制加/减计数　只有一个脉冲输入端，通过高速计数器控制字节的第 3 位来控制加计数或者减计数。该位 =1，加计数；该位 =0，减计数。内部方向控制的单路加/减计数方式如图 4-15 所示。

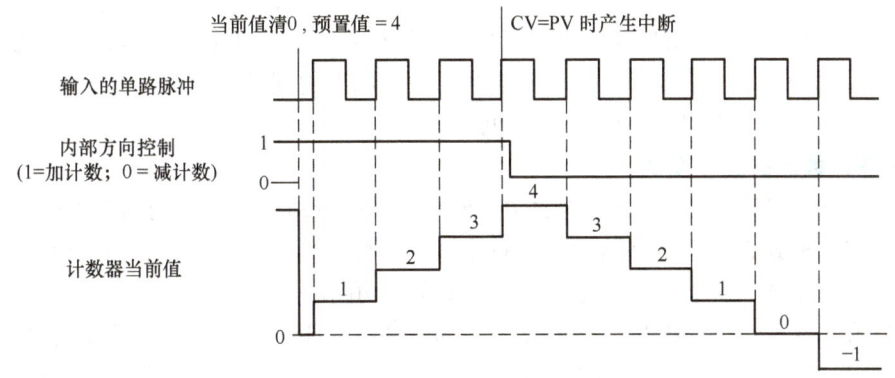

图 4-15　内部方向控制的单路加/减计数方式

(2) 单路脉冲输入的外部方向控制加/减计数　有一个脉冲输入端，有一个方向控制端。方向输入信号等于 1 时，为加计数；方向输入信号等于 0 时，为减计数。外部方向控制的单路加/减计数方式如图 4-16 所示。

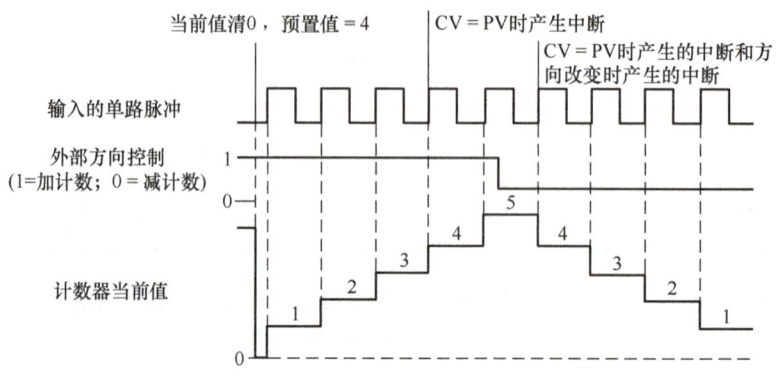

图 4-16　外部方向控制的单路加/减计数方式

(3) 两路脉冲输入的单相加/减计数　有两个脉冲输入端，一个是加计数脉冲，一个是减计数脉冲，计数值为两个输入端脉冲的代数和。两路脉冲输入的加/减计数方式如图 4-17 所示。

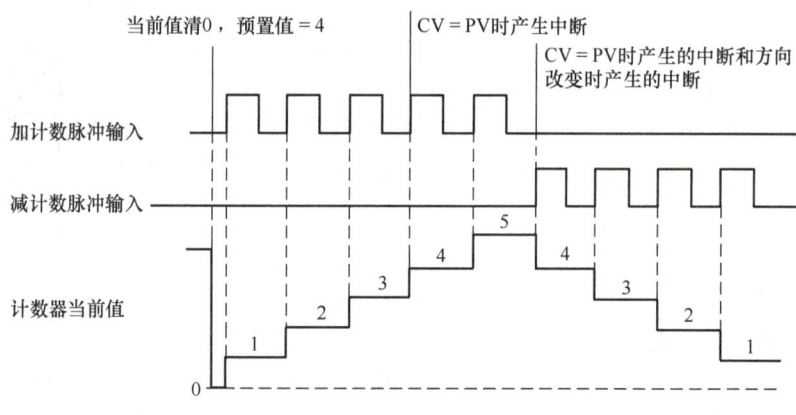

图 4-17　两路脉冲输入的加/减计数方式

(4) 两路脉冲输入的双相正交计数　有两个脉冲输入端，输入的两路脉冲 A 相、B 相，相位互差 90°（正交）。A 相超前 B 相 90°时，为加计数；A 相滞后 B 相 90°时，为减计数。在这种计数方式下，可选择 1×模式（单倍频，一个脉冲周期计一个数，见图 4-18）和 4×模式（四倍频，一个脉冲周期计四个数，见图 4-19）。

2. 高速计数器的工作模式

高速计数器有 13 种工作模式，模式 0 ~ 模式 2 采用单路脉冲输入的内部方向控制加/减计数；模式 3 ~ 模式 5 采用单路脉冲输入的外部方向控制加/减计数；模式 6 ~ 模式 8 采用两路脉冲输入的单相加/减计数；模式 9 ~ 模式 11 采用两路脉冲输入的双相正交计数；模式 12 只有 HSC0 和 HSC3 支持，HSC0 计 Q0.0 发出的脉冲数，HSC3 计 Q0.1 发出的脉冲数。

S7-200 SMART PLC 有 HSC0 ~ HSC5 六个高速计数器，每个高速计数器有多种不同的工

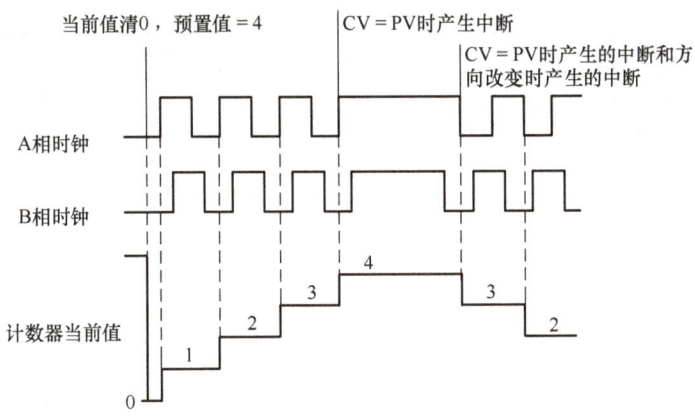

图 4-18 两路脉冲输入的双相正交计数 1×模式

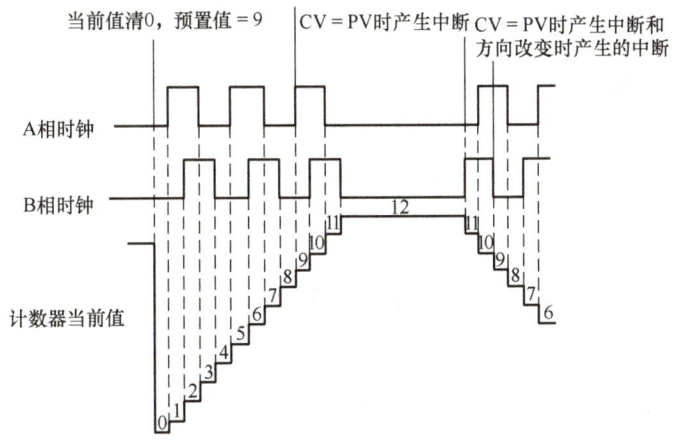

图 4-19 两路脉冲输入的双相正交计数 4×模式

作模式。HSC0 和 HSC4 有模式 0、1、3、4、6、7、9、10；HSC1 和 HSC2 有模式 0～模式 11；HSC3 有模式 0、12，HSC5 只有模式 0。每种计数器所拥有的工作模式和其占有的输入端子的数目有关，见表 4-6。

表 4-6 高速计数器的工作模式和输入端子的关系及说明

	功能及说明		占用的输入端子及其功能			
HSC 编号及其对应的输入端子		HSC0	I0.0	I0.1	I0.2	×
		HSC4	I0.3	I0.4	I0.5	×
		HSC1	I0.6	I0.7	I1.0	I1.1
		HSC2	I1.2	I1.3	I1.4	I1.5
		HSC3	I0.1	×	×	×
		HSC5	I0.4	×	×	×
0	单路脉冲输入的内部方向控制加/减计数。控制字 SM37.3 = 0，减计数；SM37.3 = 1，加计数		脉冲输入端	×	×	×
1				×	复位端	×
2				×	复位端	起动端

（续）

	功能及说明	占用的输入端子及其功能			
3	单路脉冲输入的外部方向控制加/减计数。方向控制端=0，减计数；方向控制端=1，加计数	脉冲输入端	方向控制端	×	×
4				复位端	×
5				复位端	起动端
6	两路脉冲输入的双相正交计数。加计数端有脉冲输入，加计数；减计数端有脉冲输入，减计数	加计数脉冲输入端	减计数脉冲输入端	×	×
7				复位端	×
8				复位端	起动端
9	两路脉冲输入的双相正交计数。A相脉冲超前B相脉冲，加计数；A相脉冲滞后B相脉冲，减计数	A相脉冲输入端	B相脉冲输入端	×	×
10				复位端	×
11				复位端	起动端

选用某个高速计数器在某种工作方式下工作后，高速计数器所使用的输入不是任意选择的，必须按指定的输入点输入信号。

3. 高速计数器的控制字节和状态字节

（1）控制字节　定义了高速计数器的工作模式后，还要设置高速计数器的有关控制字节。每个高速计数器均有一个控制字节，它决定了计数器的计数允许或禁用、方向控制（仅限模式0、1和2）或对所有其他模式的初始化计数方向、装入初始值和预置值等。控制字节每个控制位的说明见表4-7。

表4-7　高速计数器的控制字节

HSC0	HSC1	HSC2	HSC3	HSC4	HSC5	说明
SM37.0	SM47.0	SM57.0	SM137.0	SM147.0	SM157.0	复位有效电平控制： 0=高电平有效；1=低电平有效
SM37.1	SM47.1	SM57.1	SM137.1	SM147.1	SM157.1	起动有效电平控制： 0=高电平有效；1=低电平有效
SM37.2	SM47.2	SM57.2	SM137.2	SM147.2	SM157.2	正交计数器计数倍率选择： 0=4×计数率；1=1×计数倍率
SM37.3	SM47.3	SM57.3	SM137.3	SM147.3	SM157.3	计数方向控制位： 0=减计数；1=加计数
SM37.4	SM47.4	SM57.4	SM137.4	SM147.4	SM157.4	向HSC写入计数方向： 0=无更新；1=更新计数方向
SM37.5	SM47.5	SM57.5	SM137.5	SM147.5	SM157.5	向HSC写入预置值： 0=无更新；1=更新预置值
SM37.6	SM47.6	SM57.6	SM137.6	SM147.6	SM157.6	向HSC写入初始值： 0=无更新；1=更新初始值
SM37.7	SM47.7	SM57.7	SM137.7	SM147.7	SM157.7	HSC指令执行允许控制： 0=禁用HSC；1=启用HSC

（2）状态字节　每个高速计数器都有一个状态字节，状态位表示当前计数方向以及当

前值是否大于或等于预置值。每个高速计数器状态字节的状态位见表4-8，状态字节的0~4位不用。监控高速计数器状态的目的是使外部事件产生中断，以完成重要的操作。

表4-8 高速计数器的状态字节

HSC0	HSC1	HSC2	HSC3	HSC4	HSC5	说明
SM36.5	SM46.5	SM56.5	SM136.5	SM146.5	SM156.5	当前计数方向状态位： 0=减计数；1=加计数
SM36.6	SM46.6	SM56.6	SM136.6	SM146.6	SM156.6	当前值等于预置值状态位： 0=不相等；1=相等
SM36.7	SM46.7	SM56.7	SM136.7	SM146.7	SM156.7	当前值大于预置值状态位： 0=小于或等于；1=大于

4. 高速计数器指令及使用

（1）高速计数器指令 高速计数器指令有高速计数器定义指令HDEF和高速计数器指令HSC。指令格式见表4-9。

表4-9 高速计数器指令格式

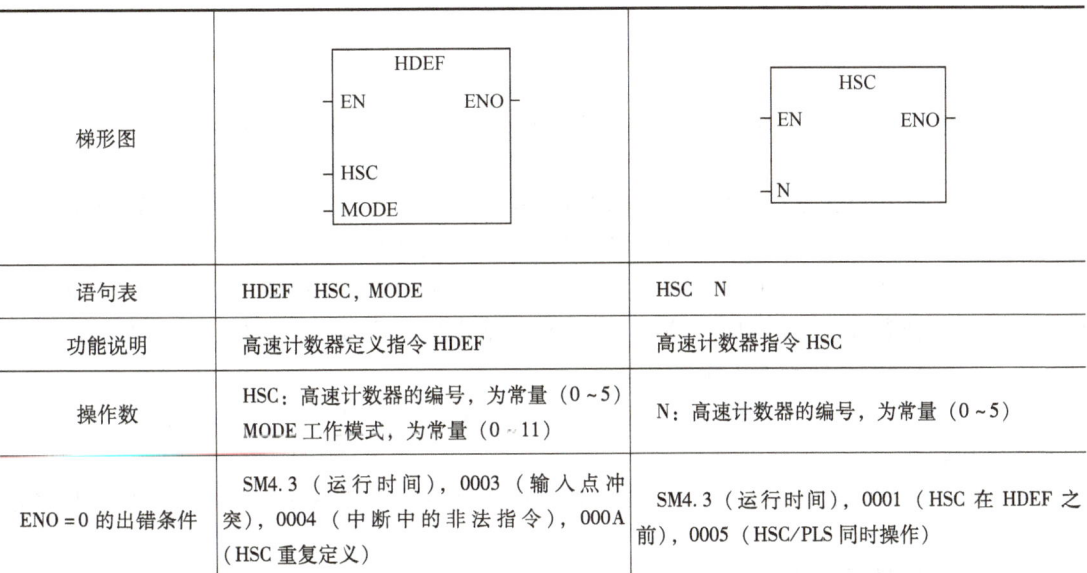

梯形图	HDEF EN ENO HSC MODE	HSC EN ENO N
语句表	HDEF HSC, MODE	HSC N
功能说明	高速计数器定义指令HDEF	高速计数器指令HSC
操作数	HSC：高速计数器的编号，为常量（0~5） MODE 工作模式，为常量（0~11）	N：高速计数器的编号，为常量（0~5）
ENO=0 的出错条件	SM4.3（运行时间），0003（输入点冲突），0004（中断中的非法指令），000A（HSC重复定义）	SM4.3（运行时间），0001（HSC在HDEF之前），0005（HSC/PLS同时操作）

1）高速计数器定义指令HDEF。指令指定高速计数器HSCx的工作模式。工作模式的选择即选择高速计数器的输入脉冲、计数方向、复位和起动功能。每个高速计数器只能用一条高速计数器定义指令。

2）高速计数器指令HSC。根据高速计数器控制位的状态和按照HDEF指令指定的工作模式控制高速计数器。参数N指定高速计数器的编号。

（2）高速计数器指令的使用 每个高速计数器都有一个32位初始值和一个32位预置值，初始值和预置值均为带符号的整数值。要设置高速计数器的初始值和预置值，必须设置控制字，令其第5位和第6位为1，即允许更新初始值和预置值，初始值和预置值写入特殊内部标志位存储区。然后执行HSC指令，将新数值传输到高速计数器。初始值和预置值占用的特殊内部标志位存储区见表4-10。

表 4-10　HSC0~HSC5 初始值和预置值占用的特殊内部标志位存储区

要装入的数值	HSC0	HSC1	HSC2	HSC3	HSC4	HSC5
初始值	SMD38	SMD48	SMD58	SMD138	SMD148	SMD158
预置值	SMD42	SMD52	SMD62	SMD142	SMD152	SMD162

除控制字节以及预置值和初始值外，还可以使用数据类型 HSC（高速计数器当前值）加计数器编号（0~5）读取每个高速计数器的当前值。因此，读取操作可直接读取当前值，但只有用上述 HSC 指令才能执行写入操作。

执行 HDEF 指令之前，必须将高速计数器控制字节的位设置成需要的状态，否则将采用默认设置。默认设置为复位和起动输入高电平有效，正交计数速率选择 4× 模式。执行 HDEF 指令后，就不能再改变计数器的设置。

（3）高速计数器指令的初始化　用 SM0.1 对高速计数器指令进行初始化（或在启用时对其进行初始化）。

1）在初始化程序中，根据控制要求设置控制字（SMB37、SMB47、SMB57、SMB137、SMB147、SMB157），如设置 SMB47 = 16#F8，则允许计数、允许写入初始值、允许写入预置值、更新计数方向为加计数，若将正交计数设为 4× 模式，则复位和起动设置为高电平有效。

2）执行 HDEF 指令，设置 HSC 的编号（0~5），设置工作模式（0~11）。如 HSC 的编号设置为 1，工作模式输入设置为 11，则为既有复位又有起动的正交计数工作模式。

3）把初始值写入 32 位当前寄存器（SMD38、SMD48、SMD58、SMD138、SMD148、SMD158）。如写入 0，则清除当前值，用指令 MOVD　0，SMD48 实现。

4）把预置值写入 32 位当前寄存器（SMD42、SMD52、SMD62、SMD142、SMD152、SMD162）。如执行指令 MOVD　1000，SMD52，则设置预置值为 1000。若写入预置值为 16#00，则高速计数器处于不工作状态。

5）为了捕捉当前值等于预置值的事件，将条件 CV = PV 中断事件（如事件 13）与一个中断程序相联系。

6）为了捕捉计数方向的改变，将方向改变的中断事件（如事件 14）与一个中断程序相联系。

7）为了捕捉外部复位，将外部复位中断事件（如事件 15）与一个中断程序相联系。

8）执行全部中断允许指令（ENI）允许 HSC 中断。

9）执行 HSC 指令使 S7-200 SMART PLC 对高速计数器进行编程。

10）编写中断程序。

5. HSC 向导的使用

在 S7-200 SMART PLC 编程环境中，使用以下方式可以打开 HSC 向导。选择菜单命令"工具"→"指令向导"，选择"HSC"即可；或单击浏览条中的"指令向导"图标，然后选择"HSC"；或打开指令树中的"向导"文件夹，并随后打开"HSC 指令向导"对话框，然后执行下面的步骤即可自动生成。

（1）选择高速计数器类型和工作模式　打开"HSC 指令向导"对话框，从该对话框的"您希望配置哪个计数器"下拉列表框中选择需要配置的高速计数器，从"模式"下拉列表框中选择工作模式,根据选择的高速计数器决定其可用的模式。

(2) 指定初始参数　高速计数器的类型和工作模式确定后,单击"下一步"按钮,进入"指定初始参数"对话框。

初始化参数包括:为初始化计数器创建的子程序指定一个默认名称,用户也可以指定一个不同的名称,但不要使用现有子程序名称;为高速计数器 CV 和 PV 指定一个双字地址、全局符号或整型常数;指定初始计数方向。

(3) 程序中断事件/编程多步操作　高速计数器的有关参数初始化后,单击"下一步"按钮,进入"指定程序中断事件/编程多步操作"对话框。

高速计数器类型和工作模式的选择决定了可用的中断事件。当用户选择对当前数值等于预置值事件（CV = PV）进行编程时,向导允许指定多步计数器操作。

SBR_0:该子程序包含高速计数器的初始化。高速计数器的当前值被指定为 0（CV = 0）,高速计数器的预置值被指定为 1000（PV = 1000）,计数方向为加。事件 12（HSC0 CV = PV）被连接至 INT0,高速计数器起动。

INT_0:当高速计数器达到第一个预置值 1000 时,执行 INT_0。高速计数器值被更改为 1500,方向不变。事件 12（HSC0 CV = PV）被重新连接至 INT_1,高速计数器被重新起动。

INT_1:当高速计数器再次达到预置值 1500 时,执行 INT_1。此时,若将预置值更改为 1000,计数方向为减,将 INT_1 连接至事件 12,并重新起动高速计数器。

INT_2:当高速计数器减计数达到预置值 1000 时,执行 INT_2。此时,若将当前值设为 0（CV = 0）,将计数器更改为加计数方向。事件 12 被重新连接至 INT_0,至此则完成了高速计数器操作的循环。

每个（CV = PV）中断事件均标有该事件调用的 INT 程序。

(4) 生成代码　完成 HSC 参数配置后,可以检查高速计数器使用的子程序/中断程序列表。在单击"完成"按钮后,允许向导为 HSC 生成必要的程序代码。代码包括用于高速计数器初始化的子程序。另外,为用户选择编程的每一个事件生成一个中断程序。对于多步应用,则为每一个步生成一个中断程序。

要使能高速计数器操作,必须从主程序中调用含初始化代码的子程序,如使用 SM0.1 或边沿触发指令确保该子程序只被调用一次。高速计数器的相关知识请扫描二维码 4-4 观看。

4-4　高速计数器

三、编码器

编码器（Encoder）是将角位移或直线位移转换成电信号的一种装置,是把信号（如比特流）或数据编制转换为可用于通信、传输和存储等的设备。按照其工作原理,编码器可分为增量式编码器和绝对式编码器两类。增量式编码器是将位移转换成周期性的电信号,再把这个电信号转变成计数脉冲,用脉冲的个数表示位移的大小。绝对式编码器的每一个位置对应一个确定的数字码,因此它的实际值只与测量的起始和终止位置有关,而与测量的中间过程无关。编码器的相关知识请扫描二维码 4-5 观看。

4-5　编码器

【项目实施】

一、钢包车行走定位控制系统的硬件设计

1. 钢包车行走定位控制系统的 I/O 地址分配

根据控制要求分析可得,编码器脉冲输入、起动按钮 SB1 和停止按钮 SB2 为输入信号,电动机运行、低速运行、高速运行和电动机运行指示灯为输出信号。具体系统 I/O 地址分配见表 4-11。

表 4-11 系统 I/O 地址分配

输入		输出	
编码器脉冲输入	I0.0	电动机运行	Q0.0
起动按钮 SB1	I0.4	低速运行	Q0.1
停止按钮 SB2	I0.5	高速运行	Q0.2
—	—	电动机运行指示灯	Q0.4

2. 钢包车行走定位控制系统的 PLC 接线图

由以上对控制系统分配的 I/O 地址,根据 PLC 的硬件结构系统组成,可以设计绘制出 PLC 的接线图,如图 4-20 所示。

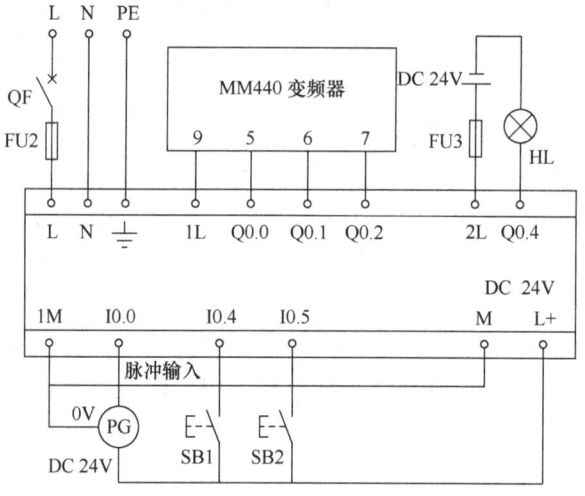

图 4-20 PLC 的系统接线图

PLC 选用 S7-200 SMART PLC。图 4-20 左上方为 PLC 供电电源接线,使用变频器实现电动机高速和低速的速度控制,接线端子为 Q0.0、Q0.1 和 Q0.2,Q0.4 连接电动机运行指示灯。在 PLC 的输入端,I0.0 连接编码器的脉冲输入信号,I0.4 和 I0.5 分别连接起动按钮和停止按钮,控制电动机的起动和停止。

二、钢包车行走定位控制系统的程序设计

根据整个控制系统的控制要求和 I/O 地址分配,利用 S7-200 SMART PLC 编程软件进行

程序设计。

1）主程序——钢包车的起动程序如图 4-21 所示。按下起动按钮 SB1，电动机开始运行，电动机运行指示灯 HL 亮起。

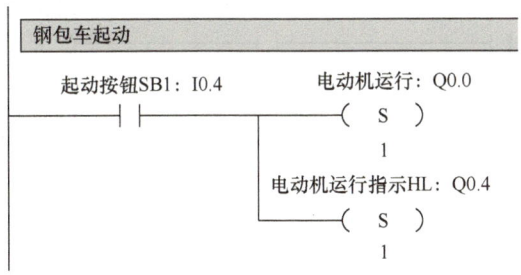

图 4-21　主程序——钢包车的起动程序

2）主程序——调用高速计数器初始化子程序如图 4-22 所示。电动机运行，上升沿指令触发，使能触发 HSC0 初始化子程序。

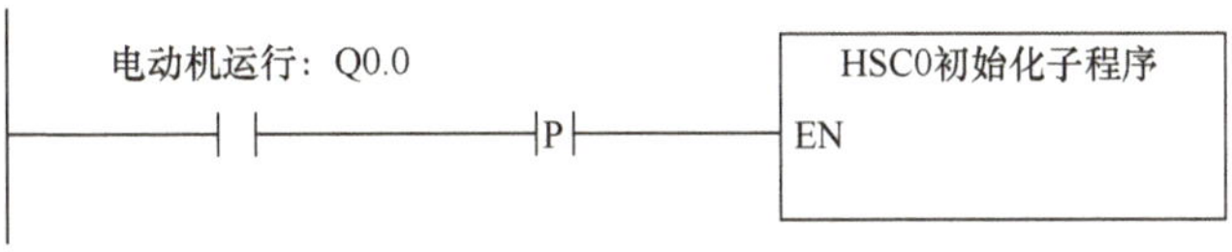

图 4-22　主程序——调用 HSC0 初始化子程序

3）主程序——高速运行时停车处理程序如图 4-23 所示。钢包车高速运行时，按下停车按钮，钢包车将切换至低速运行状态，并低速运行 5s。

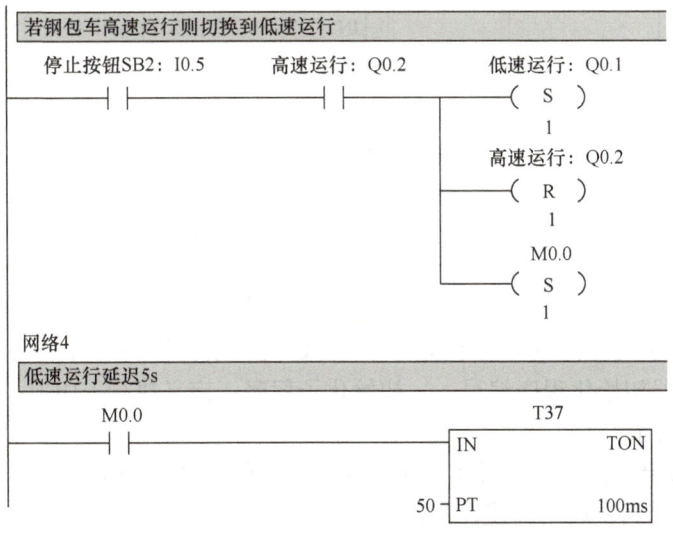

图 4-23　主程序——高速运行时停车处理程序

4）主程序——低速运行时停车处理程序如图 4-24 所示。

本程序包括两种情况，第一种，钢包车切由高速切换到低速运行后，在没有按下停止按钮时，延时时间到，T37 常开触点闭合，电动机停止运行；第二种，钢包车就处在低速运行

219

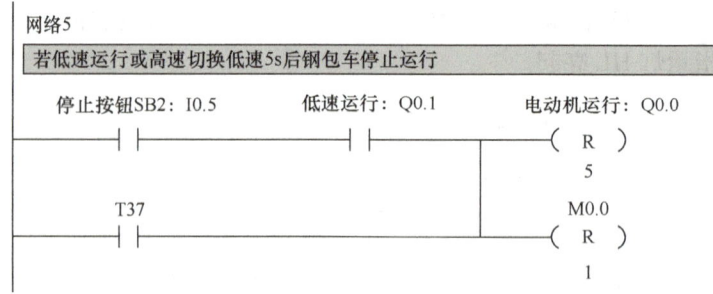

图 4-24 主程序——低速运行时停车处理程序

状态时,按下停止按钮 SB2,电动机运行停止。

5)高速计数器初始化程序编写——初始化子程序,对控制字、初始值、预置值进行赋值的程序如图 4-25 所示。

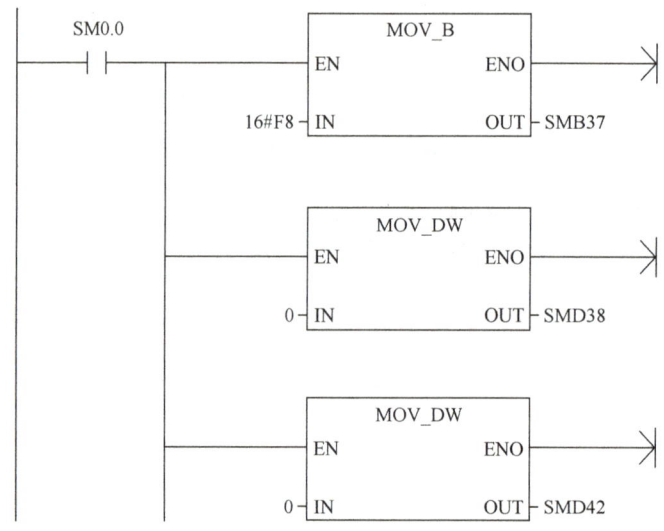

图 4-25 初始化子程序——控制字、初始值、预置值赋值程序

本段程序实现了高速计数器指令控制字、初始值和预置值的赋值。

6)高速计数器初始化程序编写——初始化子程序,定义执行 HDEF、ATCH、HSC 指令的程序如图 4-26 所示。

本段程序执行定义高速计数器和高速计数器模式的选择,当 CV = PV = 0 时,连接中断程序 0,开放中断时间,启用高速计数器 HSC0。

7)钢包车各运行阶段中断程序——低速起动中断程序 0 如图 4-27 所示。

本段程序执行低速起动中断程序 0。在满足中断 CV = PV = 0 时,跳转到中断程序 0 中,起动低速运行,复位高速运行,设置相应的高速计数器的控制字,当采集到的脉冲值与预设值 500 相等后,连接中断程序 1,事件为 12,并启用高速计数器 HSC0。

8)钢包车各运行阶段中断程序——高速运行中断程序 1 如图 4-28 所示。

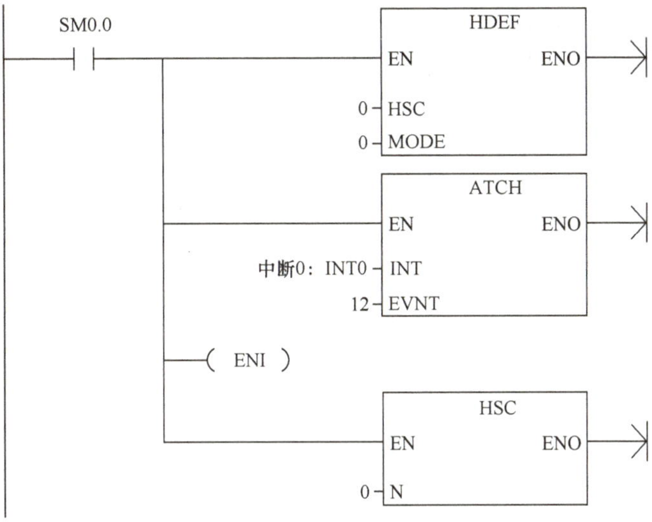

图 4-26 初始化子程序——执行 HDEF、ATCH、HSC 指令的程序

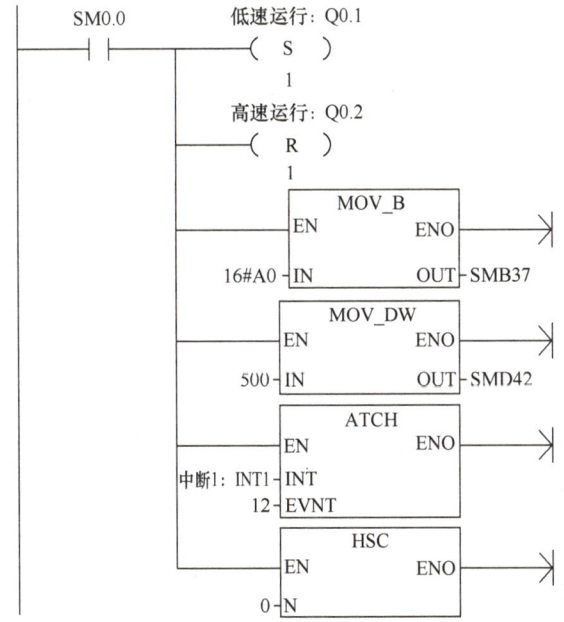

图 4-27 钢包车各运行阶段中断程序——低速起动中断程序 0

本段程序执行高速运行中断程序 1。在满足中断 CV = PV = 500 时,跳转到中断程序 1 中,起动高速运行,复位低速运行,设置相应的高速计数器的控制字,当采集到的脉冲值与预设值 1500 相等后,连接中断程序 2,事件为 12,并启用高速计数器 HSC0。

9)钢包车各运行阶段中断程序——低速运行中断程序 2 如图 4-29 所示。

本段程序执行低速运行中断程序 2。在满足中断 CV = PV = 1500 时,跳转到中断程序 2 中,起动低速运行,复位高速运行,设置相应的高速计数器的控制字,当采集到的脉冲值与

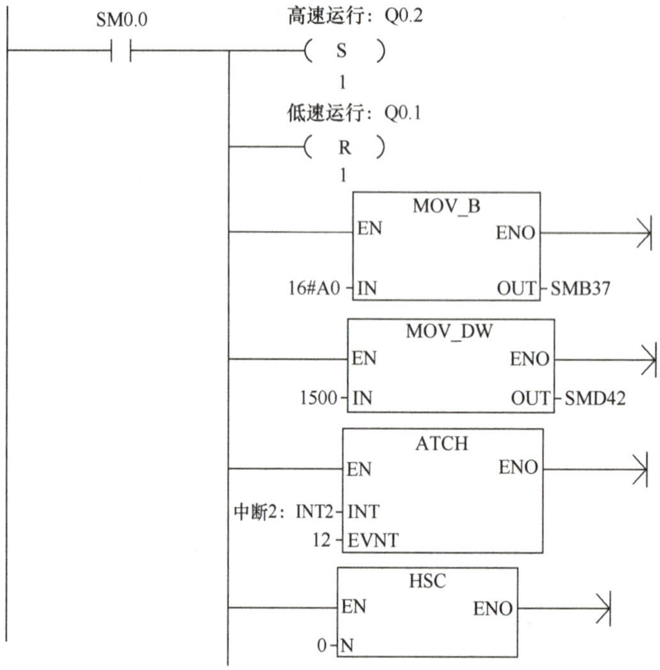

图 4-28 钢包车各运行阶段中断程序——高速运行中断程序 1

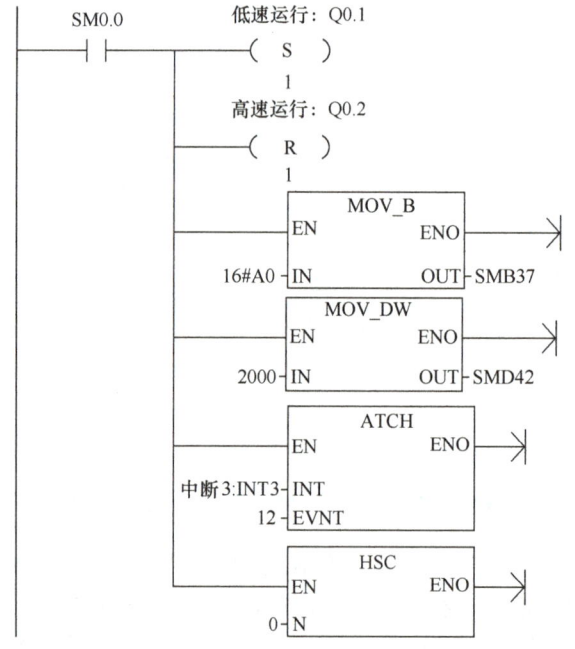

图 4-29 钢包车各运行阶段中断程序——低速运行中断程序 2

预设值 2000 相等后,连接中断程序 3,事件为 12,并启用高速计数器 HSC0。

10)钢包车各运行阶段中断程序——钢包车终点停车中断程序 3 的程序如图 4-30 所示。

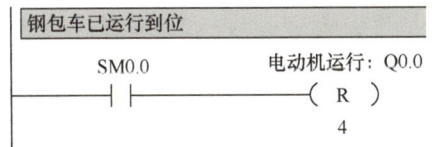

图 4-30 钢包车各运行阶段中断程序——钢包车终点停车中断程序 3

本段程序执行钢包车终点停车中断程序 3。在满足中断 CV = PV = 2000 时，跳转到中断程序 3 中，钢包车运行至 D 点，复位电动机的运行，使电动机停止。程序编写过程请扫描二维码 4-6 观看。

三、钢包车行走定位控制系统的仿真运行

钢包车行走定位控制系统中，A 点为初始起动点，A、B 两点之间钢包车为低速运行阶段；B 点为低速运行与高速运行的转换点，在 B、C 两点之间钢包车为高速运行阶段；C 点为高速运行与低速运行的转换点，在 C、D 两点之间钢包车为低速运行阶段，D 点为钢包车停止位置点，显示屏 1 为钢包车位置点的显示，显示屏 2 为钢包车行走过程中脉冲数的显示。

4-6 钢包车程序设计与编写

在钢包车控制系统的初始状态，钢包车在 A 点，显示屏 1 显示 A，显示屏 2 显示脉冲数为 0，按下起动按钮，钢包车开始运行，钢包车运行一段距离后，按下停止按钮，钢包车停在 B、C 两点之间，显示屏 1 显示高速运行，显示屏 2 显示脉冲数为 779；再次按下起动按钮，钢包车继续开始运行，钢包车途经 C 点后，可以看到显示屏 1 显示低速运行，显示屏 2 脉冲数继续增加，钢包车到达 D 点后停下，显示屏 1 显示 D，显示屏 2 显示脉冲数为 2000。钢包车行走定位控制系统的仿真运行动画请扫描二维码 4-7 观看。

4-7 高速计数器仿真动画

【随堂测试】

1. PLC 常用的程序是什么语言编写的？（　　）
 A. 梯形图　　　　B. 语句表　　　　C. 功能块　　　　D. 顺序功能图
2. 在使用高速计数器指令时，第一步如何操作？（　　）
 A. 执行 HDEF 指令　　　　　　　B. 设置控制字
 C. 选择计数器与工作模式　　　　D. 设定当前值与预设值
3. 系统中编码器的作用是什么？（　　）
 A. 计算脉冲周期　　B. 接收电信号　　C. 稳定系统　　D. 释放脉冲周期
4. 简述普通计数器指令与高速计数器指令的区别。
5. 高速计数器有哪几种计数方式？
6. 简述增量式编码器与绝对值编码器的特点。
7. 编写高速计数器程序，要求：
（1）首次扫描时调用一个子程序，完成初始化操作。
（2）用高速计数器 HSC1 实现加计数器，当计数值 = 200 时，将当前值清零。

【笔记与练习区】

【项目工单】

专业：			
课程：可编程控制器应用技术 项目：钢包车行走定位 PLC 系统设计		姓名：	日期：
		班级：	成绩：

一、控制要求

使用 S7-200 SMART PLC 和必要的按钮、接触器、变频器等电器元件实现对钢包车的三速控制。

二、实施过程

1. 填写 I/O 地址分配表（表 4-12）

表 4-12 I/O 地址分配表

输入设备	输入地址	输入功能	输出设备	输出地址	输出功能

2. 完善硬件接线图（图 4-31）

图 4-31 硬件接线任务图

3. 设计梯形图程序

4. 记录检查调试现象（表4-13）

表4-13 检查调试记录表

检查项目	检查内容	检查方法	检查结果
硬件安装	1. 元件是否按要求安装到位？	查阅硬件接线图	
	2. 元件是否有连接不到位的情况？	检查硬件连接处的接线情况	
	3. 元件是否实现控制要求？	检查系统运行状态	
程序编写	1. 程序输入是否正确？	查看梯形图程序	
	2. 程序是否实现控制要求？	进行程序状态监控	

存在的其他问题：

【考核评分表】

项目名称		考核时间			接线	编程	调试	讲解
学生班级		小组成员		考核角色				
小组组别								
学生姓名								
过程考核	小组考核任务	分值	个人考核承担任务	学生自评	小组互评	教师评价	小组得分	个人得分
	接线	20						
	编程	20						
	调试	20						
	讲解	20						
	过程成绩合计	80						
职业素养考核	个人加分考核	分值	个人考核承担任务	学生自评	组长打分	教师评价		个人得分
	工单认真严谨	5						
	团队精神	5						
	8S 管理	5						
	拓展创新	5						
	职业素养成绩	20						
教师签字：				综合成绩：				

附录 S7-200 SMART PLC 部分位的定义

SM1.0：当操作结果为 0 时，此位通过执行某些指令而接通。
SM1.1：当引起溢出或检测到非法的数字值时，此位通过执行某些指令而接通。
SM1.2：当通过算术运算产生负结果时，此位接通。
SM1.3：当尝试除以 0 时，此位接通。
SM1.4：当"添加到表格"指令试图填满表格时，此位接通。
SM1.5：当 LIFO 或 FIFO 指令尝试从空表读取数据时，此位接通。
SM1.6：当程序尝试转换非 BCD 码数值到二进制时，此位接通。
SM1.7：当 ASCII 数值无法转换为有效的十六进制数值时，此位接通。

特殊存储器 SM 中的 SMB2 是自由端口接收字符缓冲区，在自由端口模式下接收的所有字符放在此位置。

SMB2 和 SMB3 在端口 0 和端口 1 之间共享。当接收端口上的字符导致执行附加在每个事件（中断事件 8）的中断例行程序时，SMB2 包含端口 0 上接收的字符，而 SMB3 包含该字符的奇偶校验状态。当接收端口 1 上的字符导致执行附加在那个事件（中断事件 25）的中断例行程序时，SMB2 包含端口 1 上接收的字符，而 SMB3 包含该字符的奇偶校验状态。特殊内存字节 SMB2 包含在自由端口通信期间从端口 0 或端口 1 接收的所有字符。

特殊存储器 SM 中的 SMB3 是自由端口模式并包含奇偶校验错误位，当在接收的字符上检测到奇偶校验出错时，该位就被置位。当检测到奇偶校验出错时，SM3.0 接通，使此位放弃信息。

SM3.0：来自端口 0 或端口 1 的奇偶校验错误（0 = 无错；1 = 检测到错误）。
SM3.1 ~ SM3.7 保留。

特殊存储器 SM 中的 SMB4 包含中断队列溢出位，各位的定义如下：
SM4.0：当通信中断队列溢出时，此位接通。
SM4.1：当输入中断队列溢出时，此位接通。
SM4.2：当定时中断队列溢出时，此位接通。
SM4.3：当检测到运行系统程序问题时，此位接通。
SM4.4：此位反映全局中断启用状态。当中断启用时，此位接通。
SM4.5：当发送器闲置时（端口 0），此位接通。
SM4.6：当发送器闲置时（端口 1），此位接通。
SM4.7：当有强制操作时，此位接通。

在中断例行程序中只使用状态位 SM4.0、SM4.1 和 SM4.2。当队列被清空时，这些状态位重设，并且控制返回主程序。

特殊存储器 SM 中的 SMB5 包含关于在 I/O 系统中检出的出错条件的状态位。这些位提供检测出的 I/O 错误总览。各位的定义如下：

SM5.0：如果显示任何 I/O 错误，此位接通。

SM5.1：如果太多的数字 I/O 点连接到 I/O 总线，此位接通。
SM5.2：如果太多的模拟 I/O 点连接到 I/O 总线，此位接通。
SM5.3：如果太多的智能 I/O 模块连接到 I/O 总线，此位接通。
SM5.4～SM5.7 保留。

特殊存储器 SM 中的 SMB6 是 S7-200 SMART CPU 的标识寄存器。SM6.4～SM6.7 用于识别 S7-200 SMART CPU 的型号。

特殊内存字节 SMB6 的格式：

```
MSB                    LSB
 7                      0    CPU表示寄存器
┌───┬───┬───┬───┬───┬───┬───┬───┐
│ × │ × │ × │ × │ r │ r │ r │ r │
└───┴───┴───┴───┴───┴───┴───┴───┘
```

SM6.0～SM6.3 保留。

SM6.4～SM6.7：× × × × = 0000 = CPU 222；0010 = CPU 224；0110 = CPU 221；1001 = CPU 226/CPU 226XM。

特殊存储器 SM 中的 SMB7 保留。特殊存储器 SM 中的 SMB8～SMB21 以字节对组织，用于扩充模块 0～6。每个字节对的偶数字节是模块标识寄存器。这些字节用于识别模块类型、I/O 类型以及输入和输出的数目。每个字节对的奇数字节是模块错误寄存器。这些字节提供 I/O 检测出的该模块的所有错误指示。

特殊内存字节 SMB6 每一位的格式：

偶数字节：模块标识寄存器。

```
MSB                    LSB
 7                      0
┌───┬───┬───┬───┬───┬───┬───┬───┐
│ m │ t │ t │ a │ i │ i │ q │ q │
└───┴───┴───┴───┴───┴───┴───┴───┘
```

m：模块显示，0 = 显示；1 = 不显示。

tt：模块类型，00 表示非智能 I/O 模块；01 表示智能模块；10 表示保留；11 表示保留。

a：I/O 类型，0 = 离散；1 = 模拟。

ii：输入，00 表示无输入；01 表示 2 AI 或 8 DI；10 表示 4AI 或 16DI；11 表示 8AI 或 32DI。

qq：输出，00 表示无输出；01 表示 2AQ 或 8DQ；10 表示 4AQ 或 16DQ；11 表示 8AQ 或 32DQ。

奇数字节：模块出错寄存器。

```
MSB                    LSB
 7                      0
┌───┬───┬───┬───┬───┬───┬───┬───┐
│ c │ 0 │ 0 │ b │ r │ p │ f │ t │
└───┴───┴───┴───┴───┴───┴───┴───┘
```

c：配置出错。

b：总线故障或奇偶校验出错。

r：超出范围出错。

p：无任何用户电源出错。

f：熔丝出错。
t：接线盒松动出错。
SMB8：模块 0 标识寄存器。
SMB9：模块 0 错误寄存器。
SMB10：模块 1 标识寄存器。
SMB11：模块 1 错误寄存器。
SMB12：模块 2 标示寄存器。
SMB13：模块 2 错误寄存器。
SMB14：模块 3 标示寄存器。
SMB15：模块 3 错误寄存器。
SMB16：模块 4 标示寄存器。
SMB17：模块 4 错误寄存器。
SMB18：模块 5 标示寄存器。
SMB19：模块 5 错误寄存器。
SMB20：模块 6 标示寄存器。

特殊存储器 SM 中的 SMW22、SMW24 和 SMW26 提供扫描时间信息。

SMW22：最后扫描循环的扫描时间（以 ms 为单位）。

SMW24：从进入 RUN（运行）模式开始记录的最小扫描时间（以 ms 为单位）。

SMW26：从进入 RUN（运行）模式开始记录的最大扫描时间（以 ms 为单位）。

特殊存储器 SM 中的 SMB28 保持表示模拟调整 0 位置的数字值。SMB29 保持表示模拟调整 1 位置的数字值。

SMB28：此字节存储以模拟调整 0 输入的数值。在每次停止/运行扫描中，此数值更新一次。

SMB29：此字节存储以模拟调整 1 输入的数值。在每次停止/运行扫描中，此数值更新一次。

特殊存储器 SM 中的 SMB30 控制端口 0 的自由端口通信；SMB130 控制端口 1 的自由端口通信。可以读和写入至 SMB30 和 SMB130。这些字节为自由端口操作配置各自的通信端口，并提供自由端口或系统协议支持的选择。

特殊存储器 SM 中的 SMB31 和 SMW32：永久性内存（EEPROM）写控制。可以在用户程序的控制下，将存储在 V 内存中数值保存到永久性内存（EEPROM）。为此，载入要保存在 SMW32 中位置的地址。然后，用保存数值的命令载入 SMB31。一旦载入保存数值的命令，就不能改变 V 内存中的数值，直到 PLC 重设 SM31.7，指示保存操作完成。在每次扫描结束，PLC 检查是否保存数值到永久性内存的命令发出。如果命令发出，指定的数值保存到永久性内存。SMB31 定义要保存到永久性内存的数据大小，以及提供起动保存操作的命令。SMW32 为要保存到永久性内存的数据存储 V 内存中的起始地址。

SMW32：V 内存地址存储在 SMW32。当执行保存操作时，在此 V 内存地址中的数值被保存到永久性内存（EEPROM）中相应的 V 内存位置。

特殊存储器 SM 中的 SMB34 和 SMB35 用于定时中断的时间间隔寄存器。SMB34 指定定时中断 0 的时间间隔，而 SMB35 指定定时中断 1 的时间间隔。时间间隔数值由 PLC 在相应的定时中断事件附加到中断例行程序时捕获。要改变时间间隔，必须再附加定时中断事件到同样的或不同的中断例行程序。可以通过分离事件终止定时中断事件。

SMB34：此字节为定时中断 0 指定时间间隔（以 1ms 递增，1~255ms）。

SMB35：此字节为定时中断 1 指定时间间隔（以 1ms 递增，1~255ms）。

特殊存储器 SM 的 SMB36~SMB65：用于监控和控制高速计数器 HSC0、HSC1 和 HSC2 的运行。

SM36.0~SM36.4 保留。

SM36.5：HSC0 当前计数方向状态位，1 = 向上计数。

SM36.6：HSC0 当前值等于预设值状态位，1 = 相等。

SM36.7：HSC0 当前值大于预设值状态位，1 = 大于。

SM37.0："重设"的激活级别控制位，0 = 重设为现用高；1 = 重设为现用低。

SM37.1：保留。

SM37.2：求积计数器的计数率选择，0 = 4×计数率；1 = 1×计数率。

SM37.3：HSC0 方向控制位，1 = 向上计数。

SM37.4：HSC0 更新方向，1 = 更新方向。

SM37.5：HSC0 更新预设值，1 = 写新预设值到 HSC0 预置。

SM37.6：HSC0 更新当前值，1 = 写新当前值到 HSC0 当前。

SM37.7：HSC0 启用位，1 = 启用。

SMD38：HSC0 新当前值。

SMD42：HSC0 新预设值。

SM46.0~SM46.4 保留。

SM46.5：HSC1 当前计数方向状态位，1 = 向上计数。

SM46.6：HSC1 当前值等于预设值状态位，1 = 相等。

SM46.7：HSC1 当前值大于预设值状态位，1 = 大于。

SM47.0：HSC1 重设的激活级别控制位，0 = 现用高，1 = 现用低。

SM47.1：HSC1 起动的激活级别控制位，0 = 现用高，1 = 现用低。

SM47.2：HSC1 求积计数率选择，0 = 4×计数率，1 = 1×计数率。

SM47.3：HSC1 方向控制位，1 = 向上计数。

SM47.4：HSC1 更新方向，1 = 更新方向。

SM47.5：HSC1 更新预设值，1 = 写新预设值到 HSC1 预置。

SM47.6：HSC1 更新当前值，1 = 写新当前值到 HSC1 当前。

SM47.7：HSC1 启用位，1 = 启用。

SMD48：HSC1 新当前值。

SMD52：HSC1 新预设值。

SM56.0~SM56.4 保留。

SM56.5：HSC2 当前计数方向状态位，1 = 向上计数。

SM56.6：HSC2 当前值等于预设值状态位，1 = 相等。

SM56.7：HSC2 当前值大于预设值状态位，1 = 大于。

SM57.0：HSC2 重设的激活级别控制位，0 = 现用高，1 = 现用低。

SM57.1：HSC2 起动的激活级别控制位，0 = 现用高，1 = 现用低。
SM57.2：HSC2 求积计数率选择，0 = 4×计数率，1 = 1×计数率。
SM57.3：HSC2 方向控制位，1 = 向上计数。
SM57.4：HSC2 更新方向，1 = 更新方向。
SM57.5：HSC2 更新预设值，1 = 写新预设值到 HSC2 预置。
SM57.6：HSC2 更新当前值，1 = 写新当前值到 HSC2 当前。
SM57.7：HSC2 启用位，1 = 启用。
SMD58：HSC2 新当前值。
SMD62：HSC2 新预设值。

特殊存储器 SM 中 SMB66 ~ SMB85：PTO/PWM 寄存器，用于监视和控制脉冲串输出和脉冲宽度调制功能。

特殊存储器 SM 中 SMB86 ~ SMB94、SMB186 ~ SMB194：接收信息控制。

特殊存储器 SM 中 SMW98：提供扩展 I/O 总线上出错数目的信息。SMW98 每次在扩展 I/O 总线上检测到奇偶校验出错，则数值增加。每次上电清 0，并且可以由用户手动清 0。

特殊存储器 SM 中 SMB130：自由端口控制寄存器。

特殊存储器 SM 中 SMB131 ~ SMB165：用于监视和控制高速计数器 HSC3、HSC4 和 HSC5 的运行。

特殊存储器 SM 中 SMB166 ~ SMB179：用于显示现用配置文件步骤数和概要表在 V 内存中的地址。

SMB166：PTO0 现用配置文件步骤的当前条目编号。
SMB167：保留。
SMW168：作为从 V0 偏移量的 PTO0 概要表的 V 内存地址。
SMB170 ~ SMB175：保留。
SMB176：PTO1 现用配置文件步骤的当前条目编号。
SMB177：保留。
SMW178：作为 V0 偏移量的 PTO1 概要表的 V 内存地址。

参 考 文 献

[1] 西门子（中国）有限公司. 深入浅出西门子S7-200 SMART PLC [M]. 2版. 北京：北京航空航天大学出版社, 2018.

[2] 郭艳萍. 西门子S7-200 SMART PLC应用技术 [M]. 北京：人民邮电出版社, 2019.

[3] 向晓汉. S7-200 SMART PLC完全精通教程 [M]. 2版. 北京：机械工业出版社, 2024.

[4] 廖常初. S7-200 SMART PLC编程及应用 [M]. 4版. 北京：机械工业出版社, 2023.

[5] 韩相争. 西门子S7-200 SMART PLC编程技巧与案例 [M]. 北京：化学工业出版社, 2017.

[6] 郭艳萍. 电气控制与PLC应用 [M]. 3版. 北京：人民邮电出版社, 2017.